なぜ科学はストーリーを必要としているのか

HOLLYWOOD
ハリウッドに学んだ伝える技術

Randy Olson
ランディ・オルソン 著
TSUBOKO Satomi
坪子理美 訳

Houston, We Have a Narrative:
Why Science Needs Story

慶應義塾大学出版会

HOUSTON, WE HAVE A NARRATIVE: Why Science Needs Story
by Randy Olson

日本語版序文——日本の皆さん、こんにちは！

科学は多くの人々にとってとても楽しいものであり、**そして**、僕たちの暮らしを向上させてくれるものです。**しかし**、科学のことを伝えるのは時に難しくもあります。**したがって**、僕たちはコミュニケーションにいっそうの努力を費やす必要があります。

そのための能力を大きく高めてくれるのが、この一冊です。冒頭で紹介する「ＡＢＴテンプレート」は、Ａ（And：そして）、Ｂ（But：しかし）、Ｔ（Therefore：したがって）の三つの語を元にした構造です。一つ前の段落の文章も、この構造を根底において書かれています。

ＡＢＴの概念は、新しくもあり、また古くもあります。

ＡＢＴは、数千年前のメソポタミア文明やギリシャ文明の頃から、ストーリーを語る行為を支えてきた構造です。すべての文化の中に、その変形版を見出すことができます。日本に長く息づいている「起承転結」の伝統もその一つですね。

一方で、その物語の構造を煎じつめ、たった三語の簡潔さに落とし込むことは、これまでにまったく行われていませんでした。この点において、ＡＢＴは新しい概念でもあります。「そして」、「しかし」、「したがって」という三つの言葉は、それぞれ、背景、問題提起、解決策を体現しています。

ＡＢＴは、日本のすべての人々にとって価値を秘めているものです。

昔々、僕が海洋生物学者だった一九八〇年代のことです。僕は沖縄の北端部にある琉球大学瀬底実験所〔現：熱帯生物圏研究センター瀬底研究施設〕を訪れ、そこに一ヵ月間滞在したことがありました。僕は当時、琉球諸島や世界中でサンゴ礁を破壊してきた恐ろしいヒトデ、オニヒトデの発生学を研究していました。

その時、僕が目にしたのはこんなことでした。

日本の科学者たちはとても、とても素晴らしい観察眼を持ち、**そして**、ヒトデの幼生についてのトップクラスの研究成果を生み出していました。**しかし**、彼らの情報発信は、語る力の強いＡＢＴ型ではなく、時に「非物語的」な方へと向かってしまう傾向がありました（僕はこれを「そして、そして、そして」＝「ＡＡＡ」モデルと呼んでいます）。その傾向がもたらす結果は、本の中で順を追って説明していきます。

したがって、僕は皆さんに、今では「ＡＢＴフレームワーク」と呼ばれるようになったこの概念の中に飛び込み、その中身を知ってもらうことを、大きな熱意を持ってお勧めします。僕が仲間たちと共に開発し、発展させているこの枠組みは、ストーリーを語るためのまったく新しい「言語」です。僕たちがＡＢＴのトレーニングプログラムとして考案した「ストーリー・サークル」は現在、アメリカ国内の数々の大学や政府機関で実施されはじめています。

皆さんが時間を見つけてこの本を読んでくださることを願っています。そして、もし本書を読んで考えたことを伝えたいと感じたら、ぜひ僕までお送りください。どんな内容でもかまいません。僕はいつも、読者から連絡をもらうのが大好きなのです。

ヨロシクオネガイシマス！

ランディ・オルソン

目次

第3部

アンチテーゼ

反

第4部 ジンテーゼ 合

なぜ科学にストーリーが必要なのか？

科学はストーリーに満ちている。科学研究の手法も、科学を伝えることも、何かを語るためのプロセスだ。それにもかかわらず、ストーリーの持つ力と構造のことは、広く教えられてはおらず、公に提唱されてもいない。

科学はいま、数々の重大な問題に直面している。それらの問題は、ストーリーの力と構造を見過ごしていることに端を発するものだ。問題は多岐にわたる。科学の現場の中で偽陽性の研究結果が急増していることから、現場の外で科学への拒絶感が高まっていることに至るまで。助けが必要だが、本来なら支援の手を差し出すべき文系の専門家は、自分たちの抱える問題に忙殺されていて、実践的な視点にも欠けている。

僕が主張するのは、現実社会における「物語《ナラティブ》」の力を一世紀にわたって学び、応用してきた人々に対して科学が目を向け、その助けを求めるべきだということだ。その人々とは、作家、監督、役者、編集者など、ハリウッドにいる熟練の強者たちである。

物語によって脅かされるものは、何もない。物語は、人間の文化のあらゆる側面に浸透している。科学者は、科学が物語のプロセスであること、物語はストーリーであること、したがって、科学にはストーリーが必要であることを認識しなければならない。

ジンテーゼ
合

INTRODUCTION

第1部 序論

テーゼ
正

アンチテーゼ
反

なぜ科学にストーリーが必要なのか

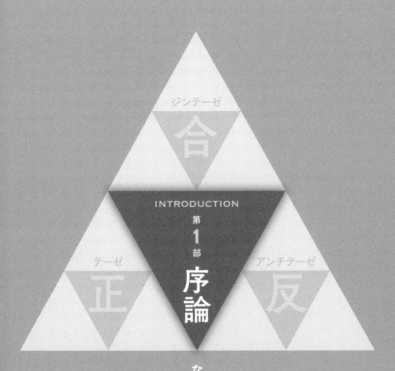

管制室、我々には「物語」がある

「コミュニケーションについてのあなたの考えを、一〇〇〇人の熱心な聴衆に向けて話してみない?」

これが、僕が友人のミーガンから受けた招待だった。彼女は、二〇一三年にサンディエゴで行われる海洋科学者たちの学会で、パネルディスカッションに参加してくれないかと尋ねてきたのだ。それは、まさに僕がこの頃行っているたぐいの活動だった。僕はかつて科学者をしていて、その後、映画製作者になった。そして今では科学者たちに働きかけて、彼らが一般の人々に科学をより効果的に伝えるための手助けをしている。僕は、ミーガンの声から興奮を聞いてとった。これは、コミュニケーションと、ストーリーを伝えること(ストーリーテリング)に関する僕の仕事を、関心あるたくさんの人々に向けて発表するチャンスだ。良さそうな話だったので、僕は誘いに応じた。

夏が過ぎていく間、僕はこのことについてあまり深く考えていなかった。そして、パネルディスカッションが行われるおよそ六週間前になって、僕は学会のウェブサイトを開き、自分が参加することになっているのはどんな催しなのかを見た。他に二人のパネリストがいたが、どちらも僕の知っている人で、僕より一〇歳以上も年上だった。しかしそれよりも重大だったのは、彼らはいずれも、海水面上昇という話題についての世界トップの専門家たちだったことだ。海水面上昇について、僕が実質的に知っていることは何もない。さらに、パネルディスカッションの題名も「海水面上昇に対応する」というもので、科学者から映画製作者に転身した僕に何ができるのか、まったく見当がつかなかった。「二人の偉大な科学者（と、他一名）」。そんな感じの催しに見えた。

僕は独り言を言った。「ヒューストン、問題がある[1]」

僕はミーガンに電話をかけて、このあまりにも疎いテーマで行われるパネルディスカッションに、僕を割り当てなければならなかった理由が何かあったのかと尋ねた。ミーガンはこう言った。

「ある、ある、ありますとも。この人たちは、すごくあなたと一緒に仕事をしたがってるんだから。あなたのストーリーテリングの知識を使って、自分たちのプレゼンテーションを直してもらいたがってるの」

僕たちはじっくり話をした。話が終わるまでには、僕は彼女の考えを理解した。良さそうな考えだった。より良いストーリーを語る必要性についての、僕の本やワークショップの教えを実践する場を設ける。素晴らしいじゃないか！

僕は、我々全員に向けた電子メールの作成に取り掛かった。僕の第一案を説明するメールだ。僕は、二人の科学者たちの発表資料を、ひとまとまりのストーリーに作り直す。それらのストーリーを、彼らと僕が、順々に交替しながら語り、それぞれの部分を紹介していくのだ。完璧な案に見えた。科学者たちが返信してくるまでは。

良くない返事がすぐに来た。科学者たちのうち一人は、自分のプレゼンテーションはもう準備ができていると言った。彼は、そのプレゼンテーションをもう一年以上やり続けているのだという。そして、みんなそれを気に入っているのだと。つまり、「問題なし。直す必要もなし。どうも」ということだ。もう一人は、いまヨーロッパにいて修正を入れる時間がないと言った。

僕はもう少し頑張ってみた。自分の案をもっと深く説明してみたのだ。チームでのプレゼンテーション様式を取り入れることで、普通は退屈になりがちなパネルディスカッションの形式にどれほど熱気が加わるか、といった話をした。二人は、僕が「普通は退屈になりがち」というレッテルをつけたのを好まないようだった。書きそびれていたかもしれないが、彼らは六八歳と七〇歳だった！

「まったくその必要がないんだよ」と一人が書いた。しかし、僕はそれを無視した。僕はまだミーガンの熱意に乗せられていたので、いつもやる通りのことをした。つまり、粘り続けたのだ。そしてとうとう、真実が姿を現し始めた。

「考えてもごらん」と、一人の返信には書かれていた。「二人とも、良い講演者として知られている。私たちは忙しい。会場に出てきて、自分たちの通常通りの講演をする。それで結構じゃないか」

僕は言い返した。

「わかっています、でも、僕が求めているのは『結構』以上のことなんです。物語の力をもってすれば、僕たちはより高い水準に達することができますし、記憶に残る催しを聴衆に提供できます」

「とにかく、それがどううまくいくのか、私にはわからないんだよ」と、彼からの次の返信メールには書いてあった。

「君の話では、私たちが何度も繰り返し交替で喋るということだったね。立ち上がっては腰を下ろして、お互いにぶつかり合いながら話を進めていく、と。これはめちゃくちゃなことに聞こえるんだが」

1　映画「アポロ13」で、宇宙船から管制室（テキサス州ヒューストン）に緊急事態を報告するシーンに使われた台詞。本書の原題“Houston, We Have a Narrative”はこの台詞にちなんでつけられた。

僕はこう返した。

「いいえ。信じてください、観客は、チームワークのエネルギーを感じて、その良さを評価してくれます。僕たちがお互いの話に耳を傾けている様子が、そこから伝わるんです」

さあ、そして……それからあと二、三回のやり取りがあり、科学者たちの一人がこう言ったところで、話は終わったのだった。

「ランディ、私たちはみんな、こういう講演を数え切れないほどしてきている。どうやればうまくいくか分かっているし、同じ量の経験をしてきている。君が説明していることをやる必要はない、それだけのことだよ」

それっきりだった。これが、僕が現実を悟った瞬間だった。

科学者や、行政官や、学生たち、ほとんどあらゆる人々が行うプレゼンテーションは、すごく、すごく、個人的なものなのだ。プレゼンテーションは、講演者の内なる心の延長であり、自我の表出だ。TEDトークが人気を集めるこの時代、誰もが自分のプレゼンテーションに取り組んでいる。友達や家族のそばで練習して、磨きをかけ、仕上げていく。そこにお邪魔して、人のプレゼンテーションをいじらせてもらえないかと僕が尋ねるのは、彼らの家に行って、下着の入った引き出しを整理整頓させてくれないかと尋ねるようなものだ。本当に、それほど個人的なことなのだ。

自分が我慢の限界に達してしまっていたのが、僕には感じられた。爆発の時が近づいていた。それはつまり、この状況がいかに絶望的なものかを示して、このやり取りを終わりにすべき時が来ているということだった。僕が選んだ方法は、疑念がだらだらと後を引かないように、議論の場に手榴弾を投げ込むことだった。

僕は最大限に恩着せがましい調子で返信を書いた。

「あのですね……僕たちの中で一人だけが、二〇年以上にわたるマス・コミュニケーションの経験を持っていると思うのですが……」

「送信」をクリックして、打ち返されてくると確信していた核ミサイルを待った。二分と経たないうちに、確かにミサイルは返ってきた。短いメールの形で。その書き出しはこうだった。

「いや、ランディ……私たちはなかなかのやり手だと思うんだが。この催し全体がだめになる前に、思いとどまってみてはどうかな」

これ以上悪いことはなかった。僕は座って、自分のコンピュータの画面を見ていた。「おいおい……」。もうたくさんだと思った。返事はしなかった。代わりに、僕は大きく深呼吸をしていた。頭を冷やすジョギングに出るために、僕はドアの方へ向かっていた。

僕は、自分がしようとしていたことについて考えた。あの二人は、いわば知識の泉だ。彼らは現実世界について、真実に満ちたことを実際に知っている人たちだ。僕は、彼らの言葉と情報を作り変えようとしている、こんなにも従順さに欠けた人間だ。その目的は、現実世界をストーリーの世界に変えてしまうことなのだ。

これと同様の作り変えのプロセスは、アポロ13号の月面到達ミッションでの印象的な発言に対しても起きている。一九七〇年、宇宙船の酸素タンクが爆発した時に、宇宙飛行士のジャック・「ジョン」・スワイガートが実際に口にした言葉は、「ヒューストン、こちらで問題があったようだ（Houston, we've *had* a problem here.）」だった。しかし二五年後、この出来事を映画にした作品「アポロ13」の中でトム・ハンクスがこの台詞を発した時、その言葉は「ヒューストン、問題がある（Houston, we have a problem.)」となっていた。

何が、どうして変わったのだろうか？　変化した点は二つだ。ハリウッドの人たちは、台詞をより簡潔（少ない語数）にし、また、より切迫感のあるものにした（現在形の時制〔「問題がある」〕が、逼迫度を高める）。僕はこれを、二人の科学者にやろうとしたのだ。話す内容の正確さを保ちつつ、僕たちが暮らす「物語」の世界が持つ制約により良く沿った形にしたかったのだ。

しかし、こんなふうに文章を操作されるとなると、科学者は不安になるものだ。科学者というものは、現実世界で物事がどのようになっているのかを人々に知ってもらいたがっているし、シンプルに「見たままを言う」ことができればと願っている。科学者たちは、真実を、自分たちが見たそのままに、何も組み替えることなく伝えたいと思っているのだ。なぜなら、組み替えの過程は危険なものになりうるからだ。何かを組み立て直すことにはリスクが伴う。一番軽いリスクは、単なる取り違えや誤解を起こすこと、最悪のリスクは、人々を欺くことだ。

しかし、問題は、「見たままを言う」とうまくいかないことだ。科学の世界においてさえもうまくいかない。ノーベル賞受賞者のピーター・ブライアン・メダワーは、一九六〇年代に著したエッセイ「科学論文は詐欺か？」で、このことを最初に取り上げている。メダワーは、避けられない転換に頭を抱えていた。「見る」ことと「言う」ことの間にはもう一つステップがあり、科学者たちはその新しいステップに屈せざるを得ないのだ。つまり、「見たものを、整えて、言う」はめになる。これが、科学者たちが日々、自分の科学論文を手直しする過程の中でやっていることだ。

ところが、科学者たちはこうして話を整える必要性を許容し、過去一世紀以上にわたって大きな譲歩をしてきたというのに、おかしなことに、そのことへの自覚があまりないままだ。この認識不足を示すために僕が行った、ちょっとした実験をご紹介しよう。

IMRAD

僕は、聴衆として集まったたくさんの科学者たちに質問をするのが好きだ。僕は彼らに、ある略語の意味を知っているか尋ねる。その略語は、話の述べ方の構造を示したもので、ほとんどすべての科学論文誌がその構造に従っている。この構造についての知識は、科学者の生活において中心的な意味を持つ。日常生活の中で、身分証明書に記載された氏名が果たす役割と同じくらい、重要なのだ。

僕は、米国農学会（American Society of Agronomy）の年会に集まった八〇〇人以上の科学者の集団に向かって講演している時、こんなふうに尋ねて挙手を求めた。

「この略語がどういう意味か知っている人は、手を挙げてもらえますか？」

そして、僕は「ＩＭＲＡＤ」とだけ書かれたスライドをスクリーンに映した。手は挙がらなかった。僕はくすくすと笑い、この瞬間を後世の人々のために（そして、このことを信じようとしない科学者たちのために。僕は、そんな科学者がたくさんいると確信している）記録しようと、携帯電話を取り出して、八〇〇人分の挙がらないままの両手の写真を撮った。

続いて、僕は次の質問をした。

「皆さんの中に、『序論（Introduction）』、『手法（Methods）』、『結果（Results）』、および（And）『考察（Discussion）』という名前の四項目に分かれた形式の科学論文を読んだことのある人は、何人ぐらいいますか？」

僕が「結果（R）」のところを言うまでの間に、笑い声や、「ああ、やられた！」という声が聞こえてきた。

会場にいた科学者たちは皆、この形式で書かれた科学論文を、これまでに数百、数千、数万本も読んでいる。この後で紹介するように、「ＩＭＲＡＤ」の形は一世紀前に考え出され、最終的には、科学的な報告書を発表する上で最良の基準の構造として受け入れられるようになった。その形式はシンプルで、今日、ほとんどあらゆる映画や演劇の中心になっている「三幕構成（three-act structure）」とも基本的に一致するものだ。三幕構成とはストーリーの組み立て方のことで、その構造は、始まり（論文でいえば序論）、真ん中（同じく、手法と結果）、終わり（考察）に分かれている。それなのに、誰も手を挙げなかったのだ。

だが実は、僕から見て左の方で、たった一つだけ手が挙がっていたことがわかった。その手は、僕から見て左の方で挙がっていた。それにようやく僕が気づいたのは、二番目の質問をした後だった。左側にいた人たちは皆、手を挙げている人物を指差して「ここにいるぞ！」と言っていた。

僕は彼に呼びかけた。彼はジョシュア・シメル〔進化学者・海洋生物学者〕といって、『科学論文を書く――引用される論文と、資金提供を受けられる研究計画書を書く方法』という、人気の本の著者だった。彼は当然、「ＩＭＲＡＤ」という略語を知っていた。なぜなら、彼の本は、このために一節をまるごと割いているからだ。しかし、知っていたのは会場で彼ただ一人だった。シメルの挙げていた手はまるで、彼のような特別な存在を除けば誰もこのことを知らないという大原則を立証しているかのようだった。

僕は、ジョンズ・ホプキンス・ベイビュー医療センターにいる二〇〇人の医師と学生の前でも、同

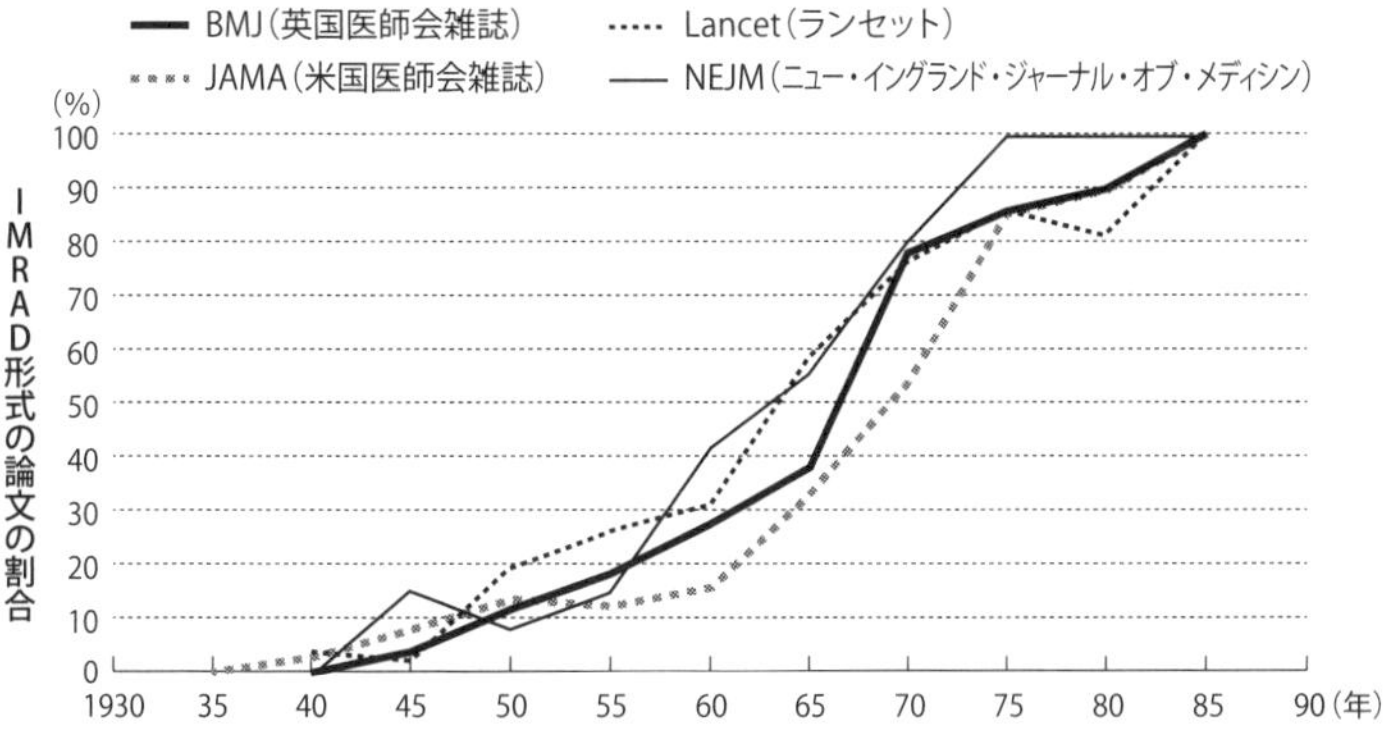

図1　生命医学分野で、IMRADテンプレートが徐々に受け入れられてきた様子（Sollaci and Pereira 2004の論文から引用）
今では私たちの誰もが、IMRAD形式は良い概念だと知っている。だが……。この形式が、これら四大医学誌に完全に受け入れられるまでに、どれほどの時間がかかったかを見てほしい。

じ曲芸をやってみた。同じ結果だった。手は挙がらなかった。僕は同じ略語を、科学者をしている友達全員に言ってみた。誰もその略語を聞いたことがなかった。「ＩＭＲＡＤの歴史」とか、「ＩＭＲＡＤの力」とか、「ＩＭＲＡＤの統一性」とかいった話題についての文献がたくさんあるにもかかわらずだ。僕自身、かつて二〇年間にわたって科学者をしていたが、この文章構造に正式な呼び名がついていると知ったのは、今からわずか一年前のことだった。

何が危険なんだ？

こいつは大変だ。科学者連中は、自分たちの書いている論文の構造を表す略語を知らなかったのだ。ＩＭＲＡＤ構造を使うのに、ＩＭＲＡＤという呼び名を知っている必要はない。しかし、問題なのは、この事実が示している内容だ。科学は物語の構造、物語の過程に満ちた専門的活動であるにもかかわらず、科学者たちは物語の重要性に対してまるで気づいておらず、そのために、すでに確立されたこの呼称を使うことさえできない。

もし、物語が重要なものとして引き合いに出される存在だったとしたら、科学の専門課程の勉強はどれも、初日からこんなふうに始まるはずだ。

「私たちが専門とする職業は、完全に物語の力を中心として成り立っています。そのため、科学者は、『ＩＭＲＡＤ』として知られる物語の型に従うように強制されているほどです。皆さんも、このＩＭＲＡＤについては学ばなければなりません」

この話はさらに、こんなふうに続いたかもしれない。

「物語とストーリーは、ほとんど同じものです。どういうことかというと、科学者たちが一世紀以上前に、ストーリーは自分たちの仕事の中心だと認めたのです。つまり、あなたたちには、ストーリーにばかげた恐怖を抱く理由などないのです」。（この最後のところは、第11章で論じる「ストーリー恐怖症」の問題に役立つかもしれない）

しかし、実際には、ここに挙げたような話はまったくされていない。

さて、もしかしたらあなたはこんな疑問を持つかもしれない。

「物語がいかに普遍的なもので、どんなふうに役立つか。科学の世界がそれに気づいていないとして、何が危険なんだ？」

答えは「すべて」だ。

問題1——誇張の国

この本では、人々が物語、そして、物語が役立つしくみを充分に理解していないという、包括的な問題を提起する。この問題を表す言葉として、僕は「物語の欠乏」という用語を使うことにする。物語の欠乏は、配管業者や航空管制官にとってはそこまで大きな問題にはならないかもしれない。だが、科学の世界では物語があちこちに溢れており、物語を理解していないことは、科学をきちんと理解していないということになる。物語がどれほど科学の世界に浸透しているのか、見てみよう。

科学は、大きくわけて二つの部分から成り立っている。科学をやること（科学的手法を使った研究）と、やったことについての情報を広めること（伝達）だ。両方とも、物語の欠乏から生じた影響によって害を受けている。

研究の面では、科学調査で得られるものは二種類しかない。陽性の結果が出るか（「パターンが見えたぞ」）か、無の結果が出るか（「何のパターンも見られなかった」）だ。陽性の結果というのは、良いストーリーを話すのと同じだ（「何かが見えたぞ！」）。無の結果は、つまらないストーリーを話すのに等しい（「残念、何も見えなかった……」）。

近頃の問題は、みんなが良いストーリーを話そうとしたがる一方で、誰もつまらないストーリーを話そうとはしないことだ。科学論文誌は良いストーリーを伝えたがるし、科学者も良いストーリーを伝えたがるし、アウトリーチ担当スタッフも良いストーリーを伝えたがるし、ジャーナリストも良いストーリーを伝えたがる。ついには、良いストーリーを伝えるための陰謀が起きてしまう。これは悪いことになりうる。

二〇一四年、心理学者のペトロック・サムナーらの研究チームは、この問題が健康科学に与える問題の深刻さを示してみせた。彼らは、イギリスの主要大学二〇校から発表された生物医学のプレスリリースと、その元となった研究論文を比べて精査した。研究チームは、調査したプレスリリースのうち、誇張された〔健康上の〕助言が含まれるものが四〇パーセント、何かの原因を突き止めたという、誇張された主張が含まれていたものが三三パーセント、行き過ぎた推論が含まれていたものが三六パーセントあったことを発見した。

山のような数の誇張だ。こうした誇張が、現実世界に本当に存在するものよりも大きな、人々を興奮させるストーリーを伝えることへとつながっていく。科学にとっては悪い知らせだ。科学は、現実世界を記録しようとする活動であって、その活動は、ストーリーの良さとは無関係だ。

僕が、この本で主張していきたい内容に関して、はっきりさせておかなければいけないのはここだ。良いストーリーを生み出すものは何か、科学者一人一人が理解していることが不可欠だ。あなたがその目標を達成するのに、僕がこれから示していく内容の多くが助けになるだろう。しかし、何が良いストーリーを生み出すのかを理解しようと提唱することは、常に「良い」ストーリーだけを話さなければいけないと言うこととは違う。

「良いストーリーテリング」が暴走してしまう問題は、「偽陽性」と呼ばれる形で不意に起こる。偽陽性とは、パターンがないのにパターンを見出してしまうことだ。例えば、こんな場合を考えてみよう。あなたは世界中に向けて、（実はそれが間違いであるとは知らずに）アイスクリームが癌を引き起こすという内容（偽陽性の結果）を発表する。こんな報告をすれば、あちこちの新聞の第一面に載るかもしれない。人々は興奮するだろう。その報告を載せた学術論文誌、大学のアウトリーチ担当の人たち、あなたの研究を一般市民向けの形に書き換えるジャーナリストたち、みんながわくわくして奮い立っている。これは魅力的な誘惑だし、あなたのキャリアを高めてもくれるだろう。だが、もしこれが本当のことではなかったら？　もし、この結果は偽陽性で、アイスクリームは癌を引き起こさないとしたら？

反対に、もしあなたの研究の結論が、最初から「アイスクリームは癌を起こさない」というものなら、せいぜい、新聞各紙から「そりゃそうだろ」と大声で返されるのが関の山だ。

くだらない話に聞こえるかもしれないが、これが科学の世界の現状だ。偽陽性がいたるところで急増している。ある分野では偽陽性が重大な懸念になっているし、別の分野では制御がきかなくなってしまっている。とりわけ、生物医学研究の分野では、深刻な問題が起きていることが認識されている。スタンフォード大学のジョン・イオアニディス医学博士は、生物医学界で近年起きている、偽陽性の大量発生についての年代記を書いたことで有名になった。二〇一三年、彼は「従来の医学研究において、統計的に有意であると主張された効果の大部分は、偽陽性、もしくは、大幅に誇張されたものである」と発表した。彼が「大部分」と言ったことに着目してほしい。「一部」ではないのだ。

同じような調子で、近ごろ話をしたある著名な遺伝学者もこう言っていた。

「私の分野で『サイエンス』や『ネイチャー』にこのごろ発表されている論文は、ほとんど全部が大げさに書かれているよ」

カリフォルニア大学バークレイ校の細胞生物学者のランディ・シェクマンは、二〇一三年のノーベル賞受賞スピーチで、トップジャーナルとされる『サイエンス』、『ネイチャー』、『セル』の各誌を個人的にボイコットするとまで発表した。彼はこの発表の中で、自分と、自身の研究室のメンバーたちが、今後これら三つの最重要誌に論文を投稿しないと言った。シェクマンがこのようなことを言ったのは、彼が、各誌の論文掲載基準が「正当性・頑強性（soundness）」（研究がどれほどちゃんと行われているか？）よりも、「影響の大きさ（significance）」（論文が伝えるストーリーがどれほど大きいか？）に基づいていると感じているからだ。

偽陽性の大発生は、科学にとっての大惨事なのだろうか？　おそらく違う。しかし、確実に影響の大きな問題ではあるし、僕がこの本の執筆中に話したどの科学者も、その問題は大きくなっているという。

その上、こんなこともどんどん明らかになってきている。科学者たちが派手な見出しを望んでいると同時に、科学論文誌も、派手な見出しにならない研究を掲載することへの関心を失ってきているというのだ。二〇一四年、当時、政治学専攻の博士課程学生だったアニー・フランコらの研究チームは、『サイエンス』誌に「社会科学における掲載バイアス——引き出しの鍵を開ける」と題した論文を発表した。研究チームは、少なくとも一つの分野において、無の結果を報告する論文に対する差別がどれほど激しいものかを示した。彼らは、社会科学の分野では、無の結果の研究が採択・掲載される可能性は四〇パーセント低いこと、また、それを受けて、研究者たちが無の結果の研究をわざわざ投稿する確率が、六〇パーセント下がっているということを発見した。彼らが「書類用引き出し」に言及したのはそういうわけだ。そこは、無の結果が出た膨大な数の研究が閉じ込められ、力なく弱り果てていく場所である。

肝心なのは、陽性の研究結果は派手なストーリーを語り、論文誌に掲載されるということ、そして、無の研究結果は地味なストーリーを語り、掲載されるのに苦労するということだ。これはすべて、物語の力学（ストーリーの伝わり方）の作用の一つだ。やはり、結局はストーリーがものを言うのだ。

科学の世界は正確なものであってほしいと願う人もいるだろう。しかし、不運にして、科学文献は、人目を引く陽性の結果が持つ魅力と、無の結果に対する差別によって、正確さからは遠いところへと引っ張られている。陽性の結果への誘惑も、無の結果への差別も、物語の力学に影響するものだ。（ところで、「scientific literature（科学文献）」という言葉の、二つ目の単語に注目してほしい〔「literature」には「文芸」、「文学作品」という意味がある〕）。

問題2――無関心

先に挙げたことは、科学の第二の部分、すなわち、研究によって発見したことを、科学者たちの間で、また、一般市民に向けて伝達する上での長年の問題になっている。それは、どんどん無関心になっていく大衆とつながるための、もがき苦しむような闘いだ。科学者たちは、情報伝達《コミュニケーション》が下手くそな人々として名高い。僕はこのことを、二〇〇九年に出版した最初の著書、『こんな科学者になるな――スタイルの時代に本質を語る』で示している。僕は、情報満載の題材を伝えることの難しさを指摘した。この本は好評で、他の同様の本（コーネリア・ディーンの『私の言っていること、わかりますか？』、ナンシー・バロンの『象牙の塔からの脱出』、クリス・ムーニーとシェリル・カーシェンバウムの『非科学的なアメリカ』など）と共に広く受け入れられた。科学コミュニティ全体からは、一斉に「わかってる、私たちはそのことに取り組んでいるところなんだ」という反応が返ってきた。科学者たちには、概してそのように受け止められたのだ。

稚拙なコミュニケーションがもたらすコストは幅広く、科学や理科の授業で学生たちが退屈するということから、気候科学、進化論、ワクチン接種政策といった話題に対して高まっている反科学的な動きに科学コミュニティが対処できないということにまでわたる。

さらに分析的に見てみると、僕たちは、コミュニケーションの問題を物語の構造という点からとらえることができる。最終的に、この点については詳細な説明をたくさんしていくが、今の時点では、次のような簡単な言葉での説明にとどめさせてもらう。コミュニケーションには、物語性の度合いの最適点がある。つまり、話の複雑さというものには、人を惹きつけるのに充分で、かつ、混乱を招きはしない、ちょうど良い度合いがあるのだ。とてもシンプルな話だ。

同じような最適点は、ハリウッド映画にも存在する。最近〔二〇一三年〕の大ヒット作、「ゼロ・グラビティ」にちょっと目を向けてみよう。この映画には、一人の主人公（サンドラ・ブロック演じる、ライアン・ストーン）がいて、一つの大事件（彼女の宇宙船に大量の宇宙ゴミがぶつかり、宇宙船を壊してしまう）があって、一つの明確なゴール（生きて家に帰る）があった。同時進行のストーリーが一五個もあるのではなくて、この映画ではただ一つの、とても良いストーリーが進んでいった。映画の基本要素はシンプルだったが、主人公のシンプルな境遇から、ストーリーのあらゆる複雑性が生み出された。同じ力学が、科学研究に対しても、サイエンスコミュニケーションに対しても、理想的にはたらくのだ。

図2は、このことを連続体（スペクトラム）の形で表している。ある人たちは、話していることの

図2　物語のスペクトラム
話の中に物語の要素が少なすぎると、あなたの話はつまらない。物語の要素が多すぎると、あなたの話は混乱を招く。だが、効果的なコミュニケーションが達成できる、最適点がある。

中に物語性を充分に盛り込んでいない。彼らの話はつまらなくなる。また、別の人たちは、同時にいくつもの話を同時に伝えようとするが、聞き手はそれについていけない。彼らの話は混乱を招く。そして、ちょうど良い物語性の分量をわかっている人たちもいる。ハリウッドでは、彼らが持つこの感覚を「ストーリー・センス」と呼ぶ。僕はこれを、この本での僕たちの目的に合わせて「物語の直観」と呼ぶことにする。この直観を磨くことが、科学界の究極の目的となるべきだ。

僕は『こんな科学者になるな』の一番大事な章に「こんな下手くそな語り手になるな」という題をつけた。先ほど挙げたような問題に取り組む方法として、「物語」を大切にするという道を示し、その本を締めくくった。しかし、具体的な助言は少ししかなかった。なぜなら、僕自身がまだ、助言ができるほど充分に「物語」に取り組んできていなかったからだ。

この本を出したのに続いて、僕はベテラン俳優である二人の友人、ドリー・バートンとブライアン・パレルモを集めて、この課題に取り組むためのワークショップを作った。その後の四年間で、この「コネクション・ストーリーメーカー」ワークショップを、いろいろな科学団体や環境団体に教え、二〇一三年にはついに、共著で『コネクション――ハリウッドのストーリーテリングが批評的試行と出会う』をまとめ上げて、活動を締めくくった。この一連のワークショップが、この本で紹介する具体的なツールや助言をもたらしてくれた。

全体的な結論はこうだ。科学の世界は、物語にどっぷり浸っているにもかかわらず、物語の力と重要性にほとんど気づいていない。この状況に変化が必要だ。そして僕は、その変化を可能にする知識を持っているのは誰か知っている。

ハリウッドは科学の救済者か？

今まさに、数えきれないほどの科学者たちが、この見出しを読んで起きた嘔吐反射を抑えようとしていることだろう。あなたもその一人かもしれない。

一般的に、ハリウッドは科学に忌み嫌われている。科学者たちは、真実をもっとも熱望すべきものと考えている。一方ハリウッドは、真実は追加で選ぶこともできるオプションであって、使いやすいものであれば、付け足すのも面白いかもしれない、と考えている。ハリウッドの全体的な姿勢は、現在最高の脚本家の一人、アーロン・ソーキンの言葉に表れている。彼は、自分が脚本を書いた映画「ソーシャル・ネットワーク」について次のようなことを述べているが、これはハリウッドの映画業界全体を代表した発言のようだった。

「映画に対する自分の忠誠心を真実に向けたくはないんです。僕はそれを、ストーリーテリングに向けたい」

ここに、ハリウッドの姿勢が見事に言い表されている。身震いから憤怒まで、科学者たちにあらゆる負の感情を引き起こすこと請け合いだ。

俳優であり映画監督のベン・アフレックは、この点についてさらに鋭い（しかも笑える）主張をしている。彼の映画「アルゴ」は、歴史上の出来事〔在イラン米国大使館人質事件〕に基づいて作られたものなのだが、彼はこの映画を擁護する時に、「真実の精神」を持っている作品だと言った。そしてここが、科学コミュニティ全体をすっかり敵に回す点なのだ。「真実の精神」なんてものはない。問題は、ある物事が真実か、そうでないかなのに。ああ、嘆かわしいハリウッド。

この嫌悪感には、僕もわかるところがある。僕は科学者だった。今でも、脳の四九パーセントは科学者の脳と同じようにプログラムされている。科学者たちの心痛はわかる。でも、ある時期が来ているのだ。

科学はいま、ハリウッドが持つあるものを必要としている。それは、大型の派手なアクション映画を作る能力ではない。大勢の謙虚な人々が行った立派な仕事をみんな歪めて伝えながら、観客をドキドキさせるために科学を利用する、そんな映画を作る必要はない。僕は、そういうド派手でくだらない映画の使いみちはほとんど知らないし、科学界が、そうした映画にあまりに大きな希望を与えてやるべきだとも思わない。

僕が話そうとしているのは、もっとずっと深いことだ。それは、ハリウッドの製作物（そこで生み出されるもの）ではなく、むしろ、製作の過程（作品をどう創造するか）についてのことだ。それは物語の力だ。ハリウッドは、物語が現実世界でどのようにはたらくかを見つけ出した場所なのだ。物語について、自分の理論をどこまでもしゃべり続けられる人文学者はたくさんいるが、彼らのほとんどは、僕たちの暮らしの中で動いている物語の基本原理を見抜けないだろう。それができるのは、経済利益という原動力のおかげで、過去一世紀以上にわたって物語の暗号を解読してきた、ハリウッドの人々だ。科学は今、彼らの助けを必要としている。

このことを「羊たちの沈黙」のたとえで考えてみよう。この話の中で、科学は、FBI捜査官のクラリス・スターリングの姿をしている。彼女は、もっとも警備の厳重な独房が並んでいる、長く暗い地下の廊下を、ゆっくりと、恐れを抱きながら歩いていかなければならない。遠くにいるのは、ハンニバル・レクター博士の姿をしたハリウッドだ。彼は独房に閉じ込められ、仮面越しに狂気の目つきで辺りを睨みつけ、その目は右へ、左へと小刻みに揺れている。クラリスはレクター博士を嫌悪しているかもしれないが、本当は、彼の助けを求めている。偏見を捨てなければならない時が来たのだ――今や、彼女の抱えている問題は、解決策を誰に出してもらうかを心配することよりも、はるかに重要なのだ。

これが、僕が四〇年にわたる旅路の終わりにたどり着いた結論だ。僕の専門家人生は科学者としての生き方から始まった。海洋生物学の教授としてテニュア〔終身在職権〕を獲得した。でも、それから僕は生きる世界を変えた。ハリウッドに引っ越し、映画学校に入学し、映画に取り組み、映画を作り、ついには、テルライド映画祭、トライベッカ映画祭などで、自分の映画をプレミア上映した。

この旅路が、科学界の物語の問題に僕の目を向けさせた。ハリウッドは、科学が身につけなければいけない素晴らしい知識を持っている。僕はそう堅く信じている。今こそ、ハンニバル・レクターに話しかける時なのだ。

あるいは、レクター博士でなければ、少なくともエリック・カートマンに。

エリック・カートマンが助けにやってくる？

物語の欠乏の問題に取り組む必要があるというのが、僕の得た大きな天啓だった。では、その信仰に僕を引き入れた張本人は誰だったのか？　答えはシンプルだ、アニメ番組「サウスパーク」[2]に出てくる、エリック・カートマンだ。実際は、カートマンそのものではなくて、彼を作り出した人物の一人、トレイ・パーカーだけれど。

僕は、何百万人もの賢いアメリカ人たちと同じく、「サウスパーク」の熱烈なファンだ。だから、二〇一一年秋に、サウスパークの製作についての三〇分ものの素晴らしいドキュメンタリーがコメディー・セントラル〔ケーブルテレビのコメディー専門チャンネル〕で放送された時、僕はそこにチャンネルを合わせた。番組名は「Six Days to Air（放送まであと六日）」だ。

番組の最中に、僕の人生を変える、桁外れに奥深いシーンがあった。僕はこのシーンが、科学の世界全体を一変させてしまうことができると信じている。そのシーンが映していたのは、トレイ・パーカーが、それぞれの番組の脚本の初稿を編集するために彼が使うテクニックの話をしている様子だった。彼はこう言っていた。

「僕はそれ〔編集テクニック〕をまあいつも、『**そして**を、**しかし**か**したがって**のどちらかに置き

2　アメリカの小さな町、サウスパークで小学生たちが騒動を引き起こすコメディーアニメ。過激な風刺やパロディーをふんだんに盛り込んでいる。

換える法則』って呼んでるね。つまり、書いたもの〔初稿〕を見返すと、いつも『これが起こる、そしてこれが起こる、そしてこれが起こる……って感じなんだけど、それを、『これが起こる、**したがって**これが起こる、**しかし**これが起こる……』に変える。『**そして**』を、『**しかし**』か『**したがって**』と交換できる時には、必ず交換するんだ。これで、書いたものが良くなる」

彼の言葉は、稲妻のように僕を打った。あまりに明快。あまりに爽快。これほどシンプルなストーリーテリングの法則を聞いたことは、それまで決してなかった。それから今に至るまで、僕はその法則を三年間にわたって研究してきた。法則の起源は、太古のアリストテレスにまで遡る〔この発想はトレイ・パーカーの発明ではなかったのだ〕。僕はこの法則についてTEDMED〔健康・医療問題に焦点を当てた、四日間にわたる講演・討論イベント〕で講演をし、『サイエンス』誌に文章を発表し、自分のワークショップの中でひっきりなしにこの法則を使っている。

僕は、これを**ABT**（And〔そして〕、But〔しかし〕、Therefore〔したがって〕）という、シンプルな一つ[3]の穴埋め形式に発展させた。その型がこれだ。

（　　　）そして（　　　）しかし（　　　）したがって（　　　）

どのストーリーも、この一つの構造に縮めることができる。僕はあなたに、「カンザス州の農場に住み、そして、退屈な暮らしをしている女の子がいる。しかし、ある日、竜巻が彼女をオズの国に吹き飛ばしてしまう。したがって、彼女は家に帰る道を探す旅に出なくてはならなくなる」〔「オズの魔法使い」のストーリー〕という話をすることができる。これが、ABTの活用例だ。

もっと実用的なやり方を挙げると、たとえば、科学者はこんなふうに言うことができる。「この研究室で、私たちは生理学、**そして**生化学を研究しています。**しかし**、ここ数年、私たちは、分子レベルでの重要な問いがあることを認識してきました。**したがって**、私たちは今、分子のこんな疑問を調べているのです……」

この特定の研究プログラムについての「物語」は、こんな感じになるだろう。同じことを、何でもあなたが取り組んでいるものについておこなうことができる。

ＡＢＴは、物語の構造が持つ力を利用して、「エレベーター・ピッチ」（プロジェクトの簡潔な説明）を作るのにも使えるツールだ。詳細については、第3部で見ていこう。

ヘーゲル式のやり方

「ＡＢＴはストーリーのＤＮＡだ」。これは、アリゾナ州立大学のビジネススクールでストーリーテリングを教えている教授、パーク・ハウエルが、最近僕に書き送ってきたことだ。僕は、これは正しいことだと思うし、誇張ではないと確信している。ＡＢＴは本当に強力で、重要だ。

とてつもなく人気のある教科書『彼らはこう言う、私はこう言う』（二〇〇六年の出版以来、一〇〇万部以上売れている）では、ジェラルド・グラフとキャシー・バーケンスタインが、テンプレートを使って自分の議論の構造を探す手助けをしてくれる。著者二人は、最初にシンプルな考え方を紹介して

3　原著では「一文」となっている。

いる。それは、まず、自分の意見に反対する人たちが言っていることを示し、次に、自分が言うべきことを示し、その後で両者を和解させるというものだ。

本の最初のところで、著者たちはこう言っている。

「この本で私たちが着目する重要なレトリックは、『彼らはこう言う／私はこう言う』というテンプレートだ。このテンプレートは、あらゆる効果的な論証にとって、深い基礎となる構造、いわば本質的なＤＮＡに当たる」

さあ、大事な点がおわかりいただけただろう。**ストーリーテリングと論証**という、二つのスキルだ。従来、これらは対極にあると思われてきた。つまり、一方は真実を使って楽しみ、もう一方は真実を探そうとする。それでも、**両者には構造の類似がある**のだ。

ＡＢＴと、「彼らはこう言う、私はこう言う」、これら二つのテンプレートを見てほしい。何か似た点が見つかるだろうか？　どちらも準備から始まり（ＡＢＴでは少しの事実を、論証では他の人の意見を、背景として挙げる）、続いて問題を提起し（ＡＢＴでは「しかし」を使い、論証では自分が言うべき意見を伝える）、そして、これら二つの部分の解決策を出す。

両者のテンプレートがとても似通っているのは、偶然ではない。この二つは、ほぼありとあらゆる面白い考えが持つ真のＤＮＡを元にして生まれてきたのだ。それは、「ヘーゲルの三つ組（トリアーデ）」とか「ヘーゲル的弁証法」と呼ばれている。このしくみは、一七〇〇年代の終わりから一八〇〇年代の始めにかけて活躍した偉大な哲学者、ゲオルク・ヘーゲルによって、初めて明らかにされた。ヘーゲル的弁証法には、「正（テーゼ）」、「反（アンチテーゼ）」、「合（ジンテーゼ）」という三つの部分がある。まさに先ほどの二つのテンプレートと同じだ。このしくみは、論理学から、論証、ストーリーテリングまで、ほとんどあらゆるものを裏打ちしている。そして、他にもこのしくみによって支えられているものがある。それは、科学的手法だ。

そう、あなたの真のＤＮＡがここにある。ヘーゲルのトリアーデがあまりにも強力で普遍的なので、僕はこの本を、同じ三つの要素に分割してしまった。僕が関心を持っているのは、科学の世界で「物語」へのより強い認識が必要だということだ。この本を**正（テーゼ）**から始める。そこで、今日の科学界の現状と、科学界において物語が普遍性を持っているにもかかわらず、物語への認識が欠乏していることを説明する。続いて、**反（アンチテーゼ）**を示す。ここでは、この問題を改善できるかもしれないが、まだあまり広く使われてはいない、そうしたツール一式を並べる。最後に、それを全部**合（ジンテーゼ）**にまとめて、ツールの有効性を伝え、この知識を広めるための手段として「ストーリー・サークル」の勧めを提示する。

また、話を組み立てるための別の要素も使っている。一つ目と三つ目の部分（「正」と「合」）は、ＡＢＴテンプレートに従っている。これらが一緒になって、この本にいくつものレベルで「物語」の構造を与えている。ちょうど、どれだけ拡大しても自らのパターンを繰り返しているフラクタル図形のように（これについては続きがある。また後ほど）。本当のところ、僕は「ＡＢＴ」の三文字が、「常にストーリーを語れ（Always Be Telling stories）」の意味にもなるようにすべきだと言いたい。このことはこの先もっと深く考えていくが、まずは、同じことを違った（ひょっとすると、より衝撃的な）形で話させてほしい。

科学はトレイ・パーカーを見習う必要がある

このタイトルを見て、あなたは、僕の頭がおかしくなってしまったと思っているだろう。科学界全体がもっとトレイ・パーカーみたいになることを勧めているのだ。一体全体、どうしたらそんな話になるのか？　ハリウッドで暮らし、働いてきた日々が、僕を閉鎖病棟の異常者に変えてしまったのか？　もしかしたらそうかもしれない。しかし、まずは僕の話を聞いてほしい。

僕は『こんな科学者になるな』の中で、知識を、「知能」対「本能」という観点から見た。情報を蓄えたアカデミアは知能の場であり、一方、ハリウッド（そこは感情の国だ）は、知能というよりは本能的だ。大学の教授たちは知能の達人だが、本能のことになると、そこまですごくはない。ハリウッドはその反対だ。豆粒サイズの脳みその持ち主がたくさん棲みついているが、本能を極めた分野になれば彼らの独擅場だ。一般大衆を興奮させることなら、ハリウッドはどんな集団にも負けない。

では、トレイ・パーカーを見てみよう。ストーリーテリングの面で言えば、彼は体重二百キログラム超の本能的なゴリラだ。彼は大学院の学位を持っていない。彼には学がない（このことは、きっと誰よりも先に彼が認めてくれるはずだ）。コロラド大学卒業の学位を取った後、「ストーリーテリングジム」（ハリウッド）に移り、ストーリーテリングのバーベルを使って、毎昼夜、ノンストップの重量挙げを始めた。

パーカーは、ストーリーテリングのための上腕二頭筋に、宿命の焼印を押し当てた。それは一九九七年のことだった。彼は毎週、毎週、ストーリーを語ることになったのだ。しかも、そのストーリー

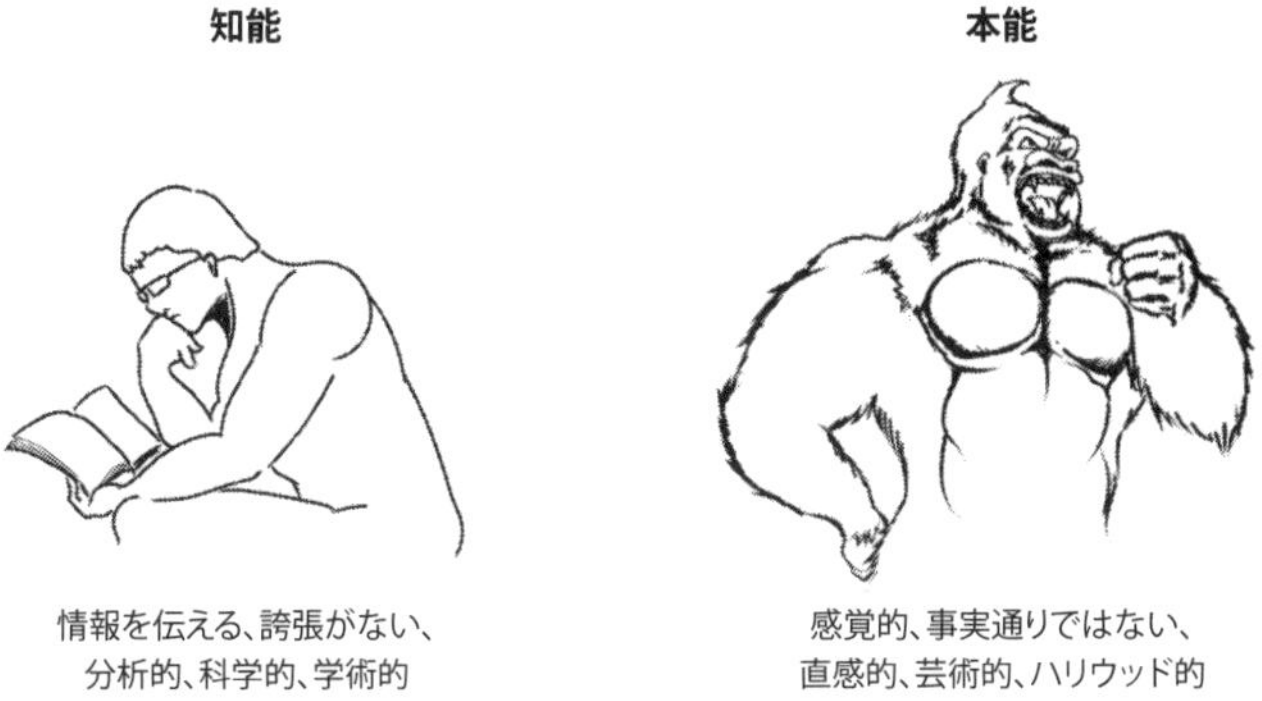

図3　知能と本能
アカデミアは知能の達人だが、本能的な分野になればハリウッドが勝つ。「物語」を成功させるためには、知能と本能の両方が必要だ。

は面白くなければならなかった。彼には、三つの選択肢（やる、やらない、後で）から選べる人生を送るという、学問の世界における基本的な贅沢は与えられなかった。彼と〔共同制作者の〕マット・ストーンは、アニメ番組シリーズ「サウスパーク」と共に、ストーリーテリングの圧力鍋に放り込まれてしまったのだ。彼らには、面白いストーリーを伝える方法を見つけ出すか、失敗して故郷へ帰るかしかなかった。やるか、さもなければ死ぬかだ。

　二人があのコメディー・セントラルのドキュメンタリー番組を撮ったのは二〇一一年だ。それまでの間に、パーカーは「物語」の面で筋肉隆々になっていた。「サウスパーク」はコメディー・セントラルの史上最大のヒットとなり、パーカーとストーンの書いたミュージカル「ブック・オブ・モルモン」はブロードウェイに旋風を巻き起こし、トニー賞を九部門で受賞した。パーカーの脳は、物語の筋肉で磨き上げられていた。この力を使って、彼はストーリーを作り上げる過程の多くを、自分のシンプルなルール「**そして**を、**しかし**かしたがってのどちらかに置き換える法則」へとまとめることができたのだ（後で説明するが、この法則はパーカーが大学時代に身につけたもので、おそらく、その起源となった考えを発案したのは、史上最高の脚本執筆講師の一人だ）。

目指すは「物語の直観」と「物語の文化」

トレイ・パーカーや、僕が南カリフォルニア大学映画芸術学部にいた時の同級生たちは、科学者たちが身につけるべきものを持っている。それは「物語の直観」だ。物語の直観とは、物語の基本ルールを単に知っているだけでなく、すっかり吸収し、自分と融合させることで、直感的にルールを感じ取れるという能力だ。要は、トレイ・パーカーみたいになることだ。

僕は何年もの間、熟練の脚本家の中で実際にはたらいている「物語の直観」を目にしてきた。ベテラン脚本家は二つの能力を持っている。まず、彼らは簡潔で訴求力のあるストーリーを作ることができる。そして、彼らは簡潔ではなく訴求力のないストーリーに耳を傾け、それを修正する方法をすばやく見つけ出すことができる。彼らは、ストーリーを聞いて、そのストーリーがつまらなかったり、わかりにくかったりする理由を、即座に指摘する能力を持っているのだ。

もし、科学者がこの性質を深いレベルで持っていたら、彼らは、僕が先ほど指摘した問題の多く（ほとんど、とは言えないにせよ）を修正したり避けたりできるようになるだろう。科学者は、ストーリテリングの負の側面にもっと敏感になるだろう。知らず知らずのうちに偽陽性の失敗を犯す傾向も小さくなるだろう。もし、科学者たちが物語を理解し、それを重視していたら、否定的な結果を掲載することを避けるバイアスも減ることだろう。そして、科学者が物語に対する直感的な感覚を持っていたら、彼らはもっと退屈ではない、そして混乱することも少ない形で、書いたり話したりするだろう。これこそが、科学の専門家たち全体に求められている変化なのだ。とはいえ、物語の直観は万能薬ではない（いつだって、科学的発想のある人間は、示された主張を極端な形にして、そこにある穴を探し始めようとする）。しかし、物語の直観は、たくさんの問題の発生源に対処する手段なのだ。

物語は、信じられないほど強力だ。ビジネスの現場でのツールとしてだけでなく、世界を理解する上でも、その力は計り知れない。僕がこの本を書く上での目的は、物語を評価シートにのせて吟味するよう、科学者たちを説得することだ。このことは、すべての科学教育カリキュラムや、科学の指針において、（最大ではないにしても）大きな優先事項とするべきだ。

物語と深く関わりあう専門分野で、人々がこの直観を身につける。これが、科学研究と科学コミュニケーションが直面している問題と戦っていく上での、唯一の長期的な希望だ。物語の力学の訓練は、あらゆるレベルで、そして、特に科学教育のいちばん最初の段階で行われる必要がある。物語というものを認識し、自ら物語を創り出す行為を、直感的におこなえるようにするために。

もし、組織の中で複数の人が物語の直観を身につければ、そこに「物語の文化」が発達し始める。この文化があると、物語の質の期待値や最低限の水準が定まってくる。一人一人がある程度以上、物語の力学に親しんでいて、その能力を身につけていることが期待できる状況なら、水準は変わりうる。一度こうなれば、「同調」（人々が流れに乗せられること）の副次効果が起きて、新しい水準を定着させることができる。

これは、非現実的な希望ではない。必要なツールはこの本の中にある。問題は、この話を実現するという使命を持った航海に出かけるか否か、だ。さあ、一緒に出かけよう。
僕たちの旅が、いま始まる。

第2部 テーゼ 正

THESIS

ジンテーゼ 合

アンチテーゼ 反

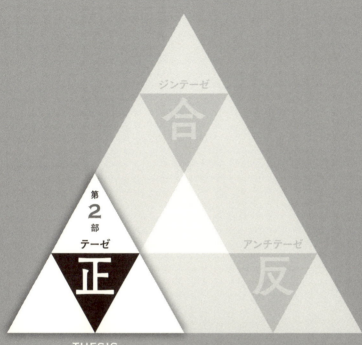

私たちはやり手だと思うんだが

電子メールのひどいところは、抑揚が全然ないことだ。少なくとも、手書きのコミュニケーションなら、書き手は筆圧をかけたり、文字を不規則に書いたり、下線や落書きを足したりして、憤怒や好意を伝えることができる。でも、メールには、電子的な文字（場合によっては、うっとうしい顔文字がついている）以外は何もない。その結果はしばしば、最悪の解釈につながる。

そんなことが、僕の身にも起きていた。僕があのひどいメールを受け取った後、「頭を冷やすためのジョギング」のために外へ出た時に。メールの書き出しは「いや、ランディ……私たちはなかなかのやり手だと思うんだが」。僕はそこに、考えうる限り最悪の感情を読んでとった。実際、そこまでの成り行きからすると、そう解釈せざるを得ないような状況だったのだ。

翌朝、僕はミーガンに電話をして、心からのお詫びの言葉を一気に伝え、そして、このイベントから降りるつもりでいると話した。自分があの二人の科学者をどれだけ尊敬し、その意向を尊重しているか、そして、自分がこんな言葉の戦争にどれほど巻き込まれたくなかったか伝えた。ミーガンは、辞退を受け入れてくれただけでなく、お詫びを自分のお詫びで打ち消し、これがどれほど個人の内面に立ち入る話なのか、私は分かっていなかったと謝ってくれた。ミーガンはもともと、彼らが僕に助けてもらえることになって大喜びするものと思っていた。それが彼らをひどく傷つけるようなことになるだなんて、気づきもしなかった。しかし、事態がおかしなことになってしまった今、ミーガンは僕の決断を理解してくれていた。

僕たちはお詫びのやり取りの終焉にたどり着いた。ミーガンは僕の辞退を受け入れ、そして僕は、電話での話がまとまりつつある時の、抑揚もなしにお決まりの言葉を並べ立てる段階に入っていた。ところが、そこで一通のメールが僕の受信箱に現れた。あの二人の科学者たちの片方からだった。僕はそのメールを、ミーガンに向けて大声で読み上げた。

彼ともう一人の科学者は、前の晩に話をしていた。彼はこう書いていた。

「私たちはこういう結論に落ち着いたよ。自分たちは充分年寄りで、充分たくさんの発表を成功させてきたから、一つぐらい完全な大失敗があっても構わない。だから、君のおかしな考えで一丁やってみることにしよう。……冒険なくして得るものなし、だ」

うーん…………かなりのやり手だ。僕はもともと、心の底からこの二人がすごい人だと分かっていたし、だからこそ辞退を申し入れたのだ。こんなに尊敬している人たちと、いざこざを起こしたくなかったから。だから、このメールを読んだとたん、僕はすぐやる気になった。ミーガンに伝えた辞意を取り消し、ものの数分のうちに、メールをくれた彼とスカイプでチャットを始めていた。

ヒューストン、こちら打ち上げに成功した。ふう。

さて、僕たちの、物語の世界への旅に向けたシャトル打ち上げの準備も整った。そこでまずは、道中の案内役を務める僕のことを、読者の皆さんにもう少しだけ詳しく紹介したいと思う。この本のメッセージの中心となっているのは、僕が持つ独特のバックグラウンドだ。僕はキャリアの前半を科学者として、後半を映画製作者として過ごしてきた。「アカデミックな科学」と「肉体労働のハリウッド」の二つの言葉を話すバイリンガルだ。だから、僕はここにいるのだ。

ランデュッセウス

人は僕のファーストネームで遊ぶのが好きだ。僕のことをいろんなふうに呼ぶのだ。「ルルルル〔巻き舌で〕ランダース」に始まり、「ランドシウス」、「ランチョ」、「ランダンゴ」、「ランディモン」、「ランディトーラ」、「ザ・ランドマン」、それから……あなたも何か思いつくだろう。僕だって、「ランディ〔俗語で「ムラムラしている」〕」なんてバカな名前だと思うし、「サウスパーク」の変態キャラクター、ランディのほうがその名前にふさわしいと思う。だからって、自分に何ができるというんだ？

そこで僕はいま、自分の名前の、僕独自のバージョンを発表することにする。それは、「ランデュッセウス」だ。この名前を提案するのは、伝説上の英雄、オデュッセウスにかなり似ている僕（まあ、そんなには似ていないが、というか、本当は全然似ていないが、そういうことにしてほしい）が、はるか遠い地を訪れ、一時的に滞在する旅人として生きてきたからだ。少なくとも、心理的に。

僕は人生の中の若い時期を、科学者として生きた。ハーヴァードで生物学の博士号を取得し、オーストラリアのグレートバリアリーフにある島で一年暮らし、南極の氷の下へダイビングをしに行き、深海へと半マイル〔約八〇〇メートル〕潜り、水面下約一八メートルのところにある海中生物の生息地に一週間住み、他にも、僕がそれまでずっと憧れていた、海の中のわくわくすること、面白いことはほとんど全部やった。

とうとう、僕は海洋生物学の教授になり、指導すべき大学院生たちが下につき、米国科学財団

〔NSF：National Science Foundation〕の特別な助成金など、大きな研究補助金を手に入れ、査読つきの研究論文を二〇本発表して、うち一報は『ネイチャー』に載り、ついには、ニューハンプシャー大学でテニュアを授与された。これらはすべて、僕が科学者として成功を収めたこと、そして生涯が安泰だということを意味していた。僕はこの時点で、自分に何が起ころうと奪われない「保証された職」を得るという（ただし、殺人や強盗などで告訴されなければ。テニュアの職位から解雇される唯一の理由はこれだ）、大学のほとんどの研究者たちが夢見るものを手に入れていた。

しかし、その後……（さあ、ここで本当のストーリーが始まる。「しかし」は構造のキーポイントだ。このことは後で詳しく論じる）、僕は自分の「平凡な世界」（この用語も後で説明する）の快適さから離れて、旅に出発したのだ（これこそがストーリーだ。ああ、取り上げる話題がたくさんある！）。

アメリカ東海岸にある科学の国から、西へ向かい、カリフォルニアを目指した。一九九四年のことだった。当時のアメリカでは、物事は原始的だった。ソーシャルネットワーキングサイトのフレンドスター、オートチューン〔音程補正ソフトウェア〕、クロックスのサンダルはまだ発明されていなかった。僕は、科学をやるのが大好きだったのと同じくらい、科学を伝えることへの関心も、どんどん膨らませていた。僕は大きなビジョンを持って、教授職を辞任した。いつか科学の世界に戻ってきて、自分が学んだことを共有するつもりで頭がいっぱいだった。

これを、衝動に駆られた上での転身だと考えて面白がる友人たちがいたが、僕は彼らをそのままにしておいた。僕がアイデンティティ・クライシスや、精神的メルトダウンに陥っていたのだという噂が駆けめぐった。ある友達は、バス停に立つ二人の中年男の漫画を送ってきた。一人は海賊の格好をしていて、もう一人はカウボーイの格好をして、こう言っている。「中年の危機かい？」。一人目の男

図4　ハリウッドのエージェントのキュクロープス

がそれを認めてうなずく……。でも、一番親しい友人たちは、僕が明確な目的を持っていたこと、そしていつか戻ってくるつもりだということを知っていた。

オデュッセウスのような気持ちで、僕は「ハリウッド海」へと乗り出した。契約エージェントや弁護士といったキュクロープスたちと対決する心づもりはできていたし、マリブ島のロートパゴス族に誘い込まれることは避けたいと願っていたし、そしてもちろん、どのナイトクラブにも、どのハリウッドのパーティーにも待ち受けている、セイレーンたちには近づかない決意でいた。

まさにオデュッセウスのように、僕はやってのけた。僕は誰にも倒されなかった。生き抜き、そしていま、ランデュッセウスが科学の世界に戻ろうとしているのだ。二〇年間の旅（オデュッセウスの旅の二倍の長さ！）から帰還し、得た知識を分かち合おうとしている。ではここで、僕が科学の世界を外から見て最初に気づいたことの一つを紹介しよう……。

科学者は複雑さが大好き

ストーリーの力学は、簡潔さを下敷きとして発展するもので、複雑さを規範とする科学とはうまく噛み合わない。文化の境界を越えた旅を経た僕は、そのことをよくわかっている。そこから生じる問題を、じかに体験したのだ。

僕は『こんな科学者になるな』の中で、自分の「科学者らしさ」がハリウッドで滑稽かつ気まずい形で目立ってしまった典型的な瞬間をいくつも紹介した。本から漏れた話を、ここに一つ挙げよう。これもまた、海洋生物学の元教授が金ピカの街で成功しようとする、僕のハリウッド生活の初期に起きた話の一つだ。

南カリフォルニア大学（USC）の映画学校で、僕はクラスで四人しか選ばれない映画監督の一人に選出された。五万ドルもの制作資金を与えられ、自分がすでに書いた、奇抜で風変わりなミュージカルコメディーの台本を元に短編映画を作ることになった。これは、大きな司法試験の前夜に腹を立てながら自分の夫とそのビジネスパートナーのために夕食を作っている最中に台所で感電するロースクール在学中の女性の話だ。彼女の幽霊が最後のシーンで復讐のために戻ってきて、夫の職場の秘書たちと一緒になって、去勢についての歌とダンスを披露する。控えめな説明をさせてもらえば、この映画は、USC映画芸術学部の洗練された雰囲気の枠から少しばかり外れていた（僕は最終的に、女性嫌悪だと非難された。主人公の夫はちゃんと罰されたにもかかわらず。これが映画学校での政治的見解というやつだ）。

僕はダンスシーンのために、ランス・マクドナルドという素晴らしい振付師の力を借りることに成功した。ちなみに彼は、この翌年、ちょっとした映画の振付助手になった（「タイタニック」という映画だ）。僕たちが一緒に振り付けに取り組むことになった初日、僕はランスに、入念に描き上げたダンスシーンの解説図一式を見せた。

ランスに見てもらうために僕がテーブルに広げた解説図は、アメフトの劇みたいだった。それぞれの図は、ダンサーを示す×印や○印で埋め尽くされていて、そこに、各時点で誰がどちらに行かなければならないのかを示す矢印がついている。そして、それぞれの時にカメラをどこに配置すべきかを記した、たくさんのV印も。解説図はとても精密に描かれていて、でも……僕は振り付けのことは全然知らなかったし、僕が研究室で研究に勤しむ科学者だった頃から、まだわずか一年半しか経っていなかった。これらの図は、僕の中で動いていた科学者としての分析魂そのものだった。

ランスはしばらくの間、それらをうっとりと見つめていた。そして彼は立ち上がり、解説図を手に取って、部屋の奥に歩いていき、「うわあ、これはほんとに、ほんとに凄いな。君がやってのけた仕事に感動するよ」と言って、それをゴミ箱に捨ててしまった。「でも、俺たちにはこれはいらない。今にわかる」。僕は愕然とした。でも、時間が経つにつれ、彼の意味するところがわかってきた。

愚かな僕。愚かな、愚かな僕。複雑で、込みいった自分の解説図にはまり込み、あらゆる細部に至るまで、すべて自分で計画できると思っている、科学者。振り付けは芸術に関するもので、芸術の真髄は簡潔さにあるのだと知るようになった。

ランスは仕事に取り掛かった。ダンサーたちを雇い、スタジオでリハーサルを始め、そして二週間後には、次の段階に向けてカメラマンを練習に招いた。ランスは、ダンサーたちに振り付けの動きをさせた。彼は、いろいろな瞬間にダンサーたちを静止させ、カメラマンと一緒に、あらゆる角度からそれを見て、カメラを置く場所を考え出した。ランスは、カメラのためにダンサーたちを踊らせるのではなく、ダンサーたちを、彼ら自身のやりかたで踊らせ、その間にカメラで踊りを記録した。そして、僕はただ座って見守っていた。僕は場違いな初心者だった。

もし僕が、ダンスシーンを作る上で、あくまで自分の解説図通りにやらせることにこだわっていたら、ダンサーたちは、各時点にぴったりのタイミングでカメラに向き合うために、指定された場所にたどり着こうと駆け回り、ぶつかり合い、大混乱が起きていただろう。そうする代わりに、ランスは滑らかで流れるような、有機的で楽しい演技を作り上げ、その様子を完璧に撮影することができた。あまりにシンプル。あまりに完璧。あまりに洗練されていた。

その様子は、一般にはダ・ヴィンチのものとされている、有名な言葉を体現していた。それは……

「簡潔さは究極の洗練である」

僕がこの小話をするのは、それがこの本の核心をついているからだ。それに、僕が本やワークショップの多くに見られる問題だと考えていることにも関わるからだ。ストーリーとストーリーテリングについての話題は、急に身近で普遍的なものになり、この話題を取り上げる本やワークショップも多い。だが、そのほとんどは、僕が自分の解説図でやってしまったように、複雑さにはまり込んでしまっている。

表やグラフがぎっしり詰まっていて、項目が次々と続く本を見かける。それぞれの項目は、主人公について、敵役について、場面について、山場について、物語の横糸について、比喩について、主題について、などなど……。複雑さのおかげで、この本はひたすらわくわくさせて刺激的だが、結局のところ、これは効果のあるもの、必要なものなのだろうか？

複雑さには、この問題がつきまとう。刺激が多すぎて、総合的な結果がゼロになってしまうことがある。それは、受け手が一つのことに狙いを定めて覚えておくことができないからだ。これは、街を見下ろす絶壁の上に立ち、その絶景を眺める時に似ている。その眺めは見事なものかもしれないが、そこを離れる時に言える感想は大したものではなくて、せいぜい「ああ、すごかった！」ぐらいのものではないだろうか。全部を見たのに、覚えているものは実質的にゼロなのだ。

対照的に、僕はストーリー全体のコンセプトに対してある種のフラクタル的なアプローチを使う。フラクタルデザインの核となるのは、「簡潔さから複雑さが生じうる」という基本概念だ。ちょうど氷の結晶みたいなもので、一見すると驚くほど複雑に見えるのだが、よくよく調べてみると、何度も何度も複製された一つの単純なパターンが見えてくるのだ。ＡＢＴのようなパターンが。

僕は、これがすべてのストーリーテリングに当てはまると確信している。ジョン・ヨークは、素晴らしい著書『森の中へ――ストーリーがはたらくしくみと、私たちがストーリーを伝える理由』の中で、ストーリーのフラクタル性について詳細に述べている。彼はこう書いている。「ストーリーは幕から組み立てられ、幕は場面から組み立てられ、場面は『間《ま》』と呼ばれる更に小さな単位から組み立てられている。これらの単位はすべて、三つの部分から構成されている……三幕構成の全体像のフラクタル版だ」。この、ただ一つの簡潔な構造から、終わりなき複雑さが生じうるのだ。

複雑さは楽しいし、わくわくするし、刺激的だし、エンターテインメントの基本要素である「繰り返しの回避」にもなりうる。しかし、僕は簡潔さを支持している。「物語」がどのように機能するのかを感じとるための直観を高めていく中で、あなたが何度も何度も繰り返し使う、ほんの少数の道具を。もし、あなたの集中力の持続時間があまりにも短すぎて、話の筋を繰り返すという提案には耐えられないというなら、あなたがこの先、物語の感覚を充分に高めていけるのかどうか、僕には自信がない。**物語には、簡潔さと繰り返しが必要なのだ。**

僕は、このテーマに繰り返し戻ってくるつもりだ。科学者たちは、物事を「バカみたいにレベルを下げている」といって攻撃したがる。この批判は、時に的を射ていることもあるが、「バカみたいにレベルを下げている」ことと、簡潔さを混同することは許されない。両者の間には違いがある。ダ・ヴィンチが指摘しているように、簡潔さの基本は洗練なのだ。

では、科学の世界のことを検討し始めよう。そして、科学の世界が生まれたふるさとである、物語のもっと広い世界のことを。

1

科学は、「物語」の世界から逃げられない

「物語」の長い歴史――ギルガメッシュって誰？

ギルガメッシュとはどんな人だったか、知っていたら手を挙げて。これも、僕が科学者集団に対して行うデモンストレーションの一つだ。ここでも、僕の知識は会場の誰とも大差ない。数ヵ月前にこの本を書き始めるまで、ギルガメッシュが誰なのか、何一つわかっていなかった。こういうところに、僕の受けた人文系教育の穴がある。

ギルガメッシュは、物語の概念全体の起源にかなり近いところにいる。彼の物語は人類最初のストーリーであり、文学の始まりだ。彼は、メソポタミアを一二六年にわたって支配したとされている、四〇〇〇年前の偉大で強力な指導者だ。原初のストーリーテラーたちは、彼の英雄譚を石版に彫りつけた。ギルガメッシュ後の時代は、僕たちが「ストーリーを話す動物」（二〇一三年に出版された、ジ

ヨナサン・ゴットシャルの良著のタイトルに使われている）になったことで、文字どおり「歴史（history：storyと共通の語源を持つ）」になっている。ゴットシャルは『ストーリーを話す動物』の中で、ストーリー（あるいは「物語」）が、僕たちの生活のあらゆる側面に浸透していることを主張している。

ギルガメッシュから二〇〇〇年後に飛んで、ストーリーにとっての次の重要な出来事を見てみよう。それは、アリストテレスとギリシャ人たちだ。アリストテレスは、ストーリーが独特の構造を持つことに気づいた。『詩学』の中で、アリストテレスは劇とストーリーの構造について語った。彼は、劇やストーリーを五つの基本的な部分に分解した。彼は始まりの部分を「プロローグ（プロロゴス）」と呼び、終わりの部分を「エクソドス」と呼び、そして中間部分には、繰り返しのサイクルの連続があると説明し、それぞれのサイクルは、パラドス、エピソディオン（エピソード）、スタシモンという三つの部分から構成されているとした。現在でも、僕たちがストーリーのことを考える時には、よく、中間部分が「エピソード的」だというような話をする。

さて、これからお話しするのが、科学におけるストーリーテリングを考える上で大発見となる新事実だ。科学プロジェクトにおける重要な部分は何だろうか？　科学者は、背景となる知識を集めることでプロジェクトを始め（序論）、続いて、仮設を立てては検証するサイクルを繰り返す（手法と結果）。これは、答えを見つけ出すまで続く。答えが出た時点で、それをすべて整理して、考察にまとめる。

ストーリーと科学研究、二つの構造を並べた図5を見てほしい。これは、繰り返し強調していく要点を表した、最初の一例だ。「**あのさあ、これって全部おんなじ話じゃん**」。これは、僕と共著で『コネクション』を出版したドリー・バートンが、ワークショップでストーリーの構造について議論している時に言い始めたことだった。彼女からこれをほのめかされた当初、僕の中にいる科学者の心は気

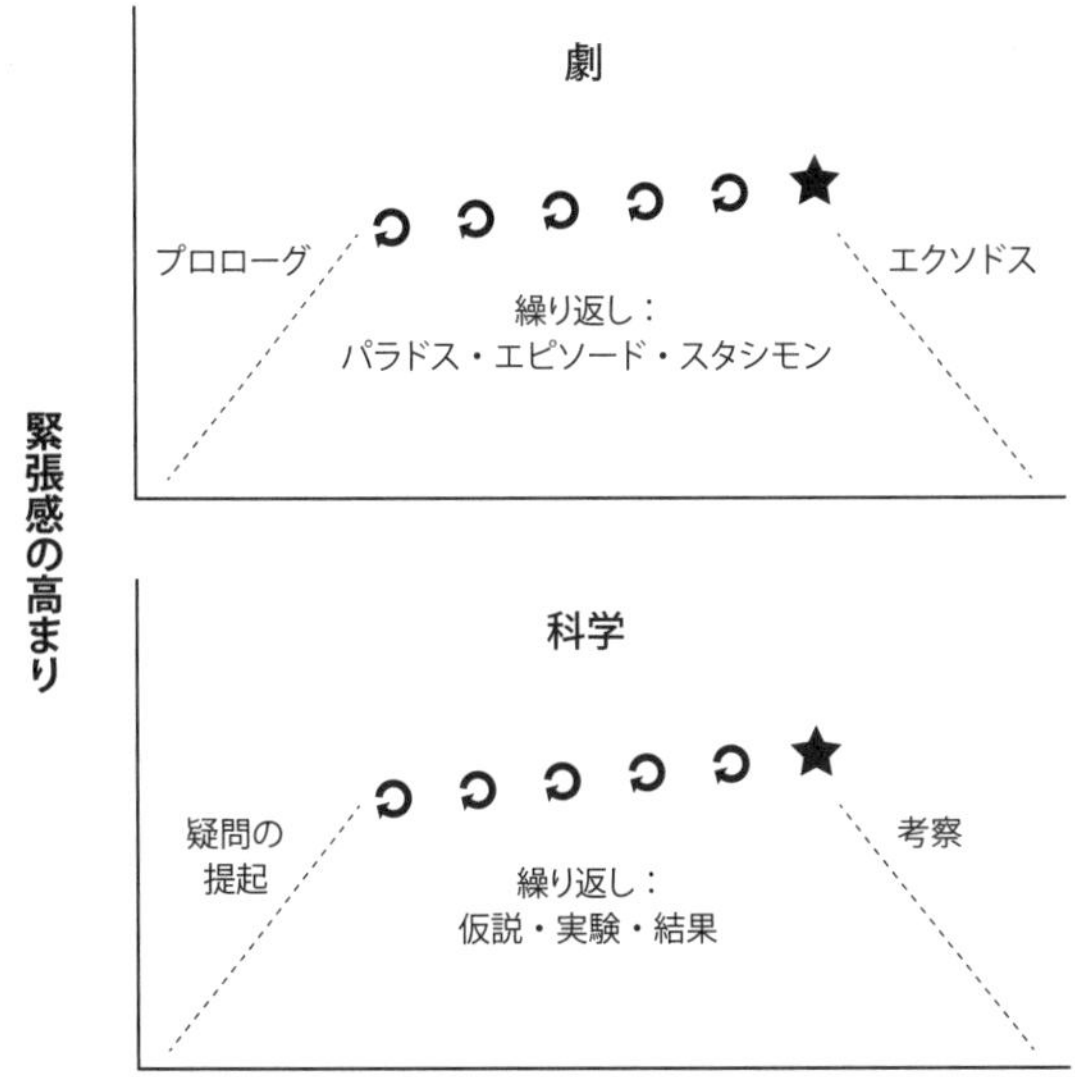

図5　これって全部おんなじ話じゃん
上の図は、2000年前にアリストテレスが説明したストーリーの構造だ。下の図は、科学者が研究プロジェクトを進めていく様子だ。似ているところが見つかるだろうか？

色ばんだ。ストーリーの種類なんて、たくさん、たくさんあるじゃないか。でも、最近、彼女にだいぶ賛成するようになっている。あなたも賛成してくれるようになればと、僕は願っている。本当に、核となる同じ構造に落ち着くのだ。

ストーリーを支えるこの構造が、時を経て、ありとあらゆる変化形へと広がってきたのは確かだ。ストーリーには、見たところ違った種類のものがとてもたくさんある。ロマンス、ホラー、コメディー、ファンタジーなどなど。ややろうと思えば、無限に複雑な分類をすることができて、その中で迷子になってしまうだろう。似たように、生物学的な多様性にも無限の複雑さがあり、人はそこでも迷子になってしまう。サカタザメ〔別名ギターフィッシュ〕の奇妙な形から、テヅルモヅルという、怒り狂うヒュドラー〔九つの頭を持つ海蛇の怪物〕のような、生きたスパゲッティの塊の姿まで、あらゆるものに驚きの声を上げながら。あなたは、生物たちをただ眺めて驚くこともできる。「うわあ、どの生き物も、次の生き物とは全然違う。いろんな生物種の間に、すごくたくさんの複雑さがあるんだなあ」。

でも……根本のところでは、この生き物たちのDNAはみんな同じ話をしている。彼らのゲノムの由来は、同じ最初の塩基配列へとさかのぼる。魅惑的な複雑さに注目しても良いのだが、すべての中心にある簡潔さを追い求めることもできる。このシンプルな核を見つけたら、こう言えるようになる。「このいろんな形が全部、一つの原型からどんなふうに枝分かれしてきたかがわかったよ」。先に挙げた見方はわくわくするが、突き詰めれば方向性に欠ける。いま挙げたほうの見方は、世界を理解する考え方だ。

これは、ストーリーでも同じだ。すべての変化形は、同じ伝承に端を発する。これが、文化人類学者のジョセフ・キャンベルが、二〇世紀の前半に気づいたことだ。彼は、分析的視点〔ざっくり言えば、科学者の思考〕を、従来は非分析的だったストーリーテリングの世界に持ち込んだ。進化生物学者が生物間に共通して伝わる特徴を探すように、キャンベルは、世界中の異なる文化や宗教によって伝えられるストーリーの間に共通の構造を探したのだ。

一九四九年、キャンベルは画期的な著書『千の顔をもつ英雄』を書いた。この本を、彼はこんな言葉で始めた。「人類の数多い神話や宗教の間には、当然のことながら差異がある。だが、これは〔多様な神話・宗教間の〕類似点についての本である」。これが、彼の最終的なメッセージに向けての序曲だった。行き着く先のメッセージは、「これって、全部おんなじ話じゃん」だ。

キャンベルは、世界中のストーリーテリングの根底にある、たった一つの共通の構造を理解した。彼は、この構造を「モノミス」と名付けた。そして、モノミスにはいくつの基本パーツがあるかというと、三つだ。始まり、中、終わり。ヘーゲルの予言どおりだ。

数字の三といえば、ストーリーテリングの世界で、何世紀にもわたって生き延びてきたものは何だろうか。それは、三幕構成として知られている、劇、小説、ひいては映画の基本構造だ。今日、この三幕構成が、あなたが見るほとんどすべての映画の核となっている。脳のプログラミングの中に深く埋め込まれた、おなじみの三部構成。あまりに深く、それゆえ、そこから逃げ出すことはできない。

科学の短い歴史

さあ今度は、科学の歴史のことを考える時間だ。人間が、文字によるストーリーを四〇〇〇年以上も書き伝えてきたのだとしたら、それに対して、僕たちが科学論文を書いてきた期間というのはどれほどの長さなのだろうか？　その答えは、一〇パーセント未満、つまり、約四〇〇年間だ。

科学者たちは大昔にもいた。キリスト生誕の時代のちょうど一〇〇〇年後には、エジプトにプトレマイオスがいたし、メソポタミアのイブン・アル＝ハイサム〔アルハゼン〕（「プトレマイオス二世」という呼び名がある）は、そのほぼ一〇〇〇年後に、光学と実験物理学を開拓した。だが、科学研究を正式な論文誌に報告することが始まったのは、一六六五年、『フィロソフィカル・トランザクションズ・オブ・ザ・ロイヤル・ソサエティ』誌の第一巻が出た時からだ。初期の科学研究報告は、非常に「文学的」なスタイルで書かれていた。項目分けはされておらず、むしろ一本のエッセイのようで、三人

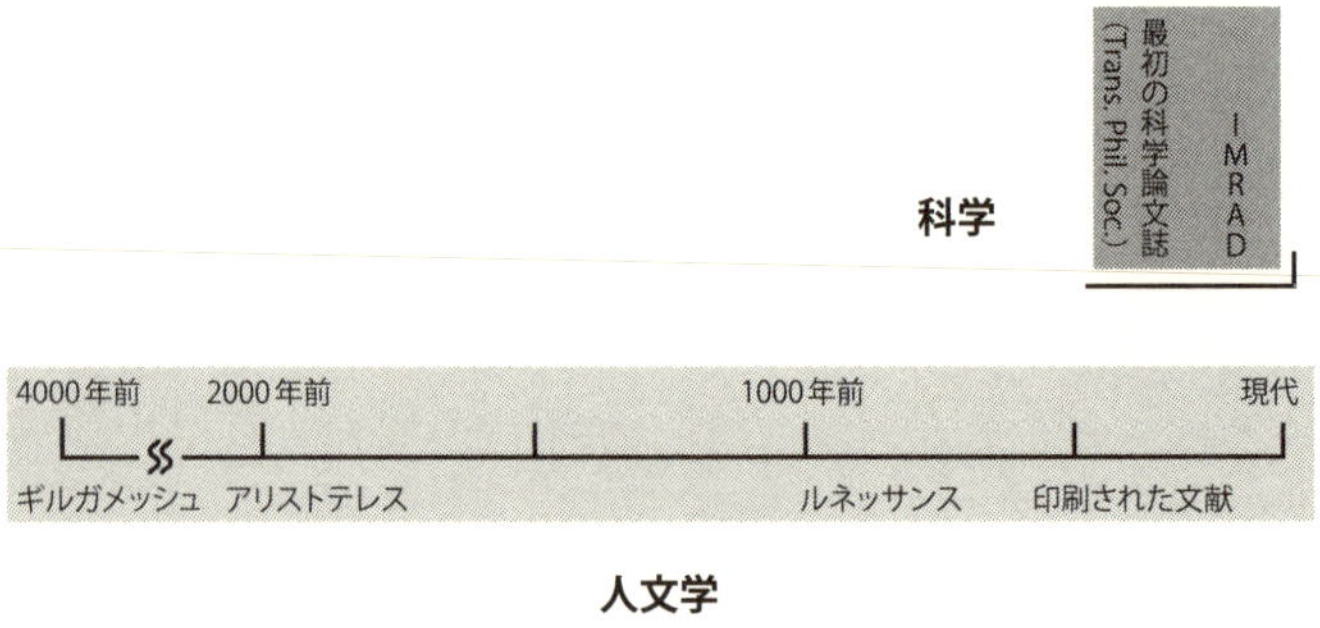

図6　科学はパーティーに遅れてやってきた
人文学は少なくとも4000年の歴史を持っている。科学の登場はもっとずっと最近のことなのだ。

称で（「昨今、ロバート・ボイルはある証明を行ったのだが、その証明において彼は……」といった文章を使って）書かれることも多かった。

それから五〇年以内に、こうした論文は、大部分が記述的である短い記事から、別の形態へと移行した。それは、研究を行った人物が書く実験報告の形を取りはじめていた。一八〇〇年代の後半までには、学説、実験、考察（おや……三つのパーツだ。なんという偶然だろう）のパターンを伴う、はっきりした構造が生まれていた。一九〇〇年代には、この構造は、僕がこの本の最初で述べた、現在の科学論文のテンプレートとしてほとんど世界的に受け入れられているといえる形式に道を譲った。あの強力な**IMRAD**だ（お願いだ。ここから先、IMRADという用語を忘れないと約束してほしい）。IMRADには四つの項目があるが、手法（Method）と結果（Result）の部分は統合されることが多い。これは、結局のところ、この二つの要素はストーリーの真ん中の部分であるという事実を反映している。

科学は、古代から伝わる物語の世界に新しく訪れた客である。これが、科学者たちが直面する課題だ。科学者たちはもしかすると、物語ではない形式で情報を伝えること（その場合、やることは情報を並べるだけだ）を夢見ているかもしれないが、究極的には、それではうまくいかない。僕が、「見たままを伝える」という難題の例で示したように、それは思っているほど簡単ではないのだ。このことについて、もう少し詳しく話させてほしい。

脳のプログラミングには欠陥がある

人は、いくつかの事実にならば耳を傾けられるが、たくさんは無理だ。話が始まって少し経つと、物語への欲求がわき上がってくる。あなたは、純粋に情報だけが詰まっていて、物語の要素がまったくない講演をすることもできるが、その場合、専門家以外の人々は、三〇分も経たないうちに会場を立ち去ることだろう。しかし、その同じ聴衆が、良いストーリーにならば何時間も耳を傾けることだろう。聴衆に「ブレイキング・バッド」[4]を延々と見せれば、彼らは苦もなく、そこに座ったまま何話も通して見続けることができるだろう。

そう、これが一つ目の、脳が持つ「欠陥プログラミング」の側面だ。科学者たちは、相手に事実を手つかずのまま提供して、そのまま取り込んでもらえないものかと願っている。だが、人々にはそれができない。脳には、一定の形にまとめられた情報が必要なのだ。このことが、細心の注意を払った

4　米国のテレビドラマ。家族とつつましく暮らしていた元科学者の主人公が癌にかかり、多額の治療費を稼ぐため覚醒剤の密造に手を染める。

図7　人間の脳
もしこれが売りに出されていたら、とっくにリコールがかかっていることだろう。

説明が覆されてしまうほどの、あらゆるたぐいの歪曲につながる。ニューヨーク・タイムズ紙のコラムニスト、ニコラス・クリストフは、ある見事な記事の中でこのことを非常にはっきりと示している。僕はワークショップの参加者たちに、その記事を何度も、何度も読むよう勧めている。

ニコラス・クリストフは、ストーリーテリングについて世界に警告する

ニコラス・クリストフは、二度のピュリッツァー賞受賞者であり、マス・コミュニケーションにおけるストーリーの力について、驚くほど短く、簡潔で（僕の大好きな性質！）、広い実用性のある記事を書いた人物だ。この記事を、ストーリーテリングについての警告に満ちたエッセイと呼ぶことを、彼が認めてくれるかどうかは定かではない。しかし、この呼び方は記事の姿をかなり正確に表している。

ちょっと驚かされるのは、クリストフが、この記事を

学術論文誌の上で発表したのでも、ニューヨーク・タイムズ紙の特集記事として出したのでもなく、二〇〇九年一一月号のアウトドア雑誌の『アウトサイド』誌で発表したという点だ。タイトルは、その誌上にふさわしく、「世界を救うための、ニコラス・クリストフのアドバイス」という。仮にこの記事のメッセージを要約するなら、こうなる。「他の人々の脳を変える試みに取り掛かる前に、人間の脳のプログラミングがどれほど不完全なものであるかを認識すべきだ」

クリストフの主張はこうだ。コミュニケーションは、相手が聞くべき、あるいは知るべきであるとあなたが思うことを伝えるものではない。コミュニケーションとは、自分のゴールを理解し、続いてそのゴールからさかのぼって、脳がどのように動くのかを念頭に置きながら、自分のメッセージをしっかり伝達することなのだ。自分の情報を、それに合った正しい形に仕上げて、人々の脳に入った時にきちんとはたらくようにしなければならない。

このことは、黄金律を捨てる、という形でも表現できる。僕は、カンザス州で「己の欲するところを人に施せ」という教えを受けて育った。クリストフの主張はこうだ。お前が何を欲しているかなんて、知るか。わからなければいけないのは、聞き手がどんなふうにしてもらいたがっているかだ。だから、そういう制約の中で取り組め。

これは、科学者がぶつかる根本的な問題だ。**科学者は、自分が語りたい内容に聴衆がなぜ興味を持っていないのか理解できないといらいらする。**もっと深い「サイエンス・リテラシー」の必要性といった話をする時に、科学者は「人々はこのことを知らなきゃいけないんだ」などと言う。もちろん、僕はその意図に同意するが、あなたが「人々」に対して怒りを感じる前に、彼らの考え方について基礎的な理解をきちんとしておく必要がある。

単独のものが持つ力――ストーリーテリングの力は細部に宿る

クリストフが提示したもっとも重要な力は、**単独のものが持つ力**だ。単独の物語の力、とでも呼べるかもしれない。この力には、ストーリーテリングの不公平さが集約されている。彼が言っていることは、（僕の言い換えによれば）すなわちこうだ。僕があなたに、アフリカにいて、病気で来年には命を落としてしまう、一人の小さな女の子の話をするとしよう。すると、あなたの心がある程度（この度合いを「心配単位」という単位で測るとしよう）乱される。でも僕が、アフリカにいて、病気で来年には命を落としてしまう、二人の小さな女の子たちの話をするとしたらどうだろう。自分の心が先ほどの二倍、乱されるとは考えないだろうか？

命を落とそうとしている人の数は、二倍だ。一人目の女の子の家族のことを思って、あなたが感じるすべての心の痛みのことを考えてほしい。続いて、二人目の女の子の家族についても、同じ心の痛みのことを考えてほしい。一足す一は、二。あなたが二倍、心乱されるというのは理にかなう。だが、そうではないことを、もうわかっている。実際はどうなるだろうか？　苦しみの当事者の数が増えるにつれて、あなたは「心配単位」をかなり早く使い果たしてしまうだろう。

これは悲しく、不合理で、直観に反し、危険でさえある、ストーリーテリングの性質だ。クリストフは、「一人の死は悲劇だが、一〇〇万人の死は統計である」というあの名言を挙げている。科学者たちのフラストレーションがここにある。どうして、数字と同じく単純にはいかないのか？　当事者の数は、自分たちがいつも最大限にしたいと思っている、「サンプル数」と同じことではないのか？

残念だが、これは人数だけの話ではない。人々は、自分たちの心を動かすもの、心を打つもの、心の中に届くもの、心をつなぐもの、こうしたものすべてを気にかける。一人の人間を取り上げたストーリーは、あなたに対してとても強力にこの作用を及ぼすことができる。しかし、五人の登場人物がそれをやるのはもっと難しいし、一〇〇人なら本当に難しい、そして一〇〇万人なら……登場人物は、あなたから遠く離れた統計値になってしまう。これは、街の景色を一望しながら感想を話す、という例で僕が言おうとしていたことと、だいたい似ている。たくさんのものがあるのに、心に残るものはすごく少ないのだ。

これが、皆が心底まで取り組まなければいけない、物語の中心原則だ。そしてたとえこの原則に深く取り組んでも、おそらく、時々はそれに反する間違いをすることもあるだろう。だが、もしこの原則を理解していなければ、自分の研究室で行われている一八種類の異なる研究（どれに対しても情熱を感じるのだが、結局どれも、誰に対しても、次の日まで覚えていられるほどの印象を残せない）について話す、あの講演者たちの一人になってしまう。

これは、「減らすことで効果が増える」タイプの話なのだ。そして、これは科学者たちにとって、理解するのが本当に、本当に難しい考え方だ。どうして僕にそれがわかるのか？　なぜなら、僕はもともと科学者だったし、一二分間に七三枚のスライドを使うような講演もしたことがある。そして実は、今でも時々それをやってしまうのだ。何と言えばいいだろう、僕の脳の配線には欠陥があるのだ。ただ、少なくとも、僕はほんの少しばかりの自覚を養ってきた。だから、物語の力学は不安定なものになりうるという、第一の点をはっきりとさせておくために、この原則を紹介する。物語の力学は危険なものにもなりうる。そして、その基盤となっているのは、物語においてもっとも重要な原則の一つだ。それは、**ストーリーテリングの力は細部に宿る**という原則だ。

細部を欠いたストーリーは、強力ではない。政治家たちはよく、当選した場合に個別の事柄に巻き込まれたくはないから、退屈なスピーチをする。彼らは「もし私を選出してくださったら、私たちの地域を改善します」と言う。民衆は、どんなふうにやるのかと問う。政治家は「改善が必要なあらゆる面を改善します」と答える。民衆は飽きる。興味を持ち続けるためには、具体性が必要なのだ。

この現象のことを考えると、それがストーリーにどう当てはまるかがわかる。一という数は、最大限に具体的だ。二は、少し具体性が落ちる。物語の力を最大にする数が、一なのだ。そして、この法則が他に反映しているものは何だろうか。それは、簡潔さだ。一人の人物のストーリーは、二人の人物のストーリーよりも簡潔なのだ。

人々はシンプルなストーリーを好む。この決まり文句を、あなたはいつも聞かされる。そして、この言葉はいろいろな形で当てはまるのだ。これは、真実（複雑なこともある）を伝えたがっている人々にとっては非常にいらいらする話だが、役に立つことだ。課題となるのは、複雑なことをいかに簡潔な形で伝えるかだ。

この課題が意味するところを考えてほしい。あなたがアフリカに行って、ある村にいる三人の小さな女の子たちと知り合ったとしよう。彼女たちは病気で死にかけていて、あなたはアメリカの人々に、彼女たちを救うためのお金を寄付しようという気を起こさせたいと思う。皆がまず衝動的にやろうとするのは、この三人の女の子たち全員の、より込み入ったストーリーを伝えることだ。誰も「仲間はずれ」にしないようにすること、三人全員に同じだけ言及することは、ただただ自然なことだ。しかし、悲しい真実はこうだ。あなたが三人全員を本当に救いたいなら、あなたは一人を選んで、彼女の単独のストーリーを、できる限り深く、力を込めて、詳しく話さなければいけない。そうすれば人々を実際にその気にさせられる可能性は上がるだろう。難しいことのように思えるかもしれないが、その決断をすることで、三人全員が最大の恩恵を受けることができるのだ。

注意してほしいのは、僕は何も、あなたが三人の仲間たちとの共同研究でおこなった研究プロジェクトを、自分一人のストーリーとして発表するよう提唱しているわけではないということだ。たった一人のストーリーの方が広い範囲の聴衆に対して強い訴求力を持つという点を、気にしなくてもいい場合がある。同僚たちに対してズルはしたくないものだ。僕が言っているたった一つのことは、こうした根本的な物語の力学を理解し、適切な時に活用しろということなのだ。

簡潔なストーリーを話すことは時にもどかしく感じられるが、これが、すべての科学者にとってもっとも重要なただ一つの課題なのかもしれない。科学者たちが、誰もが注目できる単独の話を見つけることができず、山のような事実をとめどなく紹介してしまうことが、多くの重要な科学の話題（地球温暖化の話など）に、人々の共感を集められない原因になっている。

なぜ物語に熱中するのか？

では、物語の何がそんなに大事なのだろうか？　どうしてみんなが物語のことを話しているのだろうか？　ここで、物語の力について、もっと科学的に論じよう。この議論の中では、その力がどのようにはたらくか、そしてなぜ有益なのかを見ていく。小さな、しかし力強い例として、物語の作用を論じたある神経生理学の研究プロジェクトを見てみよう。

二〇〇八年、ユーリ・ハッソンたちの研究チームは、神経映画学という分野を切り開いた。彼らは、機能核磁気共鳴画像法（ｆＭＲＩ）を使って、映画の一場面を見ている人々の脳活動を調べた。人々が見せられた映画の場面には、物語の構造があるものと、ないものがあった。

ここではっきりさせておきたいのだが、僕はいま大衆向けに出回っている神経生理学のストーリーには懐疑的だ。僕は二〇〇三年にエッセイストのアダム・ゴプニックが書いた『ニューヨーカー』誌の記事、「無思慮――新たな神経懐疑論者たち」を気に入っているし、イギリスのブログ「ニューロボロックス〔神経のキンタマ〕――偽神経科学の正体を暴く　あなたがやらなくて済むように」のファンだ。このブログも、懐疑的態度の文章で同じく人気を集めている。こうした懐疑的な観点から見て、本人の研究についてハッソンと話した時、彼が研究の限界をすぐに強調したことに感銘を受けた。僕は、彼らが脳の反応をあらゆる細部に至るまで測定したのか尋ねようとした。その途端にハッソンは、とてもじゃないがそこまではできない、という反応を示し、僕に繰り返し、ｆＭＲＩの限界について説いて聞かせてくれた。僕が彼の研究についてここで示すことは、これから見てもらう通り、解釈の面ではかなり単純なものだ。

ハッソンの研究グループは、物語の構造を、この本の序章〔図2（二一頁）〕に示したのと同じような連続体としてとらえた。物語を最大限に含むのが、アルフレッド・ヒッチコック作のサスペンス映画から切り取った映像（非常に物語の要素が強い）だ。そして、最小限は、人々がワシントン・スクエア・パークを当てもなく歩いている映像（物語の要素がない）だ。ハッソンたちのｆＭＲＩは、主な二つのことを明らかにした。

1．物語は脳を活性化させる。

物語の要素が強い映像を見ている人々は、物語の要素がない映像を見ている人々よりも、全体的な脳の活動性がずっと高かった。

2．物語はグループ内の思考を統一する。

僕はもちろん、「集団思考」[5]が悪い結果をもたらすこともあるとわかっている。しかし、この研究で起きた作用は、集団思考と同じものではない。グループ内の人々が同じストーリーを示され、そこに強い物語の要素があると、その人々の脳は似たような活動パターンを示す。人々が強い物語の要素のある映像（ヒッチコック映画）を見ている時、グループ内の人々の脳の活動パターンは、物語の要素が少ない映像（公園）を見ている場合よりも、ずっと似通っていた。ハッソンの研究グループが、被験者間での脳活動の類似性を示す指標（「被験者間相関度（ＩＳＣ）」と名付けた）を計算したところ、物語の要素が強い映像のグループではＩＳＣが七〇パーセントだったのに対して、物語のない映像のグループでは、一〇～二〇パーセントだった。

どちらも、特に驚くことではない。サスペンスに満ちた映画を見ている観客に目を向ければわかる。たとえば、映画の中で、男性が銃を向けられているとしよう。この時、ほとんどの観客は、同じことを考えている。「彼は撃たれてしまうのだろうか？」。反対に、物語の要素がない映像を人々に見せれ

5　集団思考（group think）：集団における意思決定のパターン。集団内での思い込みや偏見、他のメンバーへの遠慮や牽制などにより、不合理・不利な判断をしてしまう傾向がある。

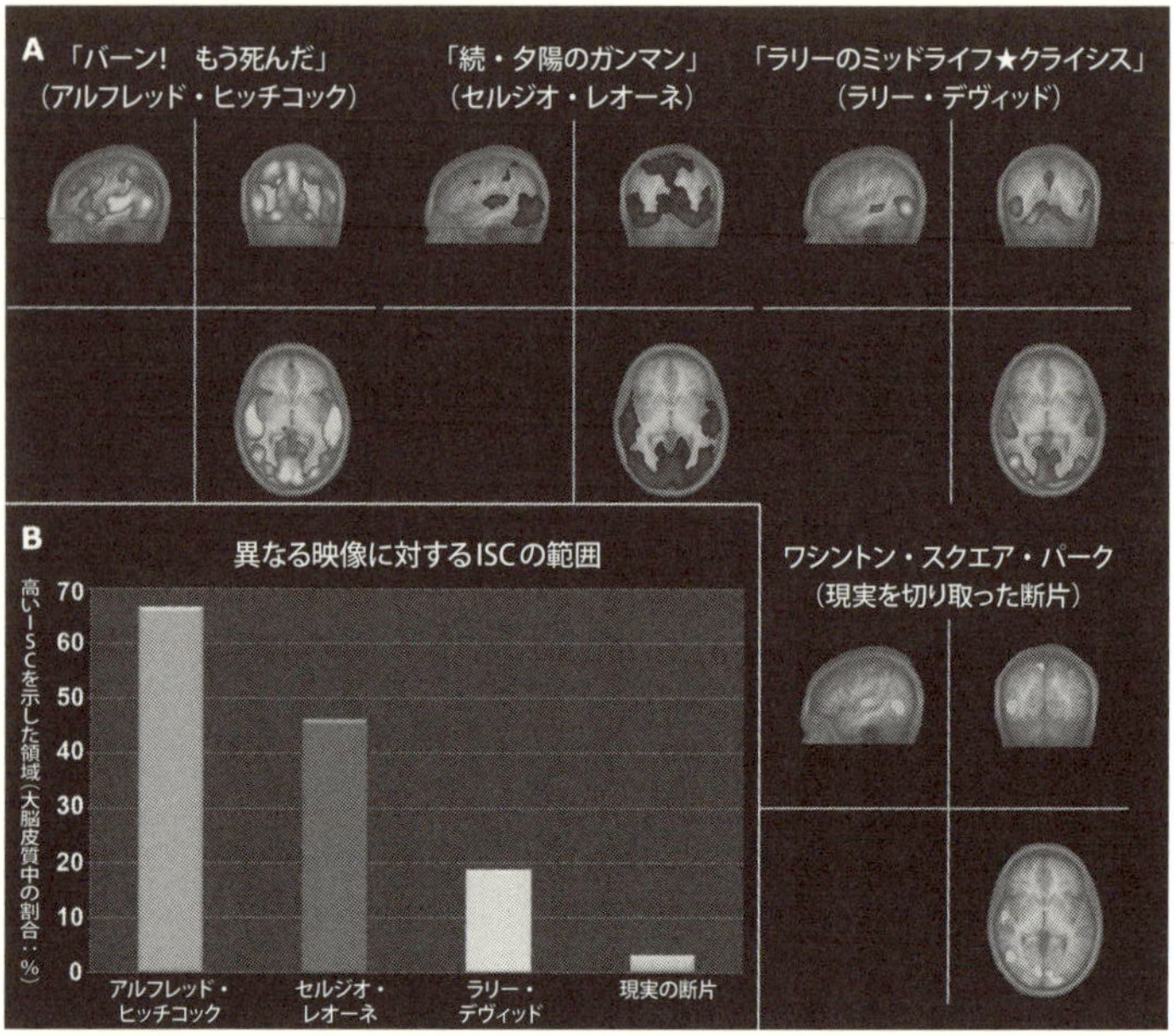

図8　神経映画学
ハッソンたちの研究グループは、fMRIを使って、映画の一場面を見ている被験者たちの脳活動を記録している。見せる映像には、強い物語の構造を持つもの（アルフレッド・ヒッチコックの映画の、サスペンス性の高い場面）と、物語の構造を持たないもの（ワシントン・スクエア・パークで、目的もなくうろつく人々）がある。研究グループが作った、映像を見ている人々の間での脳活動の類似性を示す指標（被験者間相関度：ISC）は、強い物語の要素を持つ映像が、個人間に大幅に高い脳活動の類似性をもたらすことを示している。
（許可を得て転載）

ば、彼らはとりとめもないことを考え始めるだろう。つまり、ヒッチコックの映画の一場面を見せられた人たちは、みんな、あの男の人が撃たれてしまうと思っているが、ワシントン・スクエア・パークの映像を見せられた人たちは、もっとずっと多様な体験をするだろうということだ。ハトのことを言う人もいれば、あれは公園のベンチに座っている人々の映像だったと話す人も、また違ったことを言う人もいる、といった具合に。

そしてこれは、科学論文の執筆において、「いつ」物語の力を使うかと、「どこで」物語の力を使うかを区別する上での重要な違いになる。科学は、仮説演繹的なアプローチによって前進していく。ひとたびデータが揃って、あなたがそれを発表した段階で、僕ら（あなたの聴衆）は、自分自身の解釈に役立てるために、語り手に対してこんなことを心から待ち望む。あなたは一体それが何を意味していると思うのか、あらゆる経験と知識を総動員して教えてほしい、と。これが、論文の中にある「考察」の項目が意図するところなのだ。

効果的な情報伝達のためにあなたが求めるのは、読者が集中してくれることだ。つまり、みんなが同じことを考え、おそらくは脳の大部分を使っている状態である（脳の中で活性化している部分の大きさが、思考の質と相関していると仮定しよう）。これが、物語の力だ。**人は物語の力によって、みんなを一つにまとめられる。**はっきりした明白な問題が生じている時にも、同じ現象が起きる。明らかな問題は、人々に同じことを考えさせ、人々を一つにするからだ。

課題解決者たちの合衆国

物語に、人々をまとめる力がどれだけあるのだろうか？　第二次世界大戦の例を見てみるといい。この戦争は、もしかすると人文学の歴史の中でもっとも人々を結びつけた活動だったかもしれない。アメリカ合衆国の人々は、みな同じ課題に直面した。第二次世界大戦にどうやって勝つか、だ。みんながそれぞれの強みを持ち寄って集まり、ついには成功した。彼らのほとんどは、戦後、同じ一つの成り行きをたどった。つまり、この戦争が、自らの人生においてもっとも重要な体験になったのである。

これが、スタッズ・ターケル（ノンフィクション作家として一九八五年にピュリッツァー賞を受賞した）の名著、『よい戦争』の主題だ。ターケルは、ある世代に属する人々全体の人生において、第二次世界大戦がいかに意義深い体験であったかを徹底的に解説している。戦時中にパン屋で働いていて、戦争を身近に体験することがまったくなかった人々でさえ、その年月の間、パンを焼くという自分の仕事が、戦争に対する全体的な努力の一部として重要なのだと感じていた（注：先ほどの「意義深い」という用語を頭に置いておいてほしい。今後、「ドブジャンスキー・テンプレート」のところに来た時に重要になる言葉だ）。

効果的な話をすることができずに僕のところに駆け込んでくるたくさんの人たちにとっては、物語の核心部にある、「課題と解決」の枠組みの原動力を認識することが第一歩となる。僕はまず、こんな質問をするところから始める。「この講演の根本にある課題は何ですか？」。すると、彼らはこう答える。「ええと、私たちは、一般の人たちに、私たちがやっている湿地の管理プログラムについて伝えたいと思ってるんです」。僕はこう言う。「なるほど。それじゃ、あなたたちのプログラムの中心となっている課題は何ですか？」。すると、彼らはこう答える。「私たち〔人間〕は、湿地をたくさん破壊しすぎてしまったんです」。そして、僕はこう言う。「ようし、これで僕らの方向性が見えてきましたよ。あなたは、自分たちが解決しようとしている、中心的な課題を突き止めました。『私たちは湿地をこんなにも多く破壊してしまっている。これをどうしたら止められるのか？』。さあ、これでこの問題を軸にしたストーリーを伝えることができますよ」

ストーリーテリングの軸となるのは、取り組む課題を突き止めることだ。タラの地でスカーレット・オハラが出会った課題、カサブランカの地でリック・ブレインが出会った課題、地球でE・T・が出会った課題、はるか彼方の銀河系でルーク・スカイウォーカーが出会った課題を知っていくことが重要なのだ。すべては課題とその解決を軸としていて、科学もやはり、それを軸としている。だったら、科学者が物語を手に入れることで、彼らはもっとうまくやれるようになるのではないだろうか。なれないはずはないだろう？

文系科目を全速力で置き去りに

僕は科学者だった頃、自分が受けた教育の中で何を学びそこねていたのか、決してはっきりとはわかっていなかった。しかし、ニューハンプシャー大学の生物学科という居心地の良い場所を出て、強烈な「物語」の世界であるハリウッドに移った時、それまでに自分に何が起きていたのかがはっきりした。

僕は、テニュアを授与された教授として、すごくたくさんのことを知っていると思っていた。ハリウッドは手強い場所だという予想はしっかりしていたが、科学者になるために僕がしてきた全力疾走のせいで、人生の他の側面に取り組む上ではどれほど遅れをとってしまっていたかには気づいてはいなかった。その弱点は、映画学校にたった一週間通うだけで、すぐに明らかになった。同じクラスに入学した五〇人の同級生、ほぼ全員が、英語、歴史、芸術、音楽など、人文学系分野で学士号を取っていた。僕は唯一の科学者だった。同級生たちは、物語をかなり直感的なレベルで理解していた。僕はそうではなかった。

これが、僕のミュージカルコメディー短編映画の中で（僕はその映画で表彰を受けたものの）現れたハンディキャップだった。あれはおかしな、奇抜な映画で、観客は楽しんでくれたけれど、ストーリーのほとんどを伝えきってはいなかった。とはいえ、僕の経歴にこうした穴はあったものの、科学の世界から映画の世界に足を踏み入れるという全体の経験は、僕にとってそれほど異質ではなかった。登場人物や場面設定は確かに違ったが、取り組みの過程に伴う感覚は似ていた。たくさんの人たちが、科学の世界から映画の世界に移るのはさぞかし不可思議なことだったろうと尋ねる。僕はいつも、この二つの世界の違いよりも、類似性にずっと大きな感銘を受けてきたと答えている。

そんなわけで、僕が三八歳で旅を始めた時点では、ストーリーの基本のきも知らなければ、ストーリーがどれほど重要で、世に行き渡っているものかも知らなかった。科学者として訓練を受けた僕が、知っていたはずがあろうか？

さあ、ここが問題だ。基本的な課題である。科学者たちは、科学者としてだけ訓練を受ける。つまり、彼らは大学生の時に、持てる能力を最大限にまで使った全力疾走で、文系科目を無視して置き去りにしてしまうのだ。僕も間違いなくこれをやってしまったし、僕以外にもそうした科学者はたくさんいるはずだ。

二年ほど前、僕はこのことを、世界最大の科学組織である、米国科学振興協会（AAAS：American Association of the Advancement of Science）の人々と話していた。当時のAAAS会長だった精神生理学者のアラン・レシュナーが口を挟んで、「僕もそうですよ。大学に入った時、勉強したかったのは科学でしたから、文系の講座はほとんど全部、避けてきてしまいました」と言った。

これはもはや、過去のことなのだろうか？　まさか。僕は、ブラウン大学を卒業した後にアシスタントの一人として働いてくれた、ステファニー・イン〔科学ジャーナリスト〕と話をした。ブラウン大学では、学生自身に自分のカリキュラムを組み立てさせる〔超進歩主義のブラウン大学のことだから、驚くことではない〕。ステファニーは大学に入って、自分は科学者になりたいとわかっていたから、まっしぐらに科学の講座へと向かった。科学以外で彼女が受講したのは、クリエイティブ・ノンフィクション〔ドキュメンタリーの分野において、事実や登場人物の主張を歪めることなく、構成の工夫によって真実を魅力的に伝えようとする作品ジャンルのこと〕の授業、グラフィックノベルの講座、中国系アメリカ人についての歴史セミナー、ヒンディー語の授業を何学期分か。それだけだった。アメリカ文学史の授業も、ヨーロッパ文明の授業も、シェイクスピアの授業もとっていない。科学の要素がないものは、ほとんど何もやらなかったのだ。

米国国立衛生研究所（NIH：National Institutes of Health）のポスドクたちが参加したワークショップの一つで、僕はもっと重要な質問をした。ここにいる人たちのうち、これまでの教育の中で、基礎的な物語の原則を身につける何らかのトレーニングを受けたことがある人がどれだけいますか？　答えはゼロだった。

とはいえ、科学者たちは批判をおこなうトレーニングを受けていて、どんな話の中にも穴を発見する力を身につけている。だから、たくさんの読者がこんなふうに考えていることもわかっている。「これはデータセットじゃないし、私には、文系の授業をたっぷりとった科学者の友達もたくさんいる」。さよう、僕にもそういう友達がいる。ただ、信じてほしいのだが、理系の学生の大部分は文系科目を避けてしまう。僕は彼らを責めたりはしない。科学は楽しいのだ。生命の定義を追い求めることもできる時に、どうしてディケンズやチョーサーなんかを読んで時間を無駄にするのか？

では、なぜこれが問題なのか？　この本でこれから詳しく紹介していく、何人かの著名な科学者たちの話に触れるところから始めよう。まずはジェームズ・ワトソンだ。彼はDNAの構造を共同発見しただけでなく、自身の経験についての見事な本『二重らせん』を書いてのけ、その本は年月を経た今も人々に読まれている。その本の物語の構造を、第3部で解き明かしていこう（それでも、ワトソンがこの本で、DNA構造発見に貢献し、その名誉を受けるに値する人々[6]のことを挙げるのを怠ったという主張は、僕も充分に認識している。ただ、単独の物語が持つ力について述べたことの文脈を、考えてもらいたい。彼は、その力をよく知っていて、情報伝達者《コミュニケーター》として、それを自分自身に有利になるように使ったのだ。否、僕は、ワトソンを見習うことを勧めているわけではない。彼は物語の原則を間違った方向に使い、他の人々を犠牲にした。そうではなくて、僕が推奨するのは、物語がどのように作用するかについての深い理解を、ワトソンのように育んでもらい、適切な場合に、物語を自分に有利になるよう使ってほしいということだ）。

ワトソンの大学時代に受けた教育がどんなものだったか、予想してほしい。彼の自伝『DNAのワトソン先生、大いに語る』で、彼は大学時代の最高の教師たちのことをこんなふうに語る。「特に心動かされたのは、グリーン先生の人文学IIの講義だった。その講義では、ドストエフスキーの『カラマーゾフの兄弟』の大審問官の章、それから、自由と、宗教的権威を信奉することでもたらされる安全の間の選択を取り上げていた」。一方、僕はといえば、大学時代にドストエフスキーについての授業をいくつとっただろうか。

この先の章では、もしかしたら科学の歴史の中でもっとも重要なものかもしれない研究論文を書いた時、そしてさらには『二重らせん』を書いた時に、ワトソンがほぼ完璧な物語の構造をどうやって作ってのけたのかをお見せする。彼が科学で収めた成功のレベルと、彼が受けた人文学の基本教育の強みを考えれば、彼の成し遂げたことは偶然ではない。彼は明らかに、この「物語の直観」という強力な特性を持っているのだ。

大学院時代、僕がそのコミュニケーションスキルに心酔した講師が二人いた。スティーヴン・ジェイ・グールドと、エドワード・オズボーン・ウィルソンだ。二人とも、伝説的な生物学者だ。二人とも、ものすごく素晴らしい講師だ。二人とも、どっぷり人文学に浸かっている。僕が二人の師との間で育んだ関係性において重要だったのは、二人にはあって自分にはないもの、つまり、自分がそれまでに受けてきたトレーニングでは身につけ損ねていたものに気づくことだった。

6　独自にX線結晶構造解析を行っていた、ロザリンド・フランクリンなど。フランクリンの撮影した写真が、彼女のあずかり知らぬところでワトソンとクリックの手に渡り、二重らせん構造解明のきっかけになったとされている。

さて、僕がこの欠点を補うまでにどのくらいの時間がかかったか教えよう。一九九四年の映画学校でのオリエンテーション週間の間、三人の「上級生」の大学院生たち（みんな、僕よりおそらく一〇歳年下だった）が僕たちに話をして、教育プログラムについての長期的な助言をしてくれた。彼らははっきりと説明した。卒業したら、ハリウッドが君たちを評価する唯一の基準は、君たちの書く技術だけだ。たとえ君が素晴らしい映画を監督したことがあろうと、ハリウッドの連中には関係ない。もし映画会社が映画監督を欲しがっていたら、彼らは徹底的に研ぎ澄まされた映像技術を持つ、ミュージックビデオやコマーシャルの監督に目を向ける。映画学校は、映画製作のもっと知的な要素、すなわち、書く力を育む場所だ。だから、卒業した時に売り込める素晴らしいシナリオをいまから三本書き始めたほうがいい、それが君たちの唯一の希望なのだから。

人生のこの時点において、僕はまだ科学者のままだった。だから、科学者たちがよくすることをした。つまり、耳を傾けなかったのだ。（おい、ちょっと待て、こいつ、人の話を無視したなんて。そうやって、科学の専門家集団をまるごと侮辱するっていうのか？　実のところ、この部分を書くにあたって、アメリカ最大の自然保護団体のザ・ネイチャー・コンサーヴァンシーの主任科学者であり、米国科学アカデミーの会員でもある、環境保全、持続可能性などの研究活動を行うピーター・カレイヴァの意見を受け入れている。彼は、『サイエンス』に寄せた『こんな科学者になるな』の書評の中で、こう書いていたのだ。「科学者たちをコミュニケーターとして見た時の欠点は、人の話に耳を傾ける方法を知らないことだ。相手が『教育を受けていない庶民』の場合は、特にそうだ」。）

この、書き方を学ぶこと（根本的には、ストーリーをどう伝えるかを学ぶこと）の重要性についての、映画学校式の助言を僕は無視した。ストーリーを伝えるには、僕が「**物語の直観**」と名付けたものを持っていることが求められる。同級生たちは、大学時代にすでに山のような数の小説を読み尽くしていた。対照的に、僕は系統樹[7]についての本を読み尽くしていた。有爪動物と緩歩動物の違いについてなら、彼らがそれまでに得ることができた知識よりも（それか、ええと、得たいと思った知識よりも）ずっとたくさんのことを語れた。でも、同じだけの予備知識を、物語については持っていなかった。

では、映画学校に三年通って、執筆の授業を五つ受講した後ではどうだろうか。その頃には、僕も彼らに追いついたのではないだろうか？　いいや。それなら、映画学校の後、長編コメディー映画をまるまる一本、脚本執筆も監督もして、ハリウッドの三大エージェンシーの一つが権利契約を結ぶことになったシナリオを書いて、海についての短編映画をいくつか作って広く人気を集めた（僕が喜劇俳優のジャック・ブラックと出演した公共広告に割り当てられた放送時間の価値は、一〇〇〇万ドル分にも相当した）後では？　いいや、まだ駄目だった。

映画を作り始めてから、僕が最終的に、いくぶん深く、直感的なレベルで物語の重要性を認識するに至るまでには一六年もかかったのだった。その認識は、二〇〇五年、自作の長編ドキュメンタリー映画「ドードーの群れ[8]」を作っていた時にとうとう訪れた（この話は、『こんな科学者になるな』で語っ

7　遺伝情報を元に、生物どうしの類縁関係や進化の道筋を、枝分かれした線で表した図。

8　すべての生命は「知性ある存在」によって創り出されたものだとする考え（インテリジェント・デザイン）を支持する人々と、進化論を受け入れている科学者たちの間での見解の食い違いを描く。非科学的な考えに踊らされる一般人と、科学的な事実を効果的に伝えることのできない科学界、双方の姿を取り上げ、「変化し続ける世界の中で生き延びられない、愚かな存在（ドードー）は誰なのか？」と問いかける。

ている）。

そう、こんなふうに、物語の直観を身につけるのは難しくて厄介なことなのだ。特に、自分の脳をすでに科学者の脳の型に合わせ始めてしまった後では。もう絶望的だろうか？　いや。ただ、長い時間とたくさんの努力が必要だということを受け入れなければならない。幸い、物語のトレーニングにはそれだけの価値がある。なぜなら、どんどん「コミュニケーション主導」になっていく今日の世界では、物語の力が不可欠だからだ。

ここは物語の世界だ――その事実に向き合い、対処せよ

ストーリーテリングに関しては、他にも、直観に反しがちで、それゆえ身につけにくい基本ルールがたくさんある。これからそうしたルールをもっと見ていくが、今のところは、大事な点に立ち返って話をさせてもらう。つまり、科学はそもそも物語の世界にすっぽりはまっていて、そこから逃げられないということだ。それゆえ、科学者たちは自分たち独自のコミュニケーション様式を考案することはなかった。代わりに、彼らは自分たちの言語を、既存の世界の言葉の型に合わせてきたのだ。

「サイエンスコミュニケーション」と呼ばれる、まるまる一つの学問分野が生まれてはいるものの、僕は、科学の伝えられ方に他のコミュニケーションと比べて特別なことは何もないと論じたい。実のところ、僕は「サイエンスコミュニケーション」という名札によって、誤ったメッセージが送られることを危惧している。「私はサイエンスコミュニケーターです」と、あたかも、それがなぜだか特別のことであるかのように名乗る人たちに出会うが、これは、自分が「野球の走者です」とか「サッカ

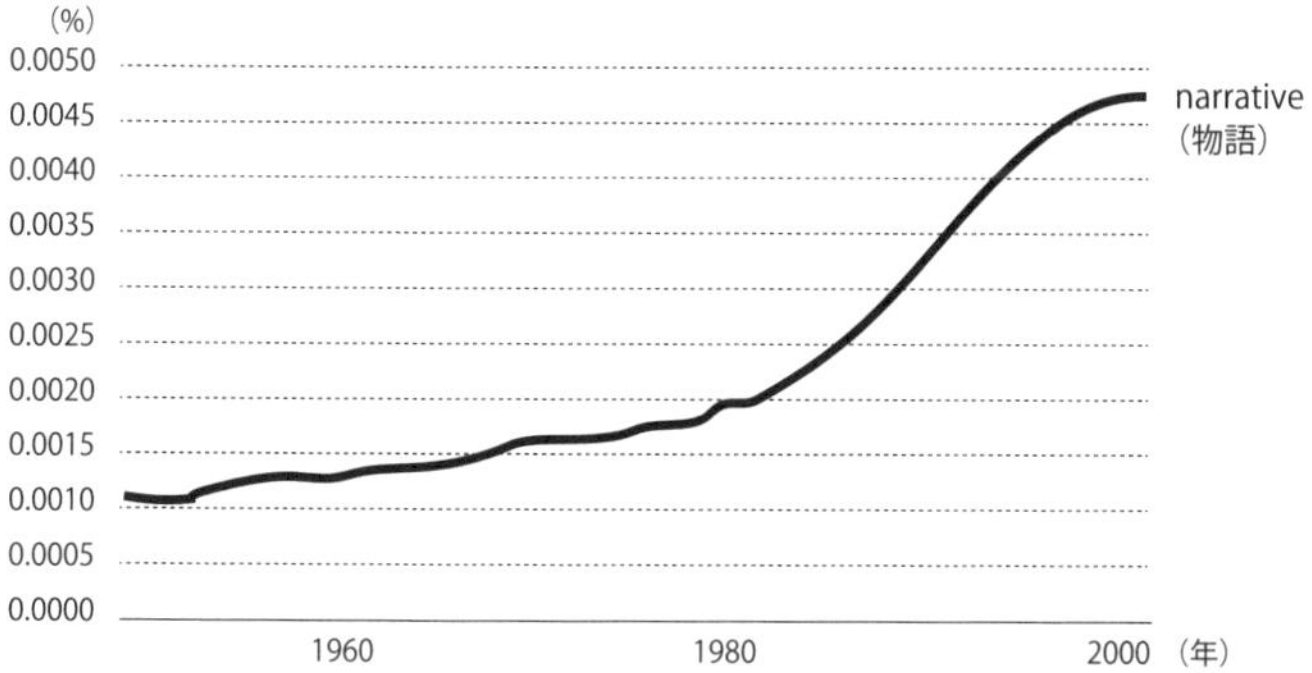

図9　近年出版された書籍の本文中に「物語（narrative）」という語が登場する頻度
グーグルの「N-gram Viewer」を使うと、過去数十年の間に出版された本の大部分を対象に、特定の語が本文中に現れる頻度を調べることができる。この検索結果は、1980年代に情報が爆発的に増えたのに合わせて、「物語（ナラティブ）」という語の使用頻度も急増したことを示している。

ーの走者です」と言っているようなものだ。どのスポーツにおいても、走るという行為そのものはかなり似ている。同じことがコミュニケーションにもいえて、**どの学問においても、伝えるという行為自体はかなり似ているのだ。**

さて、前にも言った通り、科学論文誌は一六六五年に独自の文章形式をともなって始まったが、結局はヘーゲル的弁証法がその形式にとって代わり、科学論文の構造もそれに適応した。ひょっとすると、いつの日か、物語やヘーゲル的な動きに合わない独自の新しいテンプレートを、科学が作り上げることもあるかもしれない。しかし、今のところそうしたことが起きている気配はない。また、社会における物語の役割が小さくなっているという気配もない。

図9を見てほしい。この図は、ここ数十年間に出版された本の中で「物語《ナラティブ》」という語が使用された頻度を示している。

「物語《ナラティブ》」という語の使用は、過去二〇年の間に急増した。これは、社会における情報の爆発的増加に伴うものだ。近頃では、ニュース評論家、政治家、ジャーナリスト、歴史家、経済評論家たち〔ノイズにあふれた今日の世界を解釈しようとしている者なら、ほとんど誰でも〕によって、この語が絶えず使われているのを耳にする。「ザ・デイリー・ショー」〔コメディー・セントラルのニュースパロディー番組〕で、ジョン・スチュワートはオバマ大統領〔当時〕にこう尋ねた。「あなたは、民主党的な物語を信じていますか?」。しかし、ずっとこうだったわけではない。仮に、あなたがテレビニュースの名キャスター、ウォルター・クロンカイトの放送を全部見ることがあったとしても、彼が「ベトナムの物語」や「宇宙開発戦争の物語」や「中国の物語」について話すのを耳にすることはなかったはずだ。当時この言葉はちっとも使われていなかったのだ。

今日、「物語」という言葉はあちこちにあふれている。なぜ、こんなにも遍在しているのだろう?僕は、情報の飽和がその原因だと思う。物語とは、時を経て起こる一連の出来事を結びつけ、大規模なパターンを創り出すストーリーだ。情報があふれて過剰になると、人々がより高次のパターンを求めるというのは理にかなっている。

では、科学者たちが物語の世界から逃げ出すことはできないけれど、いくらか助けを借りることができるのだとしたら、誰に対して支援を求めたらよいのだろうか?

2 そして、人文学は科学の助けになるはず

A B T

いい考えがある。あなたが大学のキャンパスにいる科学者だとしよう。あなたは、物語について助けが必要だと気づいた。また、キャンパスの反対側にいるのは、一日中、物語を使って仕事をしている、文系の人たちばかりだとも気づいた。なぜ、彼らの助けを求めないのか？

なぜ求めないのか、その理由をお伝えする前に、まずは、文系の人たちの助けを求めることは（完璧な状況下であれば）完璧な考えだという理由を説明する。実のところ、科学には「あの人たち」がやっていることとの共通点がたくさんある。さあ、その様子をお見せしよう。

あのさあ、これってほんとに全部おんなじ話じゃん

科学と人文学の両方における、「課題と解決」の枠組みについて話そう。科学的手法が、課題解決

の行為であることはほとんど明白だ。よく使われている辞書サイトから引用してきた、科学的手法の定義はこうだ。

最初に課題が特定され、続いて、その課題を解決するとされる仮説を立てて検証するために、観察、実験、または他の関連データが用いられる、調査の手法。

「課題」と「解決」という語に注目してほしい。課題を、質問の形で提起し、その答えを探す。これが、科学者たちが一日中、毎日やっていることだ。

では、ストーリーの構造と、ジョセフ・キャンベルの話に戻ろう。科学者の心を持ち、一九四〇年代にストーリーの宴に押しかけたあの男のことだ。先に、キャンベルがストーリーの共通構造を特定したことに触れた。彼がモノミスと呼んだ構造だ。彼はまた、ストーリーの構造は円形だと表現した。キャンベルの素晴らしく簡潔な考え方では、ストーリーはある時点（物理的な場合もあるし、精神的な場合もある）から始まることになっている。僕たちはそこから出発し、何かをして、最終的には元の場所へとたどり着く。本質的には「一周回って元に戻る」ことになる。これが、ストーリーの働きを把握する上での最初のポイント、一つの大きな円環の旅だ。「オズの魔法使い」の例（僕はこれを、ストーリーテリング全般のモデルとして挙げる）では、ドロシーがカンザスを出て、オズの国に行って、最終的にはカンザスへと帰る。つまり、一周回って元に戻っているのだ。

ストーリーの働きを把握する上での二番目のポイントは、ストーリーを、日常の世界と、普通ではない世界という、二つの世界の間の旅としてとらえることだ。キャンベルは、これら二つの世界を

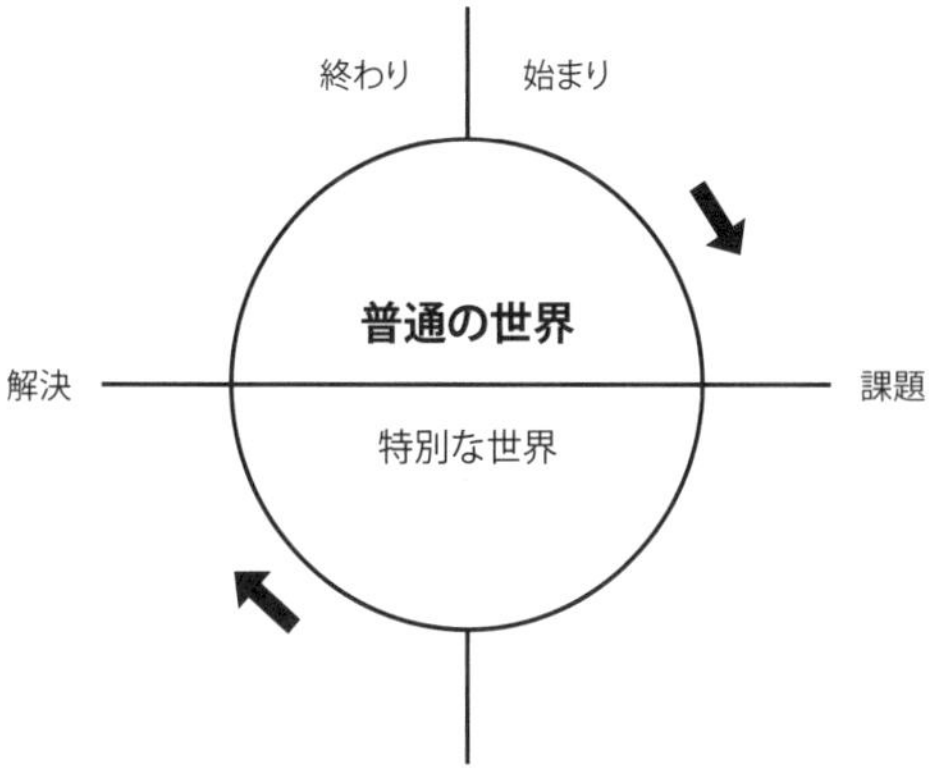

図10　ストーリーの円
これ以上ないほどに簡潔だ。「一周回って元に戻る」という表現を聞いたことがあるだろうか？　それは、僕たちが持つ、天性の物語的気質の一部なのだ。

「普通の世界」と「特別な世界」と呼んだ（図10を参照）。

「普通の世界」は、あなたが心の奥底で、ここで生涯を送りたいと願っている場所だ。そこは、完全な安らぎ、安全、安心が得られる場所で、心底、そこから離れたくないと思っている。だが、人生では、「普通の世界」から放り出してしまうようなことが起こる（例えば、竜巻に吹き上げられてしまうとか）。ひとたび、自分の「普通の世界」から外に出されてしまうと、ただ一つの大きなことがあなたの頭を占め、人生には一つの大きな目標ができる。それは、居心地の良い世界に戻る道を探すことだ。オズの国に降り立った時、ドロシーがいちばん最初にしたがることは何だろうか？　家に帰ること、すなわち、彼女の「普通の世界」に戻ることだ。

これらすべてが意味しているのは、あなたが「普通の世界」を出たとたん、自動的に課題（どうやって戻るか）が出てくるということだ。つまり、解決策を探す旅に耐える必要がある。そして、そこにあなたのストーリーが生まれる。一つの大きな「課題と解決」の行為だ。科学と同じ。全部おんなじだ。

ストーリーをこのように見る方法をとり始めると、日々の暮らしの中でも、自分が同じことを経験しているとわかる。あなたは家（あなたの「普通の世界」）で一日を始め、どこか（「特別な世界」）へ冒険に行き、最終的には家に戻ってくる。うまくいけば、家では冒険の間より少しましな思いができる。

そして夜になると、あなたはパブに出かけて、友達にその日の「ストーリー」を語るのだ。

となると、自分の大学の英文学科に駆け込んで、「ここに、私たちが物語の問題を解決するのを手伝ってくれる人はいませんか？」と叫ぶのは、最善の策に思える。

しかし、僕はそれをあまりおすすめしない。その理由を説明しよう。

3

A B T

しかし、こういう面では人文学は役に立たない

よし、肘当て付きのツイードジャケットを着た教授たちからボコボコにされる前に、僕は友人のジェリー〔ジェラルド〕・グラフの陰に隠れるとしよう。彼は、妻のキャシー・バーケンスタインと共に、論証についての超人気の教科書『彼らはこう言う、私はこう言う』を書いただけでなく、大学の研究者たちに恥をかかせるという癖を身につけてきた。特に、著書『学究の場で途方に暮れる』では、彼は僕が使うような言い方よりもはるかに手厳しい言葉で、アカデミアをかなり真っ向から批判している。この本の第一章の題名は、「暗闇の中では、インテリのハゲ頭はどれも冴えない灰色に見える」だ。

ああ、英雄、ジェリー・グラフ。なんて素敵なんだろう。僕は、七〇代になっても、若い過激派並みに激しい炎を内に燃え上がらせている人々に、心から憧れる。この魔法の力を保ち続けることは可能だし、その模範となる七〇代の人々を何人か知っている。ジェリー・グラフもその一人だ。彼の本

は、みんながアカデミアについてよく知っていることを告発するものだ。アカデミアという場所は、文化的に孤立した高慢ちきたちが逃げ込む保護区で、その中には、教えたり研究したりするのがうまい奴もいるが、象牙の塔の外でまともに使える能力はわずかしか持たない者が多い。全員ではないが、多くがそうだ。

一般的な人文学は、ありとあらゆる問題を抱えている。ここ数十年の間、しばしば「人文学の危機」と称される、ある問題が起きている。ベンジャミン・ウィンターハルターは、二〇一四年に『ジ・アトランティック』誌に寄せた「人文学の死に対して感じる病的な魅力」と題する記事で、この問題を丁寧に論じた。ウィンターハルターはこの記事の中で、人文学の悲しき衰退を嘆く傾向を詳しく調べている。僕がこの衰退のことを初めて読んだのは、社会危機について書かれた一九八〇年代の本、エリック・ドナルド・ハーシュ『文化リテラシー』の中でのことだ。それは、「この世界はどうなってしまうんだ？」という叫びの、初期のものだった。こうした叫びは、新たな情報の時代に入った大学のキャンパスで、人文学が科学と技術の支配力にとって代わられるさまを目にするようになるにつれて、起き始めていた。アメリカ全土で、学生たちは文系の授業を受ける代わりにコンピュータサイエンスの講座を受けていた。つまり、ある言語を別の言語と引き換えにしたのだ。

ウィンターハルターは、ニューヨーク・タイムズ紙の論説寄稿欄に載るであろう、この傾向に苦悩する記事群の内容が予想できると語っている。『ザ・ニュー・リパブリック』誌は、「人文学の看取り」という記事の分類タグを作った。二〇〇九年、小説家・エッセイストのマーク・スルカは、『ハーパーズ・マガジン』誌に寄せた「人間性の剝奪——数学と科学が学校を支配する時」という文章の中で不安な叫びを爆発させた（注記：二〇〇九年に、僕は最初の本についてスルカに手紙を書き送った。彼はいくぶん不機嫌な様子で、僕を科学界から来た攻撃勢力の一員とみなし、平たく言えば僕に「失せろ」と言ってきた）。

実のところ、多くの人々が、人文学教育プログラムの政治化は手に負えない状況になっていると感じている。グラフは『学究の場で途方に暮れる』の中で、伝統主義派と急進派の間の断絶がいかに広がり、個々の教育プログラムまでもが思想によって分断される段階にまで達してしまったかを語っている。

一九九〇年代後半、ニューヨーク大学の物理学者、アラン・ソーカルは、学問の世界で前代未聞の巨大な悪ふざけをしてみせた。その悪ふざけとは、ポストモダン文化研究の学術論文誌、『ソーシャル・テキスト』に、偽物の論文を投稿したというものだ。彼の目的は、人文学がなんと政治化したためちゃくちゃな場所かを示すことだった。「境界の侵犯――量子重力の変形解釈学に向けて」と題したその論文は、編集者たちの政治的思想によく響くよう、呪文のような言葉をわざとたっぷり使って書かれていた。（僕の脳内で、バットヘッド[9]がこう言う声が聞こえる……「へ、へ、あいつ、解釈学って言ったぜ」）

『ソーシャル・テキスト』誌がこの論文を一九九六年に掲載した後、ソーカルは別の学術論文誌、『リンガ・フランカ』で、それがいたずらだったと明かした。彼はその論文を「左翼用語、媚びへつらいの参考文献、壮大な引用、徹底的なナンセンスによるパスティーシュ」と呼んだ。ご想像いただけるように、人文学の人々はソーカルのいたずらに快く惹かれたわけではなかった。その論文は、

9　アニメ「ビーバス・アンド・バットヘッド」の登場人物。奇妙な笑い声を立てる。

「二つの文化」（文学界の重鎮であり、物理学者でもあるC・P・スノーの、一九五九年のエッセイのタイトル）についての長年の懸念のかさぶたを剥がしたのだ。スノーのエッセイは、当時すでに人文学と科学の間に生じていた隔たりに対する関心を呼んだ。

ソーカルのいたずらに対する激怒は、一九九七年に開かれた「カルチュラル・ウォーズ」についてのシンポジウムで勢いづいた。その様子は、二〇〇一年出版の『一つの文化?』にまとめられている。だが、多くの参加者たちの告白によれば、この議論は互いを専門用語で煙に巻くようなアカデミアの研究者たちによって主に行われ、実世界への応用には乏しいものだった。

これは本当に悲しいことだ。偉大な科学者たちでさえ、この隔たりにうまく橋をかけられてはいないようだ。ハーヴァード大学での大学院一年目の間、僕は史上最高の生物学者の一人、E・O・ウィルソンの教育助手をして奨学金を受けていた。ウィルソンは「昆虫学の父」、そして「生物多様性の父」として広く知られており、また、一般向けの文章（とはいえ、彼の文章には、一般向けでもなお、かなり高い文化水準で書かれているものも多いが）で、二つのピュリッツァー賞を受賞している。ウィルソンは見事な講師でもあり、彼とスティーヴ〔スティーヴン〕・グールドのおかげで、ハーヴァードは一九七〇年代後半に、生態学と進化学の輝かしい学び舎となった。

一九九八年、ウィルソンは著書『知の統合』（証拠がある結論に収束するさまを示す言葉）によって、人文学と科学間のこの隔たりの中に自らの身を投じた。彼は、これら二つの文化に統合を求めたのだ。これは長大な大部のエッセイだった。僕は発売当時にこの本を読んだ。ただし、その唯一の理由は、お金だった。当時、僕はハリウッドにある『ナショナル・ジオグラフィック』の特集映像事務所で働いていて、映画になりそうな可能性のあるものを読んでいた。会社がお金を払ってくれて、僕はその本を苦労しながらもなんとか読み通した。これが仕事ではなかったら、決して二〇ページ以上は読めなかっただろう。

言っている通り、この本は人文学と科学を結びつけることについての、素晴らしく、信じられないほどの学識が詰まったエッセイだった。しかし、それは知識人の言葉で、知識人のために書かれていた。とどのつまり、研究者たちがやっていることとほとんど同じように、自分たちの間だけで話しているのだ。アカデミアにとってはそれで構わないが、社会にとっては、現実的ではない。

これで、僕たちの目は再び人文学の方に戻る。**この、深刻で、思うに喫緊の課題に取り組む上では、人文学は科学にとって少々役立たずなのではないか。**僕はそう心配している。科学者たちは助けを必要としているが、その助けを、理論づけを超えて、実世界で活動している人々から得なければならない。これこそが、僕がある人たちを総合的に推薦する理由だ。

4 したがって、ハリウッドが救いの手を差し伸べる

ABT

なんと衝撃的な話だろう。ゾンビや、ヴァンパイアや、トランスフォーマーのいるあの地には、科学界が求めているものもあるのだ。これが、アカデミアを離れての二〇年間の挑戦の中で、僕が学んだことだ。ジェリー・グラフは、著書『学究の場で途方に暮れる』の中で、議論の核を示してくれている。「昔からこんなことが言われている。大学での揉めごとは特にたちが悪い。なぜなら、賭して戦われるものがあまりにも少ないからだ」。

これが問題なのだ。大学の教員たちは、一旦テニュアをとってしまえば、さして多くのものを賭けて戦わずに済むようになる。だがハリウッドでは、一日の中のほとんどすべての時間、自分の行為にすべてが懸かってくる。ハリウッドでよく言われている表現がある。「お前の価値は、お前の最新作の価値と同じだけしかない」。まさにその通りで、毎日そのことがほのめかされている。どれだけ尊敬を集めているかは関係ない。一つ駄作を出してしまえば、それから長い間、ひどい扱いを受けるようになるのだ。

このことを、科学の観点で（中でも、自然選択による進化という面から）見てみよう。自然界には過酷な気象条件の環境があり、そうした環境では、非常に速い自然選択が起きると考えられている。また、別の環境はそこまで厳しい条件ではなく、そこにはより弱い自然選択の機構が存在する。大学教員たちは、「弱い選択圧の環境」に生きているといえる。大学は、そこにいる者にインスピレーションを与える楽しい場所だが、実世界からの乖離だけでなく、弱く力のない者を自ら育んでしまうという性質によっても害を受けている。

僕は自分が教授だった頃に、それを目にした。僕のいた専攻のテニュアの教授たちの中には、まったく罰されずに、信じがたいほどひどいことをやっている人々がいた。ある年寄り教授は筋金入りのアルコール依存症で、自分の担当する動物生態学の授業を、文字通り（つまり本当に）毎回毎回、休講にしてしまっていた。彼は教室に現れると、こう言うのだ。「いい日だね。みんな外に出て、この天気を楽しみなさい」。専攻の教授陣はみんな、彼がそうしているのを知っていたが、できることは何もなかった。なぜなら、彼は終身在職権を持っていたからだ。

これ一つは大した話ではない。これはアカデミアで起きていることの一部で、終身在職権の濫用というコストによってもたらされる恩恵もたくさんある。だが全体として、アカデミアは実世界から乖離しているし、科学がこの非常に現実的な課題を解決する助けになりそうな、養成所のような場所になってもいない。アカデミアは、人々を育む環境でもあるが、象牙の塔でもあり、誰もがその意味するところを知っている。僕が言っていることは、別に驚くような話ではない。ハリウッドでは非常に話が違っている。それは、僕が過去二〇年にわたってじかに目撃してきたとおりだ。

ハリウッドは、冷酷で、腐った、たちの悪い、非情な場所だ。そこでの思い出で僕が気に入っているものの一つは、演技の授業で知り合った友人（彼女は、女優のキャリアの最初期に、コメディアンのロドニー・デンジャーフィールドと映画で共演した）のものだ。彼女は当時、二〇代後半の、ユーモアのある魅力的な女優で、僕は彼女の撮影を数え切れないほど見に行っていた。ロドニーは彼女とすぐに打ち解けた。テイクとテイクの合間に、彼は手に葉巻とカクテルを持ち、バスローブとサンダル姿（自分のシーン以外では、彼はいつもこの格好だった）でやって来ては、彼女にこう言っていた。「お嬢ちゃん、今すぐ出ていきな。こいつは腐った商売だ」。しかも、彼は冗談でそう言っていたわけではない。まさにその通りに思っていたのだ。僕と彼女は何年もの間、ハリウッドで果てしなく続くゴミ屑のような振る舞いに出会う度に、この台詞を引き合いに出した。

何？　もっと具体的な例がほしい？　僕がすでに説明した「ストーリーテリングの力は細部に宿る」のルールを引き合いに出そうとしているのかい？　わかった、じゃあ聞いてくれ。衝撃に備えておくように。さて、この同じ女優が、数年後に、テレビ局「ショウタイム」の連続ドラマの主演を選ぶオーディションで最終選考に進んだ。彼女は最後のオーディションを受け、うまくやれたという手応えを感じ、出席していた審査員たちも皆、彼女にすごく良かったと伝えた。ところが、彼らはその役を別の最終候補者に与えた。元モデルのレベッカ・ゲイハートだ。僕の友人は唖然とした。同じく唖然とした彼女のマネージャーはプロデューサー陣に電話をかけた。マネージャーは電話の結果をこう報告してきた。「レベッカ・ゲイハートにしたのは、もっと知名度があるからだって」。その知名度が実際にはどこから来ているか、おわかりだろうか。実はこのオーディションの前の年、二〇〇一年に、ゲイハートは横断歩道で九歳の子どもを車ではねて死なせた。そのせいで、ニュースは彼女のことで持ちきりだったのだ。彼女はひどい出来事によって知名度を高めたが、プロデューサーたちは気にしなかった。それがショービジネスというものだ。

ハリウッドでは、競争相手はあなたの失敗を願ったりはしない、死を願うのだ、と言われている。その言葉は真実だ。俳優をやっている友人が、僕をあるキャスティングディレクターの葬式に誘ってきたことを覚えている。友人は、その女性に会ったことは一度しかないが、ハリウッドでは葬儀が人脈作りの大チャンスなのだと言っていた。ここは非情な場所なのだ。

ハリウッドで目にしてきた所業のおぞましさは、信じられないほどのものだ。ねたみ、嫉妬、強欲、色欲、貪食……めちゃくちゃだ。そのことについて書かれた本が数え切れないほどある。僕がずっと気に入っているのは、驚くほど力強く、それでいて哀愁のこもった『君は二度とこの街でランチを食べることはない』だ。著者のジュリア・フィリップスは、「未知との遭遇」でアカデミー賞を受賞した映画プロデューサーである。

しかし、もちろんこの程度のことは、あなたもすでに知っていたか、少なくとも、そうではないかと思ってはいたはずだ。僕がまだ大学教授だった頃、「クロニクル・オブ・ハイヤー・エデュケーション」紙[10]が、海の生き物に関する僕の短編映画について記事を書いた。自分の新しいキャリアに向けて旅立つ準備ができた時に、僕はその記者に連絡をとった。彼女は短い続報記事を書き、それには皮肉のこもったこんな見出しがついていた。「教授はさらに教育的な環境を求めてアカデミアを去る……ハリウッドへ」。その場所がどれほど腐った場所か、記者たちは知っていたにもかかわらずだ。

結果として、ハリウッドは、アカデミアとは違って急速な進化を生み出す、ある種の「強烈な選択

10　大学職員向けのニュースや求人情報を掲載している新聞。

体制」だった。毎週末、すべての映画のチケット総売上が発表される。プロ生命を終えるべき人々を一覧にした、死のリストでもあるかもしれない。大作映画を作って、それが公開されて、かかったお金を取り戻せる収益を上げていなかったら、死だ。もし、チャールズ・ダーウィンがまだ生きていて、「ハリウッド・リポーター」誌を読んでいたら、月曜日の朝が来るごとに、こう叫んでいることだろう。「適者生存だ！」

僕はこれまでずっと、映画学校の同級生や映画製作をしている友人の映画がだめになった時に、彼らと電話で何時間も話をしてきた。映画を作る夢が潰れたことを話す彼らの痛みを、自分も感じながら。ほとんどの場合、その大失敗の中心にあるのは物語の力の弱さだ。これは、良いストーリーを伝えきれていない、という形で表れる。ハリウッドの選択圧は容赦がなく、皆に受け継がれる記憶というものはほとんど存在しない。失敗すると、「映画の監獄」行きになる。そこではしばらくの間、あるいは永遠に、映画を作らせてもらえなくなる。

ハリウッドに保証などない。年功は負債であり、資産ではない。それは、タンザニアのセレンゲティ国立公園で、ライオンや、チーターや、高性能ライフルを持った人間に囲まれた、有蹄動物の群れに似ている。ハリウッドでは、年齢は（少なくともアカデミアでは多少そうなっているような、威厳と尊敬を与えてくれるバッジではなく）どんな代償を払ってでも隠すべきものなのだ。年寄りは衰弱した動物であるから、というだけのことではない。それよりもひどくて、軍事クーデターのさなかに、別の政党の一員でいるようなものだ。あたかも、秘密警察が見回りにきてあなたの持っている書類を調べ、年齢を見て、もし四〇歳以上だったらハリウッドの外へ引きずり出すようなものなのだ（ところで、僕が映画学校に行き始めたのは三八歳の時だったということを念頭に置いておいてほしい）。これが、ほとんどのフェイスリフト手術、毛髪移植、ボトックス注射、アンチエイジング処置の推進力である。もし自分の生存がそれにかかっていたら、あなたも同じことをするだろう。

それに比べると、アカデミアはぜいたくなリゾート地だ。早くから成果を得てそこにとどまれば、テニュアを贈呈される。それは、生涯あなたから離れることはない。飢えてやつれたハリウッドの脚本家たちの一団に、テニュアの概念を試しに説明してみるといい。彼らはおそらく、槍や矢であなたを攻撃してくるだろう。

これが、ハリウッドで一世紀にわたって起きてきたことだ。とはいえ、たくさんの賢い人々が、そのシステムをしっかり理解して生き延びてはいるが。彼らは、映画製作者として生き残るためには良いストーリーを伝えなければならないこと、良いストーリーを伝えるためには、物語を深く、直感的なレベルで理解しなければならないこと、そして、そのためには、物語の力学を学び、分析し、科学の域にまで洗練させておかなければならないことを知っている。彼らはそれをやってきたのだ。

「スター・ウォーズ」を構成するのにジョセフ・キャンベルの考えを使ったジョージ・ルーカスに始まり、ジョージ・ルーカスが映画業界にもたらしたことを、著書『神話の法則――ライターズ・ジャーニー』で分析してみせたクリストファー・フォグラーや、それを『SAVE THE CATの法則』で、もっとも広く、そして空虚な形にしたブレイク・スナイダーに至るまで、彼らはみんな、そのことを理解してきた。彼らはこの、物語の実用的な、実世界での応用法を、誰よりもはるかに洗練させてきたのだ。

結局のところは、ハリウッドにはずっと、カネと呼ばれるこの永遠の選択因子がつきまとってきたという話に尽きる。お金を得る上で、物語の力学を自分のために役立てる方法を見つけ出せなかったら、あなたは死ぬ。これは確かに、無慈悲な輝きに包まれた自然選択だ。

そしてこれこそが、科学界にとって文化的隔たりを取り除くべき時が来ているという、この売り込み、この嘆願、この改宗の勧めを、僕が今している理由なのだ。あなたに頼んでいるのは、ものを見ていない目をこちらに向けたり、抵抗のあることには目をつむったり、その他、必要なことなら何でもしてもらって、こうしたハリウッドの変人たちが提供できるものを利用するために、ただ彼らを使ってくれることだけだ。

もう一度言うが、これはハリウッドの連中が巨額の資金で作る、頭が空っぽで、シリーズ化間違いなしの、真実よりもストーリーテリングを永遠に重視するであろう映画の話ではない。彼らのように着飾ったり、話したり、振る舞ったりしてみろということでもない。大事なのは、物語全体を支えている物語の知識だ。この知識はすごい。そして強力だ。そして、科学はその知識を必要としている。だから、僕たちは今から、新しい世界を作るという考えを検討する。それは、科学者たちがハリウッドの連中に負けず劣らず、物語の知識をしっかり持っている世界だ。

第3部 アンチテーゼ 反

ANTITHESIS

スカイプはすごく役に立つことがある。話し相手が自分と一緒に部屋にいるように感じられる。気持ちの機微も伝えることができる。だから、僕が海水面上昇のパネルディスカッションに戻るとミーガンに伝えた後、あの「私たちはやり手だと思うんだが」と言った科学者と信頼関係を結ぶのには、スカイプは当然選ぶべき手段だった。

この科学者と僕は、一〇年以上にわたる知り合いだ。僕らの間に生まれた一切の緊迫感は、本当にばかみたいなものだったと感じられた。スカイプで話し始めて一分も経たないうちに、僕らは自分たちが交わしたメールのことは忘れ、「コネクション・ストーリーメーカー」ワークショップのために僕が開発した物語のツールを、パネルディスカッションに使っていく準備を始めていた。

僕はまず、海水面上昇の問題全体の核心を表せるような一つの言葉――問題の本質をつかむ一語――がありはしないだろうかと、彼に尋ねた。彼はしばらく考え、とうとうお手上げになって、こう言った。「すまないが、この問題全体に対して、一つだけの言葉を出すことはできないよ……三つの言葉でもいいかい？」

僕は、三つでもかなり充分に絞りこめているから、それでやりましょうと言った。彼の挙げた言葉は素晴らしいものだったので、その三つを使って、パネルディスカッションの新しい題名を作り上げた。元の、やや冴えない題名「海水面上昇に対応する」を、こんなものに置き換えた。「海水面上昇――最近、確実に、どこでも起きている現象」。元のものよりもずっと詳しく具体的で、それゆえ、元のものより強力になっている。

続いてＡＢＴテンプレートを使ってそれぞれのキーワードに取り組んだ。実のところ、かなりたくさんのことに取り組んだ。そして（話は四ヵ月後に飛ぶ）僕たちは一緒に発表を終えて、宴会場で大きな長い拍手を浴びていた。僕たちのパネルディスカッションは、ミーガンが約束していた一〇〇〇人の熱心な聴衆を集め、（この後、この部の中で詳しく紹介していくように）ものすごい大成功だった。その一ヵ月後、『サイエンス』が、ABTテンプレートがどのようにこの企画へと変身したかを紹介する僕の文章を発表した。要点はこうだ。「このツールは役に立ちますよ」

さあ、ここからは、科学の世界で「何ができるか」を話す時間だ。もう一度確認しておくが、これらのツールが何でも撃ち抜く魔法の弾丸、あるいは何にでも効く万能薬だとほのめかすつもりはない（否定の言葉を言おうとしている人は、いったん落ち着いて）。僕が提言しようとしているのは、このツールが、物語の欠乏の問題を解決できるということだ。

それを実現するには、物語のツールを、科学の根本的な構成要素にしなければならない。ポスドク研究者向け、あるいは大学院生向け、あるいは高学年の学部生向けの追加ボーナスではなく、だ。こうした集団が、今の時点で僕をワークショップに呼んでくれる典型的な層のようだ。だが、物語の伝え方は、学部生の段階で、科学を始める時点から教えられなくてはいけない。

この第3部は、僕たちの旅の核になる、ストーリーの真ん中の部分である。何かが起こる場所だ。アリストテレスの構造の観点で言えば、この部には体験すべきエピソードが主に三つある。それらは、語（Word）、文（Sentence）、段落（Paragraph）の三つの要素を使う「WSPモデル」に対応している。この部で、僕はIMRAD構造の中のM〔Method：手法〕とR〔Result：結果〕を使う〔第5～8章が手段、第9章、10章が結果に当たる〕。

この第3部ではABTテンプレートを使わないことに注目してほしい。ABTの構造は、序論と考察（テーゼとジンテーゼ）にはよく役立つ。これら二つは、他の部分よりも主観的で、論証のやり方に沿って進む。ところが、今から見ていく真ん中の部分は、単なるナットとボルトであり、旅についてのより客観的な情報（何が起こったかをそっくりそのまま報告する）にすぎない。最初の「テーゼ」で使ったＡＢＴ構造がしっかりあなたを惹きつけていて、この部で説明される「出来事」を読み進めたいという興味をかきたてていることを願う。その後、第４部の「ジンテーゼ」では、再び僕の主張を論じ、ＡＢＴを使って自分のストーリーを語るつもりだ。

5 物語のツール——WSPモデル

スタイルを重視するこの時代に、本質的な中身を話す

『こんな科学者になるな』の副題は、「スタイルの時代に本質を語る」だ。僕はこの本の中で、解決策よりも問題の方にずっと重きを置いた。それは良いことだった。副題を「本質をいかに語るか」にはしなかったことに注目してほしい。僕があの本を書いた目的は、スタイルに占領されている世界の中で、中身を話すことの難しさに光を当てることだ。当時、僕は改善策になるような提案を出せるほど、物語の伝え方の詳細を知ってはいなかった。

それから四年間をかけて、ドリー・バートンとブライアン・パレルモと一緒に、「コネクション・ストーリーメーカー・ワークショップ」を作り出した。そのエッセンスは、『コネクション』にまとめてある。ワークショップは、物語の力に焦点を絞ったもので、時を経る中で、そこから一連の物語

のツールが生まれた。振り返ると、このワークショップが、本質的な中身をいかに伝えるかという答えを探す、僕の旅を構成していたのだと思う。

この本は、スタイルについてのものではない。ユーモア、感情、平易な言葉、巧みな比喩、テキパキした会話文などの使い方といったものは、すべてスタイルの要素だ。これらも、効果的なコミュニケーションには欠かせない。しかし、深いレベルでの結びつきを作り、大人数の観衆を一つにして、後々まで残る影響を与えるコミュニケーションを行うためには、中身を用意するところから始めなければならない。つまり、まずは情報を具体的にまとめ、その後になって、スタイルの要素を足すのだ。物語こそが、あなたが言うべきことの中身だ。

発射の時

「見たものを、整えて、言う」という、メダワーが特定した流れに当てはめると、今こそが「整える」プロセスを始める時だ。これが、物語に必要なことなのだ。先ほど言ったように、科学者は整えるという発想をひどく嫌うが、たった一つの略語を使って、彼らの反対意見に対抗しよう。ＩＭＲＡＤだ。このテンプレートがあると、科学者は情報を整えざるを得なくなる。一世紀前の科学者たちにとって、物語を整理することが充分に役立っていたのなら、今の科学者たちにとっても充分に役立つはずだ。

物語の整理に対する僕のアプローチは、ＷＳＰモデルだ。このモデルを最初に提示したのは、『コネクション』の中だった。一方この章では、ＷＳＰモデルを科学の世界にもっと特化した形で用いる。

それは、物語の構造を発展させ、強化する手段として、自分のストーリーが伝える物語の核の部分を、一つの言葉、一つの文、一つの段落へと縮めることだ。

それぞれのプロセスには、そのためのツールがある。これらのツールは、**テンプレート**と呼ばれる。文章に空欄があって、その穴を埋めるのだ。例えばこれは、友達と会話を始めるためのテンプレートだ。「ねえ（　　　）ちゃん／君、ちょっと（　　　）の話をしたいんだけど」。ただ空欄を埋めればいい。

ストーリーテリングの鍵は、自分、あるいは誰かが言おうとしていることの、物語としての核を見つけることだ。ストーリーを最小のひとかけらにまで縮めて、その核となる構造を見つけることさえできれば、それを反対に広げ直すことができる。

短いコミュニケーションと長いコミュニケーションを比べる、昔からのジョークの数々を、あなたも知っているだろう。例えば、手紙についてのもの。「もっと短く書こうとしたのに、そうする時間がなかった」。あるいは、講演についてのもの。「もし、私に一時間の講演をしてほしいのなら、もう準備はできています。もし、一〇分間だけ話してほしいのなら、準備に一週間が必要です」。簡潔さはウィットの真髄である一方、話を簡潔にするには時間とエネルギーがかかる。しかし、WSPモデルを使うことで、そのプロセスは進めやすくなる。WSPモデルの各要素は、即時的（直近の）効果と長期的（究極的）効果の比率から見ると、それぞれが違った働き方をする。では、実際にモデルを使い始める前に、この基本的な力の働き方を見てみよう。

「直近の効果」対「究極的効果」

図11に示してあるように、WSPモデルの三つのツール〔語（Word）、文（Sentence）、段落（Paragraph）〕は、直近の効果と究極的効果の比率がそれぞれ異なっている。語のテンプレートと文のテンプレートは、直近の効果がとても強い。これら二つのテンプレートを選んで、実際に活用すれば、ものの数分のうちに、自分が伝えたいストーリーの軸をよりしっかり把握できるようになるはずだ。これらのテンプレートはすぐにマスターできる。

段落のテンプレートは、それとは違う。これは「大きな子たち」の使うツールだ。時間のかかる仕事のためのものだ。ハリウッドにいる人たちのほとんどが、このツールをマスターしておけばよかった、と願いながらも、その初歩の知識さえ持っていない。段落のテンプレートを使う才能の学習曲線は、他の二つのテンプレートに比べてずっと長い。あなたは、空欄を埋めればすぐにテンプレートが身につくと思うかもしれないが、実際は、意義ある成果を達成するまでに、おそらくとても長い時間がかかるだろう。だが最終的には、段落のテンプレートは、あなたの物語のスキルを他の二つのテンプレートのどちらよりも高いところまで発展させてくれるだろう。

また、文のテンプレート（ABTテンプレート）について言えば、短期的な利点と長期的な利点は大きく違っている。ABTテンプレートを使うと、短期的には、「雑多な事実の山」（このフレーズは、この後すぐに登場する）の中に、物語の構造を素早く見出せるようになる。だが、長期的に使っていくと、ABTテンプレートはとっておきの報酬を与えてくれる。それは、物語の直観だ。ABTテンプレー

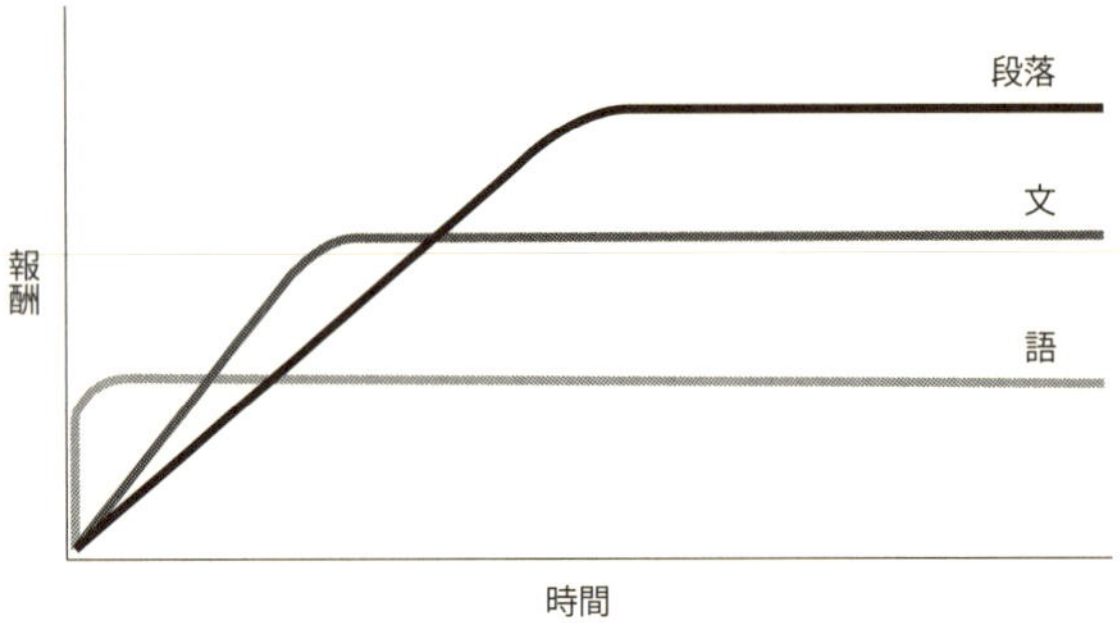

図11　時間の経過にともなってWSPモデルの3つのツールから得られる利益
段落のテンプレートは、初めはくだらないおもちゃだが、時間をかけるにつれて、自分をジョセフ・キャンベルも羨むようなストーリーテラーに育てていくことができる。

トを充分に使い、それを自分の第二の天性とすることができれば、きちんと構成できていない素材のどこが間違っているのか、そしてそれをどう修正したらいいのかがわかる、直観的な感覚を身につけていけるだろう。皆が求めているのはこの直観なのだ——究極的には。

僕は近頃、自分のワークショップでこのABTテンプレートに一番の重点を置いている。長さがぴったりなのだ。語のテンプレートは短すぎて、範囲が限られている。段落のテンプレートは、複雑すぎてすぐには理解できないし、マスターするのに長い時間がかかる。だが、文のテンプレートはちょうどいい。すぐに学べるし、その見返りもすぐに得られる。こうした理由から、ここでは文のテンプレートにたっぷり時間をかけていくことにする。

出だしのところで触れたように、目標は、僕が「物語の直観」と呼んでいる、物語の力学についての直観を身につけることだ。直観の力については、近年たくさんの文章が書かれている。僕の好きな作品は、マルコム・グラッドウェルの『第1感——「最初の2秒」の「なんとなく」が正しい』だ。グラッドウェルは、この本をこんな話から始めている。優れた贋作鑑定士は、その観察眼で、偽物の芸術作品を瞬時に見つけ出すことができるが、その判断を下すに至った基準が正確には何だったのかを説明するには、もっと長い時間がかかる。

直観は、少なくとも一つの辞書でこのように定義されている。「本人にはなぜなのかが完全には分からないままに、ある振る舞いをとるよう人を導く感覚」。これはコミュニケーションの芸術的な側面だ。僕たちの多くは、直観をたっぷりと身につけた状態で生まれてくるわけではない。経験を通じて、直観を身につけていくのだ。グラッドウェルは、別の本『天才！――成功する人々の法則』で、複雑なスキルを知能（記憶）から本能（直観）へと移行させるのに必要な経験の量を、一万時間という、いくぶん恣意的な値を挙げて説明している。

この発想は、二〇一三年、『ニューヨーカー』誌にグラッドウェルが書いた補足記事の骨子にもなっている。記事のタイトルは「複雑性と一万時間の法則」だ。彼は、自身の提唱する一万時間の法則に関する調査について、こう述べている。「一万時間についての研究は、私たちに『心理学者たちが才能ある人々のキャリアを詳しく調べるほど、生来の才能の果たす役割はより小さく見え、準備が果たす役割はより大きく見えてくる』ことを思い出させてくれる」

僕はこのことに同意する。そして、あなたがもし、自分があまり物語の構造をうまく使えていないという気がしているなら、このことを肝に銘じておくべきだ。身につけるには、とりかかるのみ。物語の構造のために一万時間も捻出することはできないかもしれないが、僕が最終章の「ストーリー・サークル」のコンセプトの中で説明する、わずか一〇時間という時間であっても、目に見える変化をあなたにもたらしてくれる。

科学における、物語の欠乏という問題に対する解決策は、グラッドウェルの言うところの「準備」

にある。つまり、たくさんの反復練習だ。単純で、簡潔。その場しのぎの、たやすい手段は使わない。アスリートのように基礎を学びながら、何時間もかけて正しいやり方で物事を行っていくのだ。

　僕がすぐに教えられることはたくさんあるが、直観には時間と経験が必要だ。人々に愛される喜劇俳優であり、科学者たちの情報発信を手助けする分野の開拓者として第二のキャリアを見出した人物、アラン・アルダが[11]、『独り言を言っている間に私が聞き逃したこと』で語っている通り、「良いコミュニケーションは、教えることができるものだ。しかし、それが持続する効果を持つようにするには、すなわち、誰かの核の一部となるようにするには、体系的に、何度も教えられなければならないと思う」。すべての科学者たちは、物語の感覚をいくらかは持っているが、より深いレベルでの直観が必要なのだ。

一般向けのツール

　さて、あのメッセージ「あのさあ、これって全部おんなじ話じゃん」に立ち返る時が来た。僕はこの本を、科学の世界に向けて書いている。そこが、僕がもっとも忠誠を誓っている場だからだ。だが間違いなく、この本で挙げるツールは誰にとっても役立つものだ。

　四〇〇〇年にわたって起きてきた人類の多様化は、実はそれほど大したものではない。ジョセフ・キャンベルが、世界中で僕たち人間がみんな、同じモノミス構造による基本ストーリーを語っているさまを指摘したのは、つい七〇年前のことだ。この四〇〇〇年間、何も変わりはしなかった。そして、過去七一〇年間の間にも、ストーリーテリングの面で、重要なことは何一つ変わってはいない（この主張については、この後、今でもスーパーボウルのコマーシャルを成功させる鍵となっているものは何かという話の中で説明する）。

僕は、さまざまなクライアントから相談を受けて、一緒にストーリーテリングに取り組んでいる。昨年は、会計士（大手会計事務所のデロイト）、保安職員（非営利組織のナショナル・セーフティー・カウンシル）、ビジネス専門家（マーケティング分野の専門家組織のソサエティー・オブ・マーケティング・プロフェッショナルズ）、そして、たくさんの科学・生物医学団体（国立衛生研究所、米国疾病予防管理センター、米国地球物理学連合、ＡＡＡＳ、ソサエティー・オブ・ホスピタル・メディスン）に向けて、ワークショップを開催してきた。当初、これら異なる領域に踏み込みながら少々たじろいでいた。僕には、会計、ビジネス、あるいは法律のことなど何も知らないという自覚がある。そういう分野の人たちに、何を与えられるというのだろうか？

だが、こうした多様な団体と共に体験したことは、最終的に、まさにジョセフ・キャンベル的な内容になっていた。まさしく、まったく同じ話だとわかるのだ。各団体の中身は違っているが、僕はそこに、話の構造と話し方を教えるために出向いていく。それは、どこでも同じなのだ。僕は建設現場の作業員みたいなものだ。建てているのが銀行か、病院か、裁判所かは関係ない。その中の、構造の部分を担当するために現場にいるのだ。

11　アメリカの非営利公共放送ネットワーク、ＰＢＳで、科学技術を一般向けに紹介する番組「Scientific American Frontiers」のホストを務めている。

テンプレートなんて、お子様向けのものじゃないの？

コミュニケーションに関して、「シンプルすぎ」てしまうということはあるだろうか？　もちろんある。だが、科学のように、いつも一般の人々にとって複雑すぎることが悩みとなっている専門職の場合、簡潔すぎてしまうということは（すべての情報が正確なまま維持されているなら）、小さな心配事にすぎない。

それでもなお、テンプレートというものがあまりに初歩的に見えるために、多くの人はテンプレートの話が始まるやいなや、「これはお子様向けだ」という感覚を抱く。これを、ある会議で開会講演をした時に感じた。講演の後のレセプションパーティーで、友人が僕を隅に引っ張っていき、こう言った。「ここにいる科学者たち、君のＡＢＴの話はすごいと思うって言ってるよ。でも……自分たちのコミュニケーションのニーズを満たすにはシンプルすぎる、とも感じているみたいだ」

このコメントを受けて何をすべきか、はっきりしたことはわからない。簡潔さは、効果的なコミュニケーションの真髄だ。もし、その重要性がつかめていないなら、効果的なコミュニケーションをものにできていないということだ。

不運なことに、科学界ではたらく力学のせいで、科学者はしばしば、自分の研究を信じられないほど複雑で込み入った形で発表することを許されてしまう。そして、誰もそれに不満を言わない。だが、そうなるべきではなかったし、そうであってはいけない。

そこで、テンプレートの出番がやってくる。小学校の穴埋め問題や、「マッド・リブス[12]」のようなゲームに出てくる虫食い文を、あなたも覚えているだろう。しかし、子どもたちがこうした道具を使っているからという理由だけで、テンプレートは大人にはふさわしくないと言えるのだろうか？

ジェリー・グラフとキャシー・バーケンスタインは、『彼らはこう言う、私はこう言う』の中の、「わかった、でも、テンプレートだって？」と題された節で、まさしくこの質問に向き合っている。彼らの本は論証についてのものだ。そして、彼らは議論を行うための重要な要素を、必要な「手」と呼んでいる。それらの「手」は、二人のテンプレートから得ることができるものだ。彼らの意見は核心を突いている。「熟練の著者たちが、これらの『手』を、読書による知識を通じて無意識のうちに選び取っている一方で、多くの学生たちはそうしていない」。だからこそ、テンプレートは役立つのだ。

僕もまた、まさに同じ批判に出会う。ＡＢＴを子どものためのつまらないものだと批判する、熟練のベテランたちがいる。彼らにとってはそれで構わない。だが、そもそもほとんどの人たちはベテランたちのように物語に熟達してはいないし、第二に、ベテランたちの中にさえ、テンプレートを使った練習によって恩恵を得られる人たちがいるということを、僕は保証する。

12　言葉を使った遊びの一種。出題者が、回答者に「動物の種類」、「体の一部」、「形容詞」などの指示を出していき、回答者は即興（アド・リブ）で思いついた言葉を挙げる。言葉が揃ったら、出題者は、あらかじめ用意しておいた虫食いの物語文の空欄に、回答者が挙げた言葉を入れていく。完成した文章を読み上げ、物語の意外性やでたらめさを楽しむ。

カートマン教授

テンプレートのスーパースターと思しき人物は誰だろうか。それは、サウスパークの共同制作者、トレイ・パーカーだ。彼は、ABTテンプレートを考え出す上で、僕の最初のアイディア源になった。サウスパークの中で、僕にとっての永遠の名作回の一つは「ファニーボット」だ。この回では、ドイツ人たちがコメディーの問題を機械的に解決するロボットを作る。その方法は、ジョークのテンプレートを用意するというものだ。小学生たちに向けてロボットがルーティンの漫談をする時には、こんなテンプレートが使われていた。「○○○（何かの活動）をやるのは嫌じゃないか？　ああ、俺もそうさ。俺も○○○は大っ嫌いだ。ぶっちゃけ、俺は、△△△（人の名前）の×××（体の開口部）でヤらなきゃならないのより、○○○をやらなきゃならないほうがもっと嫌なんだ。厄介だな！」。この場合、○○○には「宿題」が入り、人名にはジャーナリストのブライアント・ガンベルが入る。体の開口部については、あなたにお任せしよう。

このテンプレートは、ロボットの言う通り厄介でぎこちないが、同時に使えるものでもある。使えないはずがないだろう？　ジョークを言うのも、ストーリーテリングと同じだ。つかみ・ひねり・オチの流れは、正（テーゼ）・反（アンチテーゼ）・合（ジンテーゼ）と同じだ。全部おんなじ話だ。

大事なことをまとめる。もし、自分のコミュニケーションのニーズに対して、テンプレートというものが「シンプルすぎる」と思うなら、あなたも同じ問題にはまっている可能性がある。テレビのシットコムは「型にはまりすぎていて陳腐」だと不満を感じる人はいることだろう。もし、自分もその人たちと同じ論点を挙げていると思うのなら、あなたはコミュニケーションの問題を正しくとらえていない。僕が言っているのは、つまり……。

形式であって、型ではない

作品そのものに中身がまったく欠けている場合には、作品が型にはまりすぎるという問題が起こる。例えば、興味の湧くような細部の設定や描写に欠けているせいで、シットコムの登場人物たちの人物像が、薄っぺらで空っぽになっているとしよう。今週の回で、そこに昔付き合った彼氏が現れて、お金を貸してくれないかと尋ねてきたとたん、ありとあらゆるシットコム――「モダン・ファミリー」から「フレンズ」、「ディック・ヴァン・ダイク・ショー」に至るまで――に出てきた、昔の恋人が現れてお金を貸してほしいと言ってくるエピソードを思い出すだろう（いま挙げた番組にそういう回が存在するか、ちゃんと確かめたわけではないが、言わんとするところは分かってもらえるだろう）。しかし、その回までの間に、登場人物たちの人物像を築き上げるための情報が、各人に対して興味深い形で示されていれば、過去の番組との類似点のことなど考えもせずにストーリーに引き込まれていくだろう。

クリストファー・ヴォグラーの象徴的な一冊、『神話の法則――ライターズ・ジャーニー』は、形式か型か、という論点に直接取り組んでいる。この本は一九九八年に出版され、現在は第三版が出されている。だが、この本は、ハリウッドが「型にはまったゴミ」（そのせいで、世界はもっとひどい場所になる）を生み出していると感じるすべての人たちにとっての避雷針になっている。ヴォグラーは、自著の冒頭でこうした批判に向き合っている。

「まず、私は『ライターズ・ジャーニー』の発想全体についての、重要な反対意見に取り組まねばならない――型にはまっていて、陳腐な繰り返しにつながるのではないかという、芸術家たち、批評家たちによる疑念だ。プロの作家の中には、創作のプロセスを分析するという発想自体をまったく好まず、すべての本、教師、そして『とにかくこうしなさい』の言葉を無視するよう、生徒たちに力説する人々がいる。芸術家の中には、体系的な思考を避けるという選択をし、すべての原則、模範、流派、理論、パターン、デザインを拒む人々がいる。彼らにとって、芸術は、決して経験則で習得することはできず、型に還元してはならない、完全に直観的なプロセスなのだ。そして、彼らは間違ってはいない。芸術家ひとりひとりの芯の部分にあるのは、すべての規則が考慮から外されている、あるいはあえて忘れられている、神聖な場所なのだ。そこでは、その芸術家の心と魂による本能的な選択こそが重要であり、他の一切のものは問題ではない。

だが、このこと自体も一つの原則なのだ。そして、自分は法則や理論を拒否するのだという人々も、ごく少数の原則や理論には賛同せざるを得ない。『型を避けよ、制度とパターンを信じるな、論理と伝統に抵抗せよ』だ。

すべての型を拒むという原則に従って活動している芸術家たちは、自分たち自身が型に依存しているのだ。」

さて、サイエンスコミュニケーションが過度に型にはまりつつあるという懸念はあるだろうか？すでに、ＩＭＲＡＤテンプレートが科学界での情報伝達を型にはめてしまっているが、そのことへの不満の声は聞かれない。科学を伝える上で、構造の欠如と過度な複雑さによる問題があまりに深刻なので、むしろその事態を覆すほうへ向かうため、テンプレート化という大変革が選ばれるのだ。よって、僕はヴォグラー、グラフ、バーケンスタインの意見をほとんど受け入れるつもりだ。それが彼らを悩ませることはないし、僕を悩ませることもない。

また、サイエンスコミュニケーションで「あまりに似すぎている」ことが深刻に懸念される段階になるのは、遠く、遠く先のことだ。この後、ＡＢＴテンプレートを使って論文の序論を分析する時に、そのことがおわかりいただけるだろう。現時点で、過度な均一性が問題になる兆候は出ていない。それはずっと先の話なのだ。

さあ、それでは、最初のテンプレートに取り掛かろう。

6

W S P 言葉——ドブジャンスキー・テンプレート

最初のテンプレートである言葉のテンプレートは、あなたの題材の中心となるテーマを探すためのものだ。一切合財をたった一つの言葉（あるいは、一つのフレーズ）に要約してしまうことが目的なのではない。それよりも深いことだ。言葉のテンプレートの目的は、題材全体の核となっている一つの言葉を探すために、長く、一生懸命に考えることだ。僕は、この言葉のテンプレートに、**ドブジャンスキー・テンプレート**というあだ名をつけている。というのも、僕のテンプレートは遺伝学者のテオドシウス・ドブジャンスキーの有名な言葉を元にした改作だからだ。僕は、彼がナラティブの概念そのものをすでにすっかり把握していて、その自覚を持っていたのではないかとさえ疑っている。

ドブジャンスキーは、史上もっとも重要な遺伝学者の一人だった。彼は、一九二〇年代に、ソ連からアメリカへと移住した。彼が一九三七年に出版した著書、『遺伝学と種の起源』は、総合説（遺伝学と自然選択説の融合）の中心的要素となった。だが、彼は単なる研究者をはるかに超えた人物でもあった。

ドブジャンスキーは、多くの卓越した大学院生たち（彼らはその後一世代にわたって、遺伝学、特に集団遺伝学の分野を率いる存在となっていった）を育てた。その一人がリチャード・レウォンティンだ。彼は、僕がハーヴァード大学にいた頃、そこにいた一流の進化学者の一人であり、スティーヴン・ジェイ・グールドの長年の仲間として、遺伝子決定論に異議を唱える取り組みを行ってもいた。アメリカ国家科学賞を受賞したフランシスコ・アヤラも、ドブジャンスキーの教え子の一人だ。

ドブジャンスキーの教え子の多くは今も健在で、僕はその何人かに、彼についての話を聞かせてもらったことがある。ワイアット・アンダーソンは、一九六二年に、ロックフェラー大学でドブジャンスキーの初めての教え子となった学生の一人だった。彼とドブジャンスキーは二人ともショウジョウバエの研究をしており、何年もかけて、ショウジョウバエを集めながらアメリカの西部を旅して回った。「彼は実にカリスマ性があって、非常に思慮深くて、生物哲学に関心を持っていたよ」と、ワイアットは僕に語った。「温かい人柄だった。音楽、芸術が好きで、乗馬の達人だった」

僕はこうした特性について知りたいと思っていた。なぜなら、僕は、ドブジャンスキーには人間の本質についての並外れた理解があったはずだという仮説を持っていたからだ。まさにその通りであったに違いない、と僕には思えた。その考えは、彼の名を知らしめている有名な一文を見た時に、僕の頭に浮かんだ。その文が登場したのは、一九六四年に『アメリカン・ズーロジスト』誌に掲載されたあるエッセイの中でのことだ。僕の学生時代には、たくさんの生物学や進化学の入門教科書に、この文が登場した。彼の述べたことはこうだ。

「生物学においては、何事も、進化の観点から照らして見なければ意味をなさない。」

一見すると、単純な文だ。進化について知ることの重要性に関する、単なる意見である。だが、彼の言ったことには、二番目の――そして、僕が思うにもっと重要な――力がある。この声明は、物語の意味する内容、そしてその働きを、より深く、より理解するための道筋にもなっているのだ。

この声明が、科学の中でもよく知られていない、ごく狭い分野からではなく、進化の分野から来たものだというのは、ちょっと面白いことだし、ふさわしいことでもある。進化は、生物学の中でもっとも重要で包括的な題材だからだ。鳥や蜂が存在する前から、進化はそこにあった。この惑星に、生命の最初の光がきらめいた瞬間から、ずっと。

ドブジャンスキーが言っているのは、進化そのものが「生命のストーリー」だということだ。ストーリーの中心は、変化（旅）だ。進化は変化のメカニズムであり、そのメカニズムは変化のパターンを生み出していくものだ。これは、生命の物語なのだ。地球上のすべての生命のことを調べてみるといい。でも、それを本当に理解するには、この変化のストーリー、すなわち進化を知らなければならない。

ここで、一番に記しておきたいことがある。これは、僕が進化生物学を研究していた頃の仲間の一人がすぐに指摘することだ（科学者の批判的思考というやつだ）。僕の友人は、あの言葉が好きではない。正しくないからだ。彼の指摘はこうだ。たとえ進化に対してまるきり無頓着であっても、生物学の中で、その人にとって意味をなすことはたっぷりとある。ＤＮＡシークエンシングを一日中続けている分子生物学者たちがいる。この生物学者たちに進化の理解が欠如していても、それに関わらず、シークエンスを生成し続けることは、彼らにとって完全に意味のあることだ。その帰結から、彼は、ドブジャンスキーの言葉の「何事も」という言葉に反発しているのだ。

彼はある程度は正しい。実のところ、そのことは僕らに、ドブジャンスキーがいかに人間的であったかを示してくれる。人間は、大きなストーリーを語りたくなるものだ。もし、ドブジャンスキーが「生物学においては、ほとんどのことは、進化の観点から照らして見なければ意味をなさない」と言っていたなら、もっと極端な「何事も」という言葉を口にした時ほどの影響は与えていなかっただろう。すべての人間たちと同様、ドブジャンスキーも大きなストーリーを語りたがった。それが百パーセント正確ではなかったとしても。もしかしたら、これでも充分、一〇〇パーセントに近いと思っていたのかもしれない。

ドブジャンスキーはまた、人を惹きつけたい、そして簡潔でありたいと思っていた。「何事も」という言葉は大げさ（極端な言葉）で、「ほとんどのことは」という語句に比べて、目を引く力も強く、簡潔でもある。これは、映画製作者たちが、宇宙飛行士の台詞を「ヒューストン、問題がある」に書き換えたのと似ている。

だが、たとえそうであっても、僕はドブジャンスキーの言葉を「物語を探す」という方向からとらえていく。これはつまり、木を見て森を見ず、というのではなく、細部を考えながら、全体にも目を向けるということだ。一歩退いて、もっとも重要なパターンを探せるように、そして、ノイズにとらわれないようにしなければならない。

ドブジャンスキー・テンプレート――物語を探す

さて、どんな話題の「物語を探す」時にも、ドブジャンスキーの言葉に由来するこのたった一つの単純な文が、最初のひと仕事の中で使うテンプレートになる。ドブジャンスキーは、この文を決して物語のツールとしては見ていなかったが、僕は疑いなくそう見ている。この文をテンプレートとして使うと、こうなる。

（　　　　）においては、何事も、（　　　　）観点から照らして見なければ意味をなさない。

このテンプレートを他の話題に適用してみて、うまくいくか試してみるといい。僕は、ある地質学者にそう言ってみた。彼はすぐに、「プレートテクトニクス」を使って文を完成させた。彼の考えはこうだ。地震、火山の噴火、沈み込み帯などに目を向けてみるといい。山々の頂上で、海に棲む貝の貝殻の化石が見つかることさえある。これらはどれも人を夢中にさせるが、ある観点から見なければ、真に理解することはできない。その観点とは……プレートテクトニクスだ。これが、地質学のための物語である。ほとんどすべてのことを説明する、一つの因子。「**地質学**においては、何事も、**プレートテクトニクス**の観点から照らして見なければ意味をなさない」

これは、物語の定義のようなものだ。一見したところまったく異なる情報の断片を、すべてまとめて統合する。プレートテクトニクスの知識で武装したとたんに、地震のことも、火山のことも、山頂の貝殻のことさえもが理解できるのだ。

別の例を挙げよう。僕の若い頃のある友人が、あらゆる関節痛、頭痛、胃腸の問題に絶えず悩まされていた。医師たちには説明がつかず、総合的な診断を彼に告げることができなかった。医師たちには、個々の症状に対する処置しかできなかった。だが三三歳になった時、彼にとうとう診断が下された。それは、エーラス・ダンロス症候群という遺伝性疾患で、欠陥の起きた遺伝子群がコラーゲンの合成異常を引き起こすことで、結合組織〔皮膚、骨、血管など〕が弱くなり、僕の友人に起きていたあらゆる症状を生み出すというものだった。それを聞いた瞬間、彼は即座にドブジャンスキー・テンプレートを埋めることができた。「**彼の人生**においては、何事も、**この遺伝性疾患の**観点から照らして見なければ意味をなさなかった」

大英帝国の国王、ジョージ三世についても同じだ。彼は体の病気に幅広く悩まされた人物で、ついには完全なる狂気に至った。歴史家たちは、彼がかかっていたのは血液疾患のポルフィリン症だったと考えている。彼の人生の物語全体（たとえば、映画「英国万歳！」にまとめられている）を引き起こした単独の因子だ。「**彼の人生**においては、何事も、**この疾患の**観点から照らして見なければ意味をなさない」

では、このテンプレートを、あなたの研究計画、あるいはあなたが大失敗したテニスの試合に当てはめてみよう（「私のテニスの試合においては、何事も、すべてを駄目にしてしまった足首の怪我という観点から照らして見なければ意味をなさない」）。すべてを説明し、包括する、一つの因子は何だろうか？

それが、物語だ。

アップルにおいては、何事も、**イノベーションの**観点から照らして見なければ意味をなさない。これはアップルという会社の物語をかなりよく表している。それに、そう、「ブランド」も。なぜなら、物語とブランドは——そう、あなたの予想通り——全部おんなじ話だからだ。

僕の友人の、環境問題を専門とする弁護士は、気候変動に対する自分の取り組みについての文を思いついた。**カリフォルニアの気候変動**においては、何事も、**損失の**観点から照らして見なければ意味をなさない。ドブジャンスキー・テンプレートが、「損失」という一語の主題を生み出した。彼女は、この語が、自分がカリフォルニアの気候変動の状況について行ってきたすべての講演の核になっていることに気づいたのだ。彼女の講演はどれも、気候変動によって引き起こされる干ばつや山火事についてのものだった。だが、もっと広い観点から見た事実は、彼女の講演がすべて、損失（すなわち、気候変動によってカリフォルニア州が失っているもの、そして今後も失い続けていくであろうもの）についての話であったということだった。

このテンプレートを活用することができれば、どれだけあなたの力になるか、おわかりいただけるだろう。友人の例で言えば、彼女は講演の中で、自分のキーワードに何度も立ち返ることができる。「これらの例を見ながら、私たちがここで何について話し合っているのかというと、それは『損失』です。気候変動によって、近い将来に私たちが失ってしまうものについて、話しているのです」

このテンプレートを、あなたのお気に入りの、上質の映画を使って完成させてみてほしい。それが、深みと複雑さがある映画なら、そして、多くの観客に訴えかけた映画なら、空欄を埋められるはずだ。たとえば、僕にとっての劇映画の永遠の名作の一つは、「普通の人々」だ（作品賞を含む四部門で、アカデミー賞を受賞した）。この映画は力強いストーリーで、ドブジャンスキー・テンプレートにぴたりとはまる。「この家族のストーリーにおいては、何事も、息子の死という観点から照らして見なければば意味をなさない」。僕が伝えたいことがわかるだろう？　これが、一家に起きたすべての問題や不和を説明する因子だ。一家が息子の死に適切に向き合えなかったことが、終わりのない数々の問題の元になったのだ。

反対に、たくさんのお粗末で薄っぺらな映画が、より深い、統合的なこの要素の欠如によって、害を被っている。人々が映画館から出てきて、「何についての話なのかも、よくわからなかった」という時には、要するに、その映画でドブジャンスキー・テンプレートを埋めることができなかったということだ。

もし、あなたがこのテンプレートの空欄を埋めることができたら（ただし、いつでもできるわけではない）、その途端にすばらしい力が手に入る。これがあなたの「メッセージ」となり、意図の伝達にもっと効果的に取り組めるようになるのだ。「メッセージを伝える」とか「メッセージからそれない」というのは、まさにこういうことだ。核となるテーマを、複数の角度から取り上げるのだ。

これは、多くの役者たちが、台本を「噛み砕く」時に使うテクニックでもある。彼らはある場面の台本を読んで、そして自分自身に問いかける。このシーンの核となる一語は何だろうか？　信頼だろうか。愛だろうか。不実だろうか。裏切りだろうか。忠誠心だろうか。忍耐だろうか。

僕は、自分の映画「ドードーの群れ」の宣伝中に、このアプローチの基盤となる概念に引き合わされた。僕は、ＮＰＲ〔National Republic Radio：アメリカの公共ラジオ放送ネットワーク〕の番組「トーク・オブ・ザ・ネイション」のインタビューで、この映画について下手くそでまとまりのない話をしてしまった後、超凄腕のセールスマンである友人、ジェフ・ダウド〔映画監督、政治活動家〕と雑談をした（余談だが、彼は映画「ビッグ・リボウスキ」のモデルになった男だ。本当の話だ）。彼は、二〇〇四年にジヨン・ケリーの大統領選出馬活動で国家的政治活動に関わったことから、マス・コミュニケーションの経験があった。

彼は僕に、簡単な練習問題をやらせた。「お前の映画全体の核になっている、一つの言葉は何だ？」。僕は「進化」と答えた。彼は、駄目だと言った。「天地創造説」。駄目。「論争」。駄目。僕はこう言った。「いいよ、降参だ。核になる言葉は何だい？」。彼はこう言った。「核になる言葉は、真実だ。お前の映画の核になっているのは、何が真実なのか、誰が真実を支配しているのか、どうすれば真実をきちんと広められるのかを巡る奮闘だ」。彼は正しかった。僕が挙げた他の言葉は、どちらかというと浅くて力強さに欠けるものだった。「真実」には人間的要素があって、話をとても強力にしてくれる。本当は、これこそが僕の映画の「物語」だったのだ。

続いて、彼はこう話を継いだ。「さあ、お前はもう自分の物語がわかったし、メッセージを伝えるためにそれを使える。この先、インタビューでちゃんと話せなくなった時には、いつでもこれをあてにできる。こんなふうに言うんだ。『核心のところを言えば、この映画は、真実についての話なんです。誰が真実を支配するのか、どうすれば、私たちは真実がきちんと広まるようにできるのか……』」

これはうまくいった。この時から今に至るまで、僕は二度と、とりとめのない、こんがらがった、方向性のない話をインタビューでしたことはない。僕にはメッセージがあった。これが、「メッセージからそれない」ことについて話している時に言われることだ。これは全部、物語を知ることについての話だ。だが、他にも大事なことはある。

大事なこと——ドブジャンスキーの話の第二部

さて、基本のテンプレートがわかったら、今度は深く掘り下げていく番だ。ドブジャンスキーが言わなければならなかったことには、続きがある。一九七三年の論文で、彼は自身の考えを二つの部分に分けた。一つ目は、先ほどの短い引用文とほとんど同じものだ。

「進化の光に照らして見てみると、生物学はおそらく、知的な面でもっとも人を充足させ、奮い立たせる科学だ。」

だが、続いて第二の部分を付け足す。

「その光がなければ、生物学は雑多な事実の山となる——その中には、興味深いもの、あるいは珍しいものもあるが、意味のある全体像を描きはしないのだ。」

ここに、真のコミュニケーションの極意がある。ドブジャンスキーがこの二つの部分を使って言っていることを、よく見てみよう。前半部分では、進化を生物学の「物語」と規定している。後半部分では、物語を持っていないと何が起きるかを説明している。

ドブジャンスキーが、「その光」（つまり、物語）がなければすべてが失われてしまう、と言っているわけではないことに注目してほしい。手元にはまだ、たくさんの情報（雑多な事実の山）がある。さらに、その情報の中には、「興味深いもの、あるいは珍しいもの」もあるかもしれないのだ。突き詰めると、唯一の問題は、**物語がなければ、手元にあるものの総体が「意味のある全体像」を描かないということだ。**

このことは、あなたの語る物語の力学そのものを、たった一文で、かなりよく表している。後半部分の文は、テレビで見かける大部分の科学雑学番組の特徴を表している。そうした番組のほとんどは、わくわくするような情報が山ほど詰め込まれていて、情報の多くは間違いなく興味深いし、中には珍しいものもある。だが、結局のところ、そこにより深い物語はなく、それゆえ、一つの番組として見た時に、意味のある全体像は存在しない。最大級の、もっともわくわくするようなテレビシリーズの中にさえ、この深い物語をまったく持たないものがある。

さらに言えば、これこそ非常に多くの科学者たちが研究講演を行う時にはまってしまう罠なのである。彼らは、間違いなく面白い情報の山をまるごと示す。その中には、まったく不思議で珍しい話だってある。だが、講演が終わる時には、それらは雑多な事実の山になっているのだ。その講演は、紹介した事実が、より大きな全体像の中のどこに収まるのか、そして、「この物語を前に進める」ために、科学者たちが何をしているのか、はっきり示すことができていない。

情報が少ない世界でなら、それも構わなかった。一九七〇年代までは、このことは問題ではなかったのだ。僕は一九七〇年代に大学に行き始めた。当時、情報が多すぎることについて話している人はいなかった。総合大学は、情報の乏しい砂漠の中にある、知識のオアシスのようだった。情報の宝庫を見つけに行くための「光の目印」だったのだ。だが、情報の潮流が急に逆転した一九八〇年代にすべてが変わった。

今日、僕らの社会は情報にあふれている。ほとんどの人々の脳裏には、小さなつぶやき声が絶えず流れていて、何かを知らされる度にこんなことをささやく。「どうしてこんなことを知らなきゃならないんだ？」。ドブジャンスキー・テンプレートは、その疑問に答えるのに役立つツールだ。たとえば、こんなふうに。

「私はこれから、あなたに進化のしくみについて教えます。そして、あなたはこのことを知る必要があります。なぜなら、生物学においては、何事も、進化の観点から照らして見なければ意味をなさないからです」

「私はこれから、あなたにこの疾患のことを教えます。なぜなら、あなたの人生において起きていることは、何事も、この疾患の観点から照らして見ないことには理解できないからです」

これが、真に強力なコミュニケーションへの道筋だ。物語を探せば、すべてにつながる鍵が見つかる。

自分の物語の主題

僕たちがここで一般的な用語を使って話しているのは、文学や創作（そう、どっちも全部おんなじだ）の世界では「主題」と呼ばれているものについてのことだ。ターケルの本『よい戦争』の内容の中で、僕が強調した点を覚えているだろうか？　第二次世界大戦を生き抜いたアメリカ人の多くが、戦時中を、自分たちの人生でもっとも意義深い時期だったと認識していたことを？　この人たちについては、こんな形でドブジャンスキー・テンプレートを埋めることができるのではないだろうか。「彼らの人生においては、何事も、第二次世界大戦中に彼らが体験したことの観点から照らして見なければ意味をなさない」。これが、彼らの人生の主題になったのだ。

文章の書き方を教える最良の教師たちは、理解しやすい文章を書くことは、主題を持つことから始まる、と教える。彼らはこう尋ねる。「あなたは、ここで何を言おうとしているのでしょうか?」。この質問は、僕がワークショップを重ねるうちに、自分が参加者たちに何度も繰り返し尋ねていたことに気づいたものだ。僕は参加者にこう説明している。他のワークショップ講師や僕が、あなたの言いたいことを知れば、僕らはそれをもっとうまく言うのを手伝える。しかし、もしあなたが自分で言いたいことをわかっていなければ、手伝うのは難しい。参加者たちは本当にすごくて、面白くて、楽しい話を持っていることが多い。だが……彼らはそれが何を意味しているのか、あるいは、何らかの実質的な面から見てどんな有用性を持つのか、ちゃんとわかっていない。それは構わない。話が、本来なりうる程度にまでは意味を持っていない、というだけのことだ。

あなたのストーリーに合ったドブジャンスキー・テンプレートを完成させるような、簡潔な答えがない場合もあるかもしれない。だが、考えをある程度巡らせてみないことには、本当に答えがないのかどうかわからない。また、あなたが考えついた言葉がより「人間的」であるほど、メッセージはよりドラマティックに、それゆえ、より強力になりうるということも、覚えておいてほしい。僕の進化の映画の例でいうと、僕が挙げた「進化」、「天地創造説」、「論争」という言葉は、どれも主として情報を伝える用語だった。しかし、「真実」は人間性の核心を突く答えだ。この言葉は、スーパーマン的な話の題材になるのだ（「真実、正義、そしてアメリカのやり方だ!」）。

自分に起きた出来事だからといって、それが興味深い話とは限らない

「どうしてこんなことを知らなきゃいけないんだ?」という、根本的な疑問に戻ろう。意地悪な質

問だが、それに対する答えを用意しておくことが、より良いコミュニケーションにつながる。僕のコネクション・ワークショップで一緒に講師を務めているドリー・バートンは、出来の悪い映画の脚本を読むとよくこう言っている。「自分に起きた出来事だからといって、それが興味深い話だとは限らない」。恐ろしい台詞だが、実のところ、頭の片隅に置いておく価値のある言葉だ。

もしかすると、あなたは車五台の玉突き事故から無傷で生還して、しかも、あなた以外の四台の車の運転手たちが皆、ロックバンドのメンバーだったという出来事に遭遇したことがあるかもしれない。これはある種、愉快な話だし、一言、二言、そのことについて聞かせてもらうのは楽しいかもしれない。だが、あなたがしばらく話し続けて、どんどん細かいところまで説明をしていくと、「どうしてこんなことを知らなきゃならないんだ？」という質問がぴったり当てはまる状況になってしまう。誰かがあなたにこう言うはずだ。「わかったよ。それはほんとになかなかないような話だし、そんなことが君に実際に起こったなんて、すごいな。だけどさ、ちょっとだけ愉快な話だっていうのはいいとして、どうして僕がそれに興味を持つっていうんだ？　その話、もっと大きな問題とどんな関係があるんだ？　結局のところ、意味のある全体像を描くのにどう役立つんだ？」

とどのつまり、人は基本的に、この出来事があなたに起こったという事実にはあまり興味がないのだ。もし、あなたが自分の話だけで時間を使い尽くしてしまいそうになったら、僕たちはその話に、もう少し深い意義や意味合いを求めることになる。雑多な事実の羅列を超えた、もっと大きな物語は何だ？

なぜ、私たちが君の申請書のことなどを気にしなければならないのか？

この質問は、ドブジャンスキー・テンプレートと、科学におけるあなたのキャリアの真の関連を指し示すものだ。関連があるのは、研究費の申請書を書く時だ。僕は、不採択になった申請書へのフィードバックを米国科学財団の研究プログラム担当者に求める時、この恐ろしい返答を聞かされるのがいつも嫌だった。彼らはよくこんなことを言ったのだ。「どうして、私たちがナマコの変態のことなどを気にしなければならないのですか？」

僕は電話越しに奴らを叩きのめしてやりたかった。そして、たいてい意固地になって、愚かにも彼らに演説をぶった（「世界はナマコの変態のことを知るべきなんですよ！」）。それは、物事を知識という観点からしか見ていない、知識についての話にすぎない演説で、彼らの質問の答えにはまったくなっていなかった。僕は、研究費の申請書を書くのがとんでもなく下手だった。科学のキャリアを離れる上で一番ほっとしたことの一つが、この先、決して、「どうして、私たちが気にしなければならないのですか？」という、あの恐ろしい質問を聞かされずに済むことだった。だが……。

一年かそこらの間は、確かにこの質問を聞かされずに済んだ。だが、気づくと、ハリウッドのプロデューサーたちに自分の映画のアイディアを売り込みに行っていた。彼らが何を言ってきたかというと……。「どうして、私たちがサンゴ礁を研究している海洋生物学者たちのことなんかを気にしなければいけないんだ？」。正真正銘、僕は彼らのこともぶちのめしてやりたくなった。でも、この質問にとうとう僕がきちんと耳を傾けるようになったのは、そして、その質問の意味をつかみ始めたのは、この時だったと思う。

研究費の助成を行う機関は、重要な研究に資金を提供したがっている。重要な研究の定義とは、その研究が、ある話題の「物語を前進させる」ことができる可能性を持っているということだ。ドブジャンスキー・テンプレートの空欄を埋めることが、あなたに、自分の研究を文脈の中に当てはめるための素材を与え、助成の根拠となる事例を作ってくれる。もし、あなたが助成機関に「ミトコンドリアの遺伝学においては、何事も、私が現在行っている（　　）の研究の観点から照らして見なければ、意味をなさないのです」と伝えることができれば、おそらく、相手の関心を引くことができるだろう。

ビッグデータとれんが工場

僕たちがいま溺れている情報の海のことを考えると、今日、自分の物語を知ることはかつてないほど重要になっている。だが、実は、科学者たちはこの問題についてもう数十年も考え続けてきたのだ。一九六三年に『サイエンス』誌は、簡潔で、書かれている言葉よりもずっと深い意味を秘めた、ほとんど画期的と言っていい短いエッセイを掲載した。「れんが工場のカオス」という題のその論文は、メイヨー・クリニックの医学研究者、バーナード・K・フォーシャーによるものだった。わずか一ページ、しかし読むとすっかり引き込まれてしまう理由の一つは、今では『サイエンス』がこんなふうに完全に裏の意味が込められた文章を載せそうにないからかもしれない。

この文章は、昔ながらのスタイルでこのように始まる。「昔々、人間の活動と職業の中に、科学研究と呼ばれる活動があり、この活動を行う者は科学者と呼ばれていた。しかし、実際には、彼らは巨大建造物の建設作業員たちなのだった。その建造物は、説明、あるいは法則と呼ばれていて、彼らはそれを、れんがを組み立てることで建設していた。そのれんがは、事実と呼ばれていた」

このストーリーは、これから詳しく見ていくＡＢＴテンプレートを使うことで、単純な構造へと分解できる。ストーリーは、れんががどのように作られるか、そして、建造物がどのように作られるかについての話だ。しかし、建設作業員たちはれんがを作ることに取り憑かれてしまい、必要数には気を配らずに、過剰な数を作るようになってしまう。エッセイはさらに続き、このようなことが語られる。「そのため、地上がれんがで溢れることになってしまった。**したがって**、もっともっとたくさんの保管場所を整えることが必要となった。その保管場所は、学術雑誌と呼ばれた……」

このストーリーが何に行き着くか、おわかりだろう。題名にある「れんが工場のカオス」だ。れんが（つまり、科学的な事実）が過剰になってしまったため、建設作業員たちは、もはや山積みのれんがの中から必要な種類のものを探し出すことができなくなってしまい、したがって大混乱が起きてしまう。最後の行はこうなっている。「そして、何よりも悲しいことに、時には、れんがの山と本物の建造物を区別しておく努力さえもされないことがあった」

フォーシャーの言わんとしたことが伝わるだろうか。科学が巨大化すると、研究を行う人々は大きな目標（あるいは、物語）を見失い、ついには、ただ事実を収集するだけで自己満足してしまうようになる。これこそが、ドブジャンスキーが言っていたことなのだ。雑多な事実の山を集め、その中には、興味深いもの、あるいは珍しいものもたくさんあるが、結局のところ、意味のある全体像を描くことに失敗している。

ジャーナリストのデイヴィッド・ワインバーガーは、この話と現在の世界の関連性を、二〇一二年に『ジ・アトランティック』に寄せた記事、「知っているが理解していないということ――科学とビッグデータについてデイヴィッド・ワインバーガーが語る」で伝えている。彼は、この記事を「れんが工場のカオス」のエッセイの引用から始め、続いてこう言う。「一九六三年に科学が大混乱のれんが工場のように見えていたのであれば、もし、フォーシャー博士が［今日の］地球規模生物多様性情報機構を見せられていたら、彼はへたり込み、泣き叫んでいたことだろう」。

ここまでの話全体の肝心なところは、科学は一九六〇年代にはメルトダウンを起こしてはいなかったということだ。科学はちゃんと、れんが工場のカオスから生き延びた。同じように、科学は今日、危機に直面してはいない。だがそれでも、不要なごみを見るのは痛ましいことだ。それは、情報が明確な目的なしに収集される時に起こる。ドブジャンスキー・テンプレートの空欄を埋めることは、このような無駄を減らすのに役立つだろう。

さあ、次は、物語の構造のより深いレベルへと進む時間だ。

7
文 W S P ――ABTテンプレート

「ABTは、ストーリーのDNAだ。」

――パーク・ハウエル（作家）

もし、この本に心と魂があるとすれば、これがそうだ。僕はこの章で、あなたのストーリーを一つの文に要約するテンプレートを提示する。これは、ギルガメッシュと同じくらい長い歴史を持ち、DNAと同じくらい必須のテンプレートだ。

エレベーター・ピッチ

なじみ深いところから話を始めよう。もし、あなたがここ数年の間に、何らかのコミュニケーション・ワークショップ、あるいは情報伝達のトレーニングを受けたことがあるとしたら、おそらく、「エレベーター・ピッチ」〔エレベーターでの売り込み〕と呼ばれるものについて聞いたことがあるのではないだろうか。これはどういう概念かというと、エレベーターに乗っていて、そこに誰か重要人物が乗ってきて、その人があなたのやっていることについて尋ね、あなたはエレベーターが数階分移動するだけの時間内に、自分のプロジェクト全体を、簡潔で、かつ相手を惹きつける形で説明するというものだ。

これを効果的にやる方法について、現時点で蓄積されている知識の量はおよそこんなものだ。「あまり多くない」。このコメントを裏付ける証拠として、三つの情報源を挙げさせてほしい。まず、僕が「エレベーター・ピッチ」をインターネットで検索した時、最初に出てきたリンクは、起業家ノア・パーソンズの記事「完璧なエレベーター・ピッチの七つの重要要素」だった。これについては、この後でコメントする。二番目に僕が見つけたのは、ダニエル・ピンクによる二〇一二年のベストセラー、『伝えるのは人間である』だった。この本には「エレベーター・ピッチ」と題した章があり、ピンクはその中で、エレベーター・ピッチを作り出すための六つのアプローチを紹介している。続いて、クリス・オレアリーの『エレベーター・ピッチの重要事項――自分の要点を二分以内で理解してもらう方法』という本にたどり着いた。彼は、エレベーター・ピッチを作る過程を九つの要素に分解している。

さて、僕はどうして、知識の蓄積がまだ充分ではないなどと言ったのだろうか？　何が問題なのだろうか？　それは、助言を六つ、七つ、あるいは九つ並べたリストと、たった一つの重要なメッセージの間の違いだ。必要なのは、良いエレベーター・ピッチにつながる単独のメッセージなのだ。

核となるメッセージを伝えることは、物語の中のリーダーシップ的要素の一部だ。やるべきことの一覧を渡すほうが、「大事なことはこれだ」とひとこと言うよりも簡単だ。これは、以前に挙げた「もっと短い手紙を書きたかったのに、時間が足りなかった」という話につながる。

さっき僕が挙げた三つのエレベーター・ピッチの助言リストのどれにも、核となるメッセージはない。これらのリストは、要するにばらばらの要素の集まりだ。単独の普遍的なツールのほうが、ずっと強力なのだ。特に、もしそのツールがあなたに物語の構造を与えてくれるだけでなく、あなたを物語的な思考の方向へと導いてくれるとしたら。結局のところ、これが人々の関心を引き留めておく上での、もっとも本質的な側面なのだ。物事を煮詰めて一つの重要な要素に落とし込むのは、簡単なことではないが、僕はこの節で、あなたにそれができるようにしようとしている。たった一つのツールを与えることで。

真面目なことを言うと、オレアリーは自分の本を「九つのC」の章に分けている。その九つとは、簡潔（concise）、明確（clear）、心をつかむ（compelling）、信頼できる（credible）、コンセプトがある（conceptual）、具体的（concrete）、一貫性がある（consistent）、場面や聞き手に合わせてある（customized）、会話的である（conversational）だ。だが、彼は一〇個目のCを忘れている。それは、自分の話が複雑である（complicated）ことだ。

これは本当に、ストーリーのＤＮＡだ

この本の中で、たった一つだけ得ていってほしい知識があるとすれば、それはＡＢＴだ。物語のためのテンプレートで、これに敵うものはない。これは「ランディ・オルソンが使うストーリー構成法」ではない。皆が使える方法だ。このテンプレートの起源は、ヘーゲル、そしてアリストテレスにまで直接遡る。彼らにつながる道はたった一つだ。

科学者として、あなたはＡＢＴテンプレートを複数のやり方で使うことができる。まずは、自分の研究プログラムを、簡潔で訴求力のある形で説明するところから始まる。もし、ＡＢＴを使って、たった一文〔日本語では数文〕の自分の研究プログラムの研究発表を作れば、あなたは（a）誰も退屈させはしないし、（b）誰も混乱させはしないし、（c）脳内の、物語を司る部分を活性化させられるようになる（ハッソンの神経映画学研究を思い出してみよう。ヒッチコック的なことをある程度までやるようになるのだ）。真のコミュニケーションの原動力となるのは、この（c）の要素だ。ＡＢＴは、脳内の物語を司る部分を活性化する。

ＡＢＴ――普遍的な物語テンプレート

ＡＢＴは、古くもあり、新しくもある。その単純さから、ほとんどの人々は、ＡＢＴは自分が小学校で習ったようなことではないかと感じる。ＡＢＴには親しみやすさがある。それは、学び始める上

で有利に働き、良いことだ。ただ、僕が知る限り、それをこれまでに公式化した人はいなかった。僕は、二〇一一年の秋にABTテンプレートをまとめ上げた時に、既存のものがないか、かなり入念に調査した。何も見つからなかった。似ているものはたくさん見つかったが、ABTはなかった。

ABTテンプレートは、この本の最初のところで話した、基本の三幕構成に合致する。ストーリーには三つの部分がある。すなわち、始まり、真ん中、そして終わりだ。典型的なストーリーは、解説部と呼ばれるものから始まる。この部分では、いくつかの事実を提示する。要するに、物語の準備だ。背景となる事実をつなぎ合わせるためにもっとも広く使われている、もっとも簡潔な言葉は、並列の接続詞「そして」だ。

そういうわけで、「そして」でつながれたいくつかの事実から、話を始めることになる。こうして、ストーリーが動き出し（ストーリーは、何かが起きた時に始まる）、そして、僕たちが物語の真ん中部分に足を踏み入れる時が訪れる。ここが、「しかし」の出番だ。「しかし」は、逆接の接続詞で、物語の流れに方向転換を起こす。そう、最初にいくつかの事実を並べ、続いて突然、「しかし……」と言って話の方向を変えるのだ。この方向転換が、問題を打ち立て、緊張感や対立の源を築き上げ、そして急速に、物語の聞き手の脳は輝く。僕たちはストーリーを語っていく。たとえば、殺人ミステリーなら、こう言うことができるだろう。「小さな街があり、そして、そこには幸せな家族がいた。**しかし**ある時、家族の父親が、家のベランダの軒下で死んでいるのが見つかった……」。

この「しかし」という言葉は、しばしば「事件の誘発」と呼ばれるものを導入するはたらきを持つ。事件の誘発とは、ストーリーの始まるところであり、以前説明した「普通の世界」から「特別な世界」に移行するところだ。この時点で、僕たちはもう物語の世界に足を踏み入れていて、脳の違った部分が活性化している。

この問題（父親が死んでいる）を提起しさえすれば、その答えを探す旅に出たくなる。問題は疑問（誰がやったんだ？）を示すのだ。その旅へは、順接の接続詞「したがって」を使って出発する。さあ、ストーリーの準備は整った。

あるいは、ABTを使って一つのストーリーをまるごと作ることもできる。「ある村に幾人かの人々が住んでいました。**そして**、彼らは、近くにいるドラゴンの恐怖に怯えながらその暮らしを送っていました。**しかし**、ある日、一人の騎士がそのドラゴンを倒しました。**したがって**、村の人々はそれからずっと、幸せに暮らしたのでした」

ABTはとても柔軟性がある。ABTは普遍的だ。ABTは、あなたを簡潔で訴求力のある語り方へと導いてくれる。そして、ストーリーを動かし続けてくれる。これは非常に重要なことだ。

物語を前に進める

初めてABTを紹介し始めた時、僕は聴衆と一緒に、ある初期実験をした。プレゼンテーションの始まりのところで、僕のワークショップで講師を務めるドリー・バートン、ブライアン・パレルモ、そして僕が、エドワード・ホッパー[13]の油絵を載せたスライドを映し、参加者に呼びかけて、絵の中に何が見えるか説明してくれる有志の人々を募った。その脇では、人々がその説明にかけた時間を仲間

13　二〇世紀のアメリカで活躍した画家。都市や郊外の光景を切り取り、写実的に描く画風で、現在も人気がある。

が計った。人々は、絵に目を向けながら見たものを挙げるのに、平均して三〇秒未満の時間しかかけなかった。ただ、彼らは、どこまで挙げ続けたらいいか決めかねて困っていた。

プレゼンテーションの後の方では、ＡＢＴの説明をした後に同じ絵を映し、別の有志の人々を三人集めて、ＡＢＴを使ってその絵を説明するよう頼んだ。彼らはすぐに説明を始め、「そして」を使って結びつけた、二、三の観察内容を挙げて、話の背景を作った。おわかりかもしれないが、続いて「しかし」という語に進む必要があったので、そうした。その部分を言ってすぐ、「したがって」の部分に進みたくなっただろう。話を終えるまでの平均時間は、わずか一三秒だった。

これが「物語を前に進める」という話し方だ。聴衆は、これを心底から求めている。彼らは、あなたに同じ点を何度も何度も繰り返してほしくはないと思っている。問題提起の里程標（マイルストーン）に向かって話を動かし続け、問題解決の方向へ進んでほしいと思っているのだ。これを行うきっかけを、ＡＢＴはあなたに与えてくれる。

後の方で出てきた有志の人々について言うと、それぞれの説明は素早く、簡潔に、自信を持って行われた。彼らはこんなふうに話をした。「室内に三人の人がいます。**そして**、窓から射す日の光から、夕方の時間帯だということがわかります。**しかし**、真ん中にいる女性は、座っている男性を問いただしているようです。**したがって**、この光景は尋問のように見えるのです」。彼らは、こう油絵のストーリーを語った。とてもシンプルに、とても簡潔に、とても素早く。こういうものが、ＡＢＴの力なのだ。

退屈の国——ＡＡＡ構造

では、「しかし」という言葉に進まなかったらどうだろうか？　これは、現実世界で日々起きていることだ。人々は、クライマックスや結論といったようなものには決してたどり着かない、ただひたすら続いていく「ストーリー」を語る。その時、聴き手は飽きているのに。

僕がこのことを最初に意識したのは、『こんな科学者になるな』の出版後、アトランタにある米国疾病予防管理センター（ＣＤＣ）に招待された時だ。訪問の準備をする中で、僕はセンターの広報部門の人たち何人かと話をした。その一人が、僕に、科学者と話し合いをする時のフラストレーションを話してくれた。彼女はこう言っていた。「科学者の人たちにこう聞きますよね。『一般の方に向けてどんなことを伝えてほしいですか？』。すると、彼らはこう言うんです。『ＣＤＣのストーリーを伝えてほしいです』。それで、こう返します。『いいですよ。では、ＣＤＣのストーリーとは、一言で言うと何ですか？』。彼らはこう答えます。『それはまあ、ほら、私たちがここで治療しているいろんな病気とか、それから、私たちが開発しているいろんな薬とか、それから、私たちが受賞したいろんな賞とかのことですよね』。それを聞いて、こう言うんです。『それは全部素晴らしいことなんですが、でも、それはストーリーではなくて……ただの事実の羅列です』。ストーリーは、何かが起きた時に始まるんです」

この経験則は、すべての基本となる、とても重要なものだ。何かが起きるまでは、ストーリーは本当には語られていない。僕は、ある州の公衆衛生士の会合で行われた「ストーリーテリングワークシヨップ」を目撃したことがある。そこでは、ワークショップの講師たちが、それぞれの参加者にまずこう尋ねていた。「あなたのプログラムのストーリーは何ですか？」。どの返事も、こんな内容だった。「ええと、私たちはここに拠点を置いていて、そしてこういうことをして、そしてこういうことをして、そして何年間活動していて、そして……」。これは、ストーリーではない。ワークショップの講師たちがこの参加者たちの話を止めて、このことを指摘していれば良かったのだが、彼らはそうはしなかった。なぜなら、その後すぐに明らかになったのだが、この講師たちは、ストーリーとは何なのか、ちゃんとわかっていなかったからだ。

これと似ていて、そしてあまりによく起きる現象はこれだ。科学者たちが聴衆の前に立って、次から次へとグラフを見せながら、さっきと同じことを繰り返す。「これが摂食率のグラフで、そしてこれが消化率のグラフで、そしてこれが食餌量のグラフで、そして……」。彼らはこんなふうに言っているが、やっていることは、ただ雑多な事実の山を並べるだけだ（ドブジャンスキーが、そうしないようにと警告した行動だ）。

この「そして（And）、そして（And）、そして（And）」の構造を「ＡＡＡ」と名付けよう。これは非物語的だ。語られるストーリーはなく、単なる事実の提示があるだけだ。誓って言うが、この構造の話は退屈になる。退屈になることは、コミュニケーションがとりうる、二つの最悪の形の一つだ（もう一つは、混乱を招くこと。これについては、後で簡単に見ていく）。

ハッソンの神経映画学の実験でいうと、公園を歩いている人々を映した、物語性のない映像は、こんなふうに説明できそうだ。「人々が歩いていています。**そして**、犬を連れている人もいます。**そして**、一人ぼっちの人もいます。**そして**、太陽が輝いていています。**そして**、木もあります。**そして**、……」。

これがＡＡＡ構造だ。そして、これは退屈だ。ｆＭＲＩが、この映像を見た人の脳の活性をほんの少ししか示さなかったのは、そういうわけだ。

　ヒッチコックの映画から抜き出してきた物語的な映像は、こんなふうになるだろう。「室内に四人の男性がいる。**そして**、彼らは落ち着いているように見える。**しかし**、その中の一人が銃を抜く。**したがって**、誰かが撃たれることになる」。これがＡＢＴだ。そして、これは興味を引く。

　両者の境界は単純に見えるかもしれないが、騙されてはいけない。その違いは、コミュニケーションの中で起きる違いと同じくらい、重大なものなのだ。ＡＢＴをストーリーのＤＮＡと呼ぶのが理にかなっているのは、こういうわけだ。物語の構造を煮詰めて、塩基配列とアミノ酸コーディングのレベルにまで落とし込むようなものだ。

ＡＢＴを記した原典

　ＡＢＴはどこに起源を持つのだろうか？　僕が第2部でギルガメッシュ、そしてアリストテレス、劇の五つの要素、一八〇〇年代初期のヘーゲル（正、反、合の三つ組構造を公式化した人）について話したことを、あなたは覚えているだろうか？　これらは基本だが、他にもまだまだある。

　ひとたび三つ組構造を吸収して、辺りを見渡し始めてみると、この構造がどこにでもあることに気づくはずだ。僕が実業界の人々とやっているワークショップでは、参加者たちが、ケーススタディのために使っているテンプレートの話をしてくれる。彼らは、自分たちのストーリーを「状況、困難、解決策」に分解する。これは、バーバラ・ミントが、彼女の「ミント・ピラミッドの原則」で開発したものだ。

このピラミッドも、ＡＢＴと同じ三つ組構造だ。状況（こういうことがあって、**そして**、こういうことがあって……）、困難（**しかし**、この点で問題が起きて……）、解決策（**したがって**、私たちはその問題を、このように解決したのです）。唯一の違いは、「そして」、「しかし」、「したがって」のほうが、より短く、簡潔な言葉だということだ。三つのうち二つ（「そして」と「しかし」）は、一日の中で何百回、何千回も耳にする言葉で、ほとんど気にも留まらないほどになっている。「したがって」はちょっと仰々しくて、普段は別の言葉で置き換えられることも多い。しかし、この構造に慣れていく上ではうまくはたらく。なぜなら、「したがって」という言葉には、建設的で、次を予感させる雰囲気があるからだ（皮肉に聞こえてしまう可能性がある「だから?」よりもずっと良い）。

ＡＢＴはいたるところに顔を出す。二〇世紀後半に活躍した、叙事詩の偉大な研究者の一人、アルバート・ベイツ・ロードは、「退避（Withdrawal）、破壊（Devastation）、帰還（Return）」（彼は「ＷＤＲ」と呼んでいた）という、独自の三部形式の物語構造を考案した。ロードは、このパターンの物語構造が、『イーリアス』の中に少なくとも七回出てくるのを確認したと主張していた。

ＡＢＴは頑強性があって汎用的だが、その要素は本当に「サウスパーク」の製作者たちから始まったものなのか？　いいや。インタビューで、パーカーとストーンの二人は、「サウスパーク」を何シーズン分も一緒に書き続けた中で、自分たちの「置き換えの法則」を考え出したのだということを言っていた。では、その法則は彼らを起源として生まれたのか？　そうではなさそうだ。

僕は、本質的にＡＢＴの枠組みを作り出した人物を見つけ出したと思う。それは、伝説的な脚本執筆講師、フランク・ダニエルだ。多くの専門家の意見では、彼は脚本の執筆のしかたを教える史上最高の指導者だった。彼は、一九六〇年代にチェコスロヴァキアからアメリカに移住し、コロンビア大学に脚本執筆の教育プログラムを設立し、サンダンス・インスティテュート〔映像作家を支援する非営利団体〕の芸術監督を一〇年にわたって務め、そして、南カリフォルニア大学で脚本執筆を指導した。僕はこの大学で、幸運にも彼の台本分析の講座を受講することができた。彼が亡くなる前年の、一九九五年のことだった。

ダニエルは驚くほど素晴らしかった。独自の「シークエンス・パラダイム」を使って、シナリオの構造力学を見つけ出した先駆者だった。南カリフォルニア大学では、講師たちがこのパラダイムを僕たちに教えていた。彼の追悼式では、優れた教え子の一人、カルト的人気を誇る映画監督のデイヴィッド・リンチが、弔辞を述べた。インタビューの中で、リンチは彼について「映画製作の技法を彼ほど理解していた人はいない」と話している。

では、ここに、僕がＡＢＴの「原典」（源泉となった文書）だと考えるものを載せる。ダニエルが一九八六年に行ったスピーチの書き起こしの中に、以下のような文章がある。

「単調さは、初稿に見られる問題です。…（中略）…単調さにはいくつかの理由があります。多くの場合、第一の理由となっているのは、場面が禁じ手のパターンをたどってしまっているという事実です。そのパターンとは、それから、それから、それから、というものです。このような場合、あなたの話は途端に単調になります。劇的なストーリーの場合は、普通、場面をつなぐパターンが、「それから」、「しかし」、「したがって」となり、「その間に」という絶頂部に向かっていきます。

もし、各部の間にこの「しかし」と「したがって」の接続がなければ、ストーリーは直線的に、一本調子になります。（中略）日記や年代記はこの形で書かれますが、台本はそうではありません。」

それでは、ドブジャンスキーの言葉に対して行ったのと同じように、この二つの段落からなる文章を、そこに含まれている全知識へと分解していこう。

単調さ

最初の段落で、ダニエルは悪い科学講演が抱える問題の根源を正確に指摘している。それは、すでに論じたＡＡＡ構造だ。とりとめのない話をどんどん続けてしまうのは、講演をする科学者に典型的な状況だ。このような結果になるのは、要するに、題材を具体化するのを拒んだため、あるいは具体化するのに失敗したためだ。ダニエルが言うように、これは初稿段階の形式なのだ。

基本的な疑問について考えてみよう。効果的なコミュニケーションのための負担を受け入れることになるのは誰だろうか？　示された全部のデータについて考え抜いて、それを、あなたの頭の中にある何らかのストーリーの形に変えなくてはならないのは、あなただろうか、聴衆だろうか。

この負担を聴衆に引き受けさせるというアプローチは、科学を提示するのにまさに理想的な方法に感じられる。純粋で、人間の観点による影響を受けないアプローチだ。聴衆に判断してもらうために、データは単に並べるだけにして、提示した事実から相手が自然と何かを感じ取ってくれるのに任せる。このアプローチは、良い、誠実な、「帰納主義者的」なもののように感じられる。しかし、これは、科学の実際のあり方とは違っているだけでなく、まったくもって危険なアプローチでさえある。文脈を欠く形で情報が提示されると、聞き手に巨大な負担をかけるだけでなく、人々が研究を誤って解釈するというリスクにもなるのだ。

その代わりとなるのは、科学者が、効果的なコミュニケーションの負担を引き受けるアプローチだ。つまり、科学者が、考え、草稿を作り、試し読みをし、資料を磨いて整えるのに何時間もの時間を費やし、最終的に、聴衆の脳内にある丸い穴（比喩的な表現だ）にすぽっとはまるような、発表という滑らかな丸い円筒を作り上げるというものだ。

その結果、より整った形で（理想的には、ＡＢＴを使って）情報提示が行われる。その発表には、一、三枚のグラフが使われ（「このこと、**そして**、このことを示すデータがこちらです……」）、続いて、その矛盾を描き出すグラフが示され（「**しかし**、このデータを見ると、予想されていたこととは非常に違ったものが見られます」）、新たな業績の提示につながる（「**したがって**、私は以下のデータを集め始めたのです」）。このバージョンによる情報の流れの構築法は、聴衆の頭の中の物語機能を活性化させて、より良いコミュニケーションの利点として知られているものをすべてもたらしてくれる。

唯一の難点は、話し手の側に、ずっとたくさんの努力が必要だということだ。この見通しが、「自分を正しく理解してもらうことが、どれだけ重要なのだろうか？」という疑問を呼び起こす。第10章では、僕と一緒に活動する中でこのような時間と労力を投じようとしてくれた、二つの科学者グループについて話す。その結果は素晴らしいものだった。だがそれには、彼らがそれまでにかけたこともないほどの時間をコミュニケーションに投じるという負担が伴った。それが必要な対価だったのだ。

ＡＡＡ——何かが悪いというわけではないが

ＡＡＡ構造に何か本質的な間違いがあるというつもりは一切ない。僕は、自分の講演でいつもこの点を早い段階で指摘しておく。なぜならたいてい、聴衆の顔の海を見渡すと、すっかり怯えて隣の友達にひそひそと話しかけている大学院生を大勢目にすることになるからだ。「うわあ、どうしよう。私が明日やることになってる発表、完璧に『そして、そして、そして』になってるのに気づいちゃった。今夜のパーティー、行くのやめとく。発表の原稿、書き直さなきゃ」

真面目な話、僕はこの言葉を、会合や学会の場でいつも耳にするのだ。僕が基調講演をした後のレセプションパーティーで、学生たちが僕のところに来てこう言う。「僕が準備を終えて、あとは話すだけにしていた発表を、あなたはぶち壊してくれましたね。ありがたい話ですよ！」。だが、これは良いことでしかないし、話しかけてきた学生自身も、書き直しになってしまったことについて笑っている。なぜなら、正直なところ、僕たちは皆、簡潔で相手を引き込む、良い発表をしたいからだ。

しかし、繰り返しになるが、データが正確である限り、ＡＡＡ式の発表に悪いことはない。ほとんどの場合、ＡＡＡはまったく適切な構造だ。もしかすると少し退屈かもしれないが、事は足りる。ここで本当に論じたいことはただ一つ、この「事は足りる」という段階を超えるための努力だ。つまり、そこから「面白い」という段階まで到達してほしいのだ。

一方で、ＡＡＡ形式には別の潜在的な問題もある。それは、単なる退屈さ以上のものだ。人々が、あなたの話していることを、あなたがこう見てほしいと思っているのとは違った形で見るリスクがある。なぜなら、ここでも同じ話になるが、本当のコミュニケーションとは「提示した事実がおのずから何かを語るのに任せる」というほど単純なことではないからだ。

「真実は、自分の足で歩くことができない」。これは、カルリン・キャンベルが、共著書『修辞技法』の中で言っていることだ。「真実は、人々によって、別の人々のところに運ばれていかなければならない。言語、議論、訴えによって、説明され、弁護され、広められなければならない」。これが、多くの科学者の苛立ちの源なのだが、これが現実というものだ。

「仮説演繹的」対「帰納的」

理想を言うと、良い科学を行う中では、帰納的手法よりも、科学の仮説演繹的手法を使っていることが望ましい。帰納的なアプローチは、白紙の状態で自然の中へ歩き出すことを前提としている。つまり、頭の中にはどんな先入観も事前のストーリーも絶対に持たない状態だ。データを集め、事実を得てから、興味深いパターンを探すのだ。

帰納主義は、理論的には素晴らしく感じられるが、ほとんど実現することはない。なぜなら、僕たちは無駄の多いことはしたくないからだ。科学的手法は、ほとんどの人々が考えているほど機械的ではない。その様子について、数えきれないほどのエッセイが書かれている。実を言うと、一九九二年に、ヘンリー・H・バウアーが、そのことを題材にまるまる一冊の本『科学リテラシーと科学界の俗説』を書いている。

取り上げられているのは、こんな状況だ。もし、鳥たちがある木の片側だけに止まっているのが、食物または温度のせいだと信じる理由があなたにあるなら、木の枝の放射能レベルを測定したり、地面のカリウム濃度を測定したり、その他、数え切れないほどの無関係な変数を調べて、多大な時間と資源を無駄にする理由はない。ある時点で、自分が測定する少数のことを決める上での何かしらの判断をしなければならない。

これが意味することはこうだ。大部分の科学者が、自分たちが仮説演繹的アプローチを使う傾向があることを認めている。このアプローチでは、最初から、効率のために、機械的な度合いが低い戦略も使っていくことを受け入れる。まず初めに、自分が見ているパターンの原因となっているかもしれない、潜在的な仮説をすべて考え抜こうとする。そしてすぐに、推論を通じて、実施するのは時間の無駄になるかもしれないと思う仮説を却下するのだ。

この仮説演繹的アプローチは、物語的だ。ＡＢＴと同じなのだ。このアプローチをとっている時、あなたは、自分の頭蓋骨の中にある、高度な作業を行うには不完全なプログラムをもちながらも、物事を関係者全員にとってより効率的で生産的な形にしてくれる、あの器官を使っている。そう、科学的手法は、帰納的、あるいはＡＡＡ的な過程ではなく、むしろ、ＡＢＴ、あるいは仮説演繹的な反応に近いのだ。

これで、僕たちの考えがふたたびＡＢＴのもとに戻ってくる。ＡＢＴは、大勢の人々に向けて語りかける時にもっとも効果を発揮する、大昔からある論理構造だ。その強力さは天井知らずだ。ＡＢＴの効果について、もしあなたが何か疑いをもっているなら、これから、効果を立証してくれる二人の歴史上の重要人物に、恐れ多くも説明を委ねようと思う。

ＡＢＴファンの有名人たち――ＡＢ《エイブ》ラハム・リンカーン

見間違いではない。エイブラハム・リンカーンは、ＡＢＴクラブの会員だった。あのゲティスバーグ演説も、ＡＢＴだ。アリゾナ州立大学の親友、パーク・ハウエルがそれを指摘してくれたことに、僕は感謝しなければならない。ゲティスバーグ演説についてのこの認識が、パークがABTはストーリーにとってのDNAだと宣言している大きな理由なのだ。

ゲティスバーグ演説は、アメリカの歴史におけるもっとも偉大な演説の一つだ。あまりにも偉大であるため、非営利公共放送ネットワークであるPBSのドキュメンタリー監督、ケン・バーンズが、演説誕生から一五〇周年を祝う一本の映画を作ってしまったほどだ。だが、バーンズがその映画の中で注意を払い忘れたことがある。この演説が、ABT形式だったということだ。

ともかく、演説文を見てみよう。これ以上ないほど明らかだ。全体は締めて、三つの段落でできている。そして、その三つの段落は、ABTの三つの部分にかなり合致している。(注：この演説には、少なくとも五種類の書き起こし文がある。それらの間の違いは小さい。ここでは、もっとも広く引用されているものを使っていく。)

下に示すのが第一段落だ。僕が『　』で付け足しているように、明らかに、「そして」でつなぐことのできる文が連なってできている。

「八十《やそ》と七年《ななとせ》の昔、我々の父祖たちは、この大陸に新たな国家をもたらしました。『そして』その国家は自由の中で育まれ、すべての人々が平等に創られたという考えに捧げられました。」

第二段落に「しかし」はないが、一ヵ所、ぴったりはまるところがある。

「『しかし、』いま我々は大きな内戦において交戦中であり、この戦いを通じて、こうして育まれ、捧げられてきた国家が、あるいは、あらゆる同様の国家が、長く存続することができるのかを試しています。我々は激しい戦いの地で、その戦争に向き合っています。我々はその地の一部を捧げるためにやってきたのです。その国家が生き永らえるようにと、ここに自らの命を捧げた人々の終《つい》の安息の場として。我々がそうすることは、まったくもってふさわしく妥当なことなのです。」

この段階で、リンカーンは、「彼らが言う」内容（演説の八七年前樹立された国のこと）、そしてこれに続く、「私が言う」内容（その国が、いま内戦中であること）を元に、物語の設定を整えている。「私はこう言う」の中身は、物語の方向性を変え、彼の問題を明確にするものだ。

第三段落は、実は「しかし」という言葉で始まっていて、ＡＢＴの「しかし」部分を引き継いでいる。最終的に、話が次に移っているということを実際に感じられるようになるのは、中盤になって、リンカーンが帰結部分、あるいは「行動の呼びかけ」とも呼べる場所に到達して、聴衆に、問題を解決するためになされるべきことを伝え始めてからだ。おわかりの通り、そこには「したがって」がぴったり当てはまる。

「しかし、より大きな意味では、我々はこの地を捧げることはできません。清めることもできません。神聖化することもできません。かの勇敢な人々、存命の者、死した者を問わず、ここで闘った人々が、足すことも引くこともできない貧弱な我々の力をはるかに凌駕して、すでにこの地を清めているのです。世界は、我々がここで述べたことをさして気に留めず、長く記憶に留めることもないでしょう。だが、かの人々がここで行ったことを、世界は決して忘れ得ないのです。『したがって、』我々生者にとっては、むしろ、ここで戦った人々が気高くここまで推し進めてきた未完の事業に対して身を捧げることこそが使命なのです。我々にとってはむしろ、我々の前に残っている偉大な任務に、ここで身を捧げることが使命なのです。この名誉ある死者たちの献身を我々が受け継ぎ、彼らが最後に精一杯の献身の力を捧げたあの理想に向かって捧げるために、この死者たちの死が決して無駄にはならぬよう、この国家が、神の御下において、自由の新たな誕生を迎えられるよう、そして、人民の、人民による、人民のための政治が、地球から決して消滅することのないよう、我々がここに固く決意するために。」

さあこの通り。あのおなじみの構造だ（余談だが、このやり方が、生徒たちにこの演説のことを教えるのに素晴らしい方法であることを、僕は保証する。生徒たちに、ゲティスバーグ演説を、ＡＢＴ構造をもつ議論文としてとらえさせ、続いて、『彼らはこう言う、私はこう言う』を読ませて、学習の過程で論証の力をさらに詳しく学ばせるのだ）。一見、地味な眺めの中に隠れていながらも、はっきりとそこにある、あの三つ組構造。そこに目を留めた時の衝撃は、かなりのものだ。

「エ《A》イブ《B》」・リンカーンは自分の意見を明確に伝え、馬に乗って走り去った。驚くまでもなく、彼の演説は今でも生きている。この演説に、他にも優れた特性があるのは確かだ。「八十《やそ》と七年《ななとせ》の昔」という、素晴らしい抑揚のついた壮大な幕開け（この表現が、単に「八七年前……」に比べていかに叙情的であるかという点は、よく指摘されている）、短さ、簡潔さ（僕はこれらの要素を、なぜゲティスバーグ演説がこれほど素晴らしい演説なのかを論じている資料から引いている）。だが、これらの要素をすべて備えていてもなお、ゲティスバーグ演説が平凡なものになっていた可能性はある。ＡＡＡ構造で述べられた主張は、短く、簡潔で、しかし忘れられやすいものになることもある。

僕が見つけたある資料は、この演説に三つ組構造があることを讃えていたが、その構造を「過去、現在、未来」ととらえていた。確かに、そうなっている。だが、もし、「現在」の部分が問題提起を目指したものになっていなかったら、そこに力強さはなかっただろう。

これは、課題と解決の演説なのだ。あなたを即座に物語の国へと放り込み、物語のための脳領域を活性化させる。要するに、この演説は、ＡＢＴらしさの鑑なのだ。

ワトソンとクリック

さて、ＡＢＴ構造の別の例を、有名な研究から示そう。あなたが科学者なら、この例が決定的な説得になるのではないだろうか。一九五三年、ジェームズ・ワトソンとフランシス・クリックは、科学全体とは言わないまでも、おそらく、生物学においてただ一つのもっとも重要な研究論文を、『ネイチャー』に発表した。それは、生命を組み立てる重要な積み木であるデオキシリボ核酸（ＤＮＡ）の構造を最初に、記載した論文だった。

彼らの論文は、読み手を引き込む点からだけでなく、長さたった二ページと、極度に簡約である点からも伝説となっている。後に、ジェームズ・ワトソンは、一九六八年の著書『二重らせん』によって、自身がいかに才能に恵まれた書き手であり、ストーリーの語り手であるかを示した。彼は明らかに、物語の深い感覚をもっている。そして、驚くまでもなく、あの『ネイチャー』の論文は、一ページ目がまさにＡＢＴ構造になっているのである。

この論文の始まり方を見てみよう。「そして」でつなぐことができそうな、一連の説明的な記述で始まる。二人の著者が言っているのは、要するにこのようなことだ（ここには、簡単な言葉で言い換えた内容を示す）。「ある構造が、他の人たちによってすでに提唱されていた。**そして**、この人たちは、その構造を私たちにも見せてくれた。そして、その構造には三つの鎖があった。**しかし**……私たちは、この人たちは間違っていると考えている」

あまりにシンプル、あまりにすっきり、あまりに雄弁。これが、平易に説明された、著者たちの議

BUT

A Structure for Deoxyribose Nucleic Acid

We wish to suggest a structure for the salt of deoxyribose nucleic acid (D.N.A.). This structure has novel features which are of considerable biological interest.

A structure for nucleic acid has already been proposed by Pauling and Corey. They kindly made their manuscript available to us in advance of publication. Their model consists of three intertwined chains, with the phosphates near the fibre axis, and the bases on the outside. In our opinion, this structure is unsatisfactory for two reasons: (1) We believe that the material which gives the X-ray diagrams is the salt, not the free acid. Without the acidic hydrogen atoms it is not clear what forces would hold the structure together, especially as the negatively charged phosphates near the axis will repel each other. (2) Some of the van der Waals distances appear to be too small.

Another three-chain structure has also been suggested by Fraser (in the press). In his model the phosphates are on the outside and the bases on the inside, linked together by hydrogen bonds. This structure as described is rather ill-defined, and for this reason we shall not comment on it.

THEREFORE

We wish to put forward a radically different structure for the salt of deoxyribose nucleic acid. This structure has two helical chains each coiled round the same axis (see diagram). We have made the usual chemical

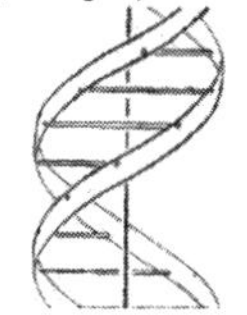

図12　ワトソンとクリックは、1953年の画期的な論文の中でABT形式を使った
この論文がABT構造で始まっていることは、「BUT（しかし）」と「THEREFORE（したがって）」という、ABTの用語を挿入するとわかる。

論なのだ。まさに、『彼らはこう言う、私はこう言う』から抜き出してきたような。著者たちはまず、「彼らはこう言う」の内容（ポーリングとコーリーの主張）を示し、続いて、自分たちの「私たちはこう言う」の部分に移り（「我々の見解では、この構造は不十分で……」）、続いて、自分たちの新発見を提示するのだ。

彼らは時間をかけて、あなたを物語的なやり方で彼らの世界へと連れていった。慌てて何かをしようと、複数の方向へ向かうことはしなかった。自分たちの研究がどんなものかをまず明確に示し、それからあなたを、ただ一つの、新たな方向へと連れていったのだ。

彼らはまた、あまり長く話を続けもしなかった。いかに自分たちが多くの知識を持っているか、読者を驚かせようとして、一五個もの知見を引用するところから話を始めたりはしなかった。そんなことをして、読者を「もういい、わかったから」と言いたくなるところにまで追い込んだりはしなかった。彼らは、自分たちの「ストーリー」を用意し、そして、そのストーリーを語り始めたのだ。

古代ギリシャ人も、そうしていた。ジョージ・ルーカスも、「スター・ウォーズ」でそうしていた。専門家、非専門家を問わずほとんどの人々が、やはりあなたにそうしてもらえたらと思っている。まずは私たちに立ち位置を示し、それから私たちを、ただ一つの、新しい方向へと向かわせてほしい、と。これは、最初の科学論文誌が登場するずっと前から存在していた、永遠の力学なのだ。

言葉の力学

さて、ここでは、ＡＢＴを構成する三つの言葉をもっと詳しく見ていこう。この三つの言葉は、三幕構成の動きに対応した、三種類の「連結語句」の代表例となっている。合意から始まり、対立に移り、帰結に至る。

- 「そして」

「そして」は、同意と楽観の言葉だ。即興劇（インプロ）形式の議論トレーニングに詳しい人なら、その根本に肯定という発想があることを知っているだろう。どんな提案にも「イエス」と答え、「そして」という同意の言葉を続けることで、肯定の姿勢を生み出す。即興劇の一般的なキャッチフレーズは「そうですね。そして……」だ。もし、誰かが何か不条理なことをあなたに言ってきたら、その人の言ったことを否定するのではなく、「そうですね。そして……」と肯定するのだ。

自分の話の始まりに置く事実を「そして」でつなぐことで、自分のストーリーや、議論や、説明を、緊張や対立を生むことなく始めることができる。ここで目指すのは純粋な合意だけだ。読者の考えに挑む前に、基本的な知見をいくつか並べるに止める。巻末の補遺1には、合意を示すための他の言葉の一覧（「また」、「その上」、「同様に」、「それに」、「さらに」、など）がある。

- 「しかし」

「しかし」は、否定、打ち消し、否認の言葉だ。即興劇のインストラクターのほとんどは、この言葉の使用を禁じている。「しかし」は、物事の進んでいく方向を変えてしまう。それは、創造性を働かせて大きなアイディアを作り上げようとしている場合には、まずいことだ。流れの方向を変えることで、創造性を殺してしまう。

「しかし」に伴って起きることは、緊張感、場合によっては対立状態の確立だ。それは、この言葉が強いる否定の方向性によるものだ。僕たちは、一つの方向に進んでいた時には幸せだった。心地よかった。**しかし**……今では、僕たちはもはやその方向には進んでおらず、そのことが僕たちを落ち着かない気持ちにさせる。

対立は、すべての物語を前に推し進める原動力だ。シナリオ講師のロバート・マッキーは、著書『ザ・ストーリー』で、自身が「ストーリーテリングのための対立の法則」と呼ぶものを説明している。マッキーは「ストーリーの中では、対立を経なければ何事も前には進まない」と語る。彼は続いて「ストーリーにとっての対立は、音楽にとっての音と同じ役割を持つ」とも述べている。

これは、ワトソンとクリックが、『ネイチャー』の論文で「我々の見解では……」と述べている時に私たちが感じることだ。彼らは、前置きとなる知見（他の人々が「言っている」こと）を並べたが、その後、話の方向を変える。ゆえに、ストーリーは前に進み、物語は発展し、誰もが、興味を失う代わりに、より深く引き込まれていくのだ。

否定の言葉には、他にこのようなものがある。「それにもかかわらず」、「だが」、「しかしながら」、「代わりに」、「反対に」、「むしろ」、「そうではなく」。注意しておくべきことは、物語を違った方向へと送り出すのは、一回であっても、大変だということだ。しかし、「単独のものが持つ力」のことを思い出せば、何度も方向転換を行うことは問題になりそうだとわかる。このことは、少し後で論じよう。

•「したがって」

「したがって」は、帰結の言葉だ。「時間の言葉」である。この言葉は、ある程度の時間が経ってから登場し、帰結や効果を述べる合図となる。

ストーリーの中心要素は何だろうか？　時間だ。物語を発展させるというのは、物事を、時間の経過に伴って前に進めていくことだ。これが「したがって」のしていることなのだ。物事をまとめて、一緒に前へと動かす。

実際、「したがって」がこんな風に機能している様子を、自分のワークショップで目撃する。誰かが、自分の言いたいことを強調しようとしながらも、長々と話を続けてしまう。そしてとうとう誰か別の人が、ほとんど無意識に、「したがって……？」という言葉を漏らす。これが、話をまとめるきっかけになる。この言葉の意味するところは、「言いたいことは何？　あなたの話はどこに行き着くの？　あなたの話はどこに行こうとしているの？」だ。

先日、僕は気候変動についての、とても、とても退屈な講演の会場にいた。俳優である友達のすぐ隣に座っていた。その時すっかり忘れていたのだが、この友達は、ストーリーテリングについての僕の講演に参加したことがあった。だから、ぼそぼそ話す講演者の話を三〇分にわたって聞き続けた後、この友達が「したがって……？」とささやきかけてきたのを聞いて、僕は驚きと喜びに打ち震えたのだった。

足場としてのＡＢＴの言葉

これら、三つのＡＢＴの言葉に、神聖な不可侵性などというものはない。ぴったりこの通りの言葉を選んで使う必要はない。代わりに「また、それでもなお、ゆえに」を使っても構わないのだ（ただ、「Also」、「Still」、「Since」の組み合わせだと、その頭文字はいくぶん、残念なもの[14]になってしまうが）。しかし、さらに良いのは、ＡＢＴの言葉をまったく使わないことだ。これは、理想的な物語構造を作るために役立つ、単なる組み立てのための要素なのだ。だから、もし強固な殿堂を建てることができてしまえば、言葉を取り除いても、建物は自立したままでいられるだろう。

これが、ゲティスバーグ演説やワトソンとクリックの論文の中に、ＡＢＴの言葉が見当たらない理由だ。これらの言葉は必要ない。しかし、中に入れてみればちゃんと機能するという事実は、文章の

14　「ＡＳＳ」は、「尻」、「肛門」、「間抜け」という意味になる。

書き手たちが良い物語の直観を持っていたことを示している。

実際、ABTはテストとして使うことができる。ある文章が良い物語構造をもっているかどうかについての、帰無仮説の一種として。良い物語構造をもつことこそ、まさに僕たちが目指すことだ。だがその前に、僕たちはもう一つ別の構成を付け足す必要がある。

DHY形式——深刻な混乱と全体的な退屈さの出会い

さて、この節のタイトルは、僕がずっと気に入っている映画評への敬意を示している。その評論は、アメリカの南北戦争映画「ゴッド&ジェネラル／伝説の猛将」について書かれたものだ。ある非情な映画評論家が、この映画に関する自分の評論に「深刻な冗長さと全体的な退屈さの出会い」という題をつけたのだ。

コミュニケーションがうまくいかなくなる時には、重大な二つのパターンがある。一つ目は退屈さ。二つ目は混乱。先に挙げたように、AAA型の構成は退屈さを生む。そして、これからここで論じていくのは、混乱につながる構成形式だ。

今の時点で僕たちがよくよくわかっているのは、「そして」を使いすぎると、AAA構造という物語性のない構造に陥ってしまうということだ。また僕たちは、ABT構造が、ゴルディロックス[15]状態の（「ちょうどいい[16]」）物語を生み出せることも学んできた。では、ここで三つ目のカテゴリーを追加しよう。僕はこれを「過度に物語的」な構造として説明していく。（この構造は「超物語的（ハイパーナラティブ）」と説明してもいいのだが、その言葉はゲームの世界で広く使われていて、そこでの概念と今回の構造が一致するか、僕には定かではない。）

僕が「過度に物語的」という言葉で示したいこととは、物語の進む方向があまりにも多く（すべてが一度に示されるのであれ、順々に示されるのであれ）存在する状態だ。要するに、あまりに混乱を招いて話の筋を追うことができないストーリーのことである。あなたも、人生で少なくとも一つは、そういう話を聞いたことがあるはずだ。

この状態が起こる可能性があるのは、打ち消しの言葉をあまりに多く使い過ぎている時だ。一つの打ち消しの言葉、例えば「しかし」を入れれば、確立される緊張感の源は一つだ。素敵な、すっきりした、ただ一つの物語を作ってくれるので、ここまで話してきた「単独のものの力」にも沿っている。しかし、辺りを見回ると、語り手が、物語を一度に数多くの方向へと発散させたり、あるいは、読者をあちらへ、こちらへとジグザグに連れ回したりするストーリーの例が、たっぷり見つかるだろう。

この形式を簡略に表現するために、僕は三つの打ち消しの言葉、「それにもかかわらず（Despite）」、「しかしながら（However）」、「それでも（Yet）」を使って、ＤＨＹという省略語を作ることにする（第10章では、実際に三つの打ち消しの文が登場する、研究論文の要旨を示す。それらの文は、上に示した三つの語

15　適度でちょうど良いこと。下記参照。

16　イギリス童話『三びきのくま』より。ゴルディロックス（「金髪」）という名の小さな女の子が、三匹の熊の留守宅に入り込む。テーブルの上にあった三杯のスープに手を伸ばしてみると、一杯目は「熱すぎる」し、二杯目は「冷たすぎる」。だが、三杯目は「ちょうどいい」ので、食べてしまう。疲れて腰掛けた椅子も、もぐり込んだベッドも、それぞれ、三つ目が「ちょうどいい」。ベッドで眠ってしまったゴルディロックスは、帰宅した熊たちに発見され、驚いて家から逃げ出すのだった。

で始まっている）。結果はどうなるかおわかりだろう。「それにもかかわらず」が、読者をある方向に向かわせ、「しかしながら」が別の方向へ向かわせ、そして「それでも」が、さらに別の方向性を作り出す。三つの言葉すべてが合わさって、大部分の人にとっての混乱をもたらすのだ。

DHY形式は、ABT形式に比べて面白く挑戦的なものになりうるし、一部の人にとってはやりがいのあるものにもなりうる。もし、DHY形式のように、複数の物語が重なり合う、入り組んだ形で物事を考える人たちを集めたら、その人たちはおそらく、一緒に素敵な時間を過ごすのではないだろうか。

DHY型の話は、研究者たちの間でいつでも聞かれるものだ。彼らは、複雑な物語に取り組みがいを感じている。彼らがときどき、二重否定の表現を使って、物事をこんなふうに話したがるのと同じことだ。「その分野には、少なからぬ数の人々がいました。彼らが行っていたことは、重要性に欠けるものではなかったと、ここでは述べておきましょう」。こんな形で話すことは構わないし、その話し方を聞いて楽しむ人もいるだろう。だが、一般の人々はそうではない。こんなふうには話さないのだ。彼らはこう言うだろう。「その分野には、相当の数の人々がいました。そして、重要なことをしていました」と。

アン・グリーンは、科学界に向けて、この、「平易な言葉」を使うことの必要性を、『平易な英語で科学を書く』によって、とてもうまい形で問いかけた。彼女はこう述べている。「サイエンティフィック・ライティング〔論文・教科書等の執筆〕は、量の面では爆発的に成長しているものの、質の面では進歩していません」。彼女は、言葉の選び方の中に、僕が物語を語る上で求めているのと同じ簡潔さの要素を求めている。

物語を複数の方向へと向かわせるＤＨＹ型の構造は、僕が映画学校で監督法の指導を受けた先生、エディー〔エドワード〕・ドミトリクのことを思い出させる。彼は、一九四〇年代にフィルム・ノワールという映画の一ジャンルを作り出した人物の一人だ。彼は、僕たち生徒に自分のフィルム・ノワールを見せた。「十字砲火」、「ブロンドの殺人者」、「追い詰められて」。彼は、僕たちに、映画の筋書きはとても複雑だと警告したが、その警告は、実態に比べれば控えめに述べられていた。僕は、どの映画でも、最初の一〇分間で筋を見失ってしまったのだ。気づけばこんなふうに考えていた。「ん、この女はあの男を殺したのか？　彼女はあの男の妻だと思ってたけど……いや、待て、あれは彼女の妹だったか。でも、その妹はもう死んでたんじゃなかったっけ？　ああ、わからない」

ドミトリクはこれらの映画を、「ニューヨーク・タイムズ」紙の上級者向けクロスワードパズルにたとえてみせた。鍵となる文章が、スーパースター級の読者でないと理解できない、二段階目、三段階目の意味を持っているようなパズルだ。

すると、このことが、科学者たちに向けての質問に変わる。「あなたは、誰に向けて話したいのか？」。もしその答えが、自分と同じ分野にいて、すべての話題についてあなたと同じだけの深い知識を持っている七人の科学者たちなのであれば、それで構わない。ＤＨＹ形式で話して、同時に五つの方向へと自分の物語を進めればいいのだ。だが、もしあなたの答えが、科学コミュニティ全体だとか、一般市民だというのであれば、ワトソンとクリックをロールモデルとして見なければならない。彼らは、ダ・ヴィンチが言わざるを得なかった、簡潔さは究極の洗練であるという話の証明なのだ。

物語のスペクトラム

今、僕たちの手元には、三種類の物語構造がある。物語性のないもの（AAA）、理想的なもの（ABT）、物語性がありすぎるもの（DHY）。ここから、序論に出てきた図2が思い出される。僕たちは、物語構造に「つまらない」、「面白い」、「混乱を招く」というイメージを割り当てていた。僕はこれを**物語のスペクトラム**と呼んでいる。

このスペクトラムは、強力なツールとして使えるのではないかと思う。これを使うと、どんな文章やスピーチでも扱えて、スペクトラム上のどこかに置くことができるはずだ。もし、書き手や話し手から、読者や聴衆が去っていってしまっているのなら、おそらく、発信者たちは（物語性のないアプローチによって）人々を退屈させているか、（物語性がありすぎるアプローチによって）人々を混乱させているかのどちらかだろう。あるいは、その両方かもしれない。

これは、少なくとも、うまく行かなかったコミュニケーションを調べてみるため、そして、どこを改善したらいいのかという案を得るために使える、分析的な方法だ。ただ「わからん。あいつの話についていけなかったんだ」なんて言うだけよりも、もっと分析的だ。分析的なのは良いことだ。特に、あなたが科学者なら。第10章では、この「物語のスペクトラム」を活用していく。

これって、過去の世代のためだけのもの？

ここで、あなたを説得するためのさらなる別の決定打が登場する。あなたはもしかすると、ワトソンとクリックがあの論文を一九五三年に書いていたことを気にしているのではないだろうか。リンカーンはそのさらに一世紀前だ。あなたはひょっとしたら、時代は変わった、今では科学者にはもっと幅広い物語構造が必要で、ＡＢＴテンプレートに閉じ込められてはいけない、と考えているかもしれない。

それは間違いだ。

序論の中で、二〇一三年のノーベル賞受賞者、ランディ・シェクマンが行った、トップ科学論文誌のボイコットの呼びかけに触れた。そんなふうに彼の知性を取り上げて紹介した見返りとして、彼をこの物語のスペクトラムのテスト対象として使わせてもらおう。彼自身は、自分の研究論文の要旨で良い物語構造を示せているだろうか？

彼が近年発表した六本の論文の要旨を僕が見たところ、なんと、そのうち四つはしっかりとしたＡＢＴ構造を持っていて、残りの二つもそれに近いことがわかった。どの論文も、その専門分野に特化した術語があまりに多く使われていて、僕には何についての論文なのかを説明し始めることができないほどだが、それでも、ＡＢＴ構造は透けて見える。

その一つをここに示す。この要旨が明確なＡＢＴ構造を持っているということにあなたは反対するだろうか。この論文の題は「制御されたオリゴマー化はＣＯＰⅡ小胞への膜タンパク質の取り込みをそのサイトゾル側末端とは無関係に誘導する」だ。これが一体何を意味するのか僕にはまるでわからないが、ともかく、これが要旨だ。

「小胞体（ＥＲ）からの膜貫通タンパク質の輸送は、コートタンパク質複合体Ⅱ（ＣＯＰⅡ）小胞への方向性を持った集積によって引き起こされる。一部の積荷タンパク質をＣＯＰⅡ小胞へと向かわせるための選別は、膜貫通タンパク質とＣＯＰⅡのコート形成タンパク質の間での特有の相互作用を介して行われることが明らかにされた。しかし、小胞体外への輸送に関わるいくつかのシグナルが膜タンパク質のサイトゾル側ドメイン上に同定されているにもかかわらず、小胞体輸送の総合的なシグナリングおよび選別のメカニズムは、ほとんど理解されていないままである。この輸送プロセスにおける積荷タンパク質のオリゴマー形成の役割を調べるため、我々は膜貫通型の融合タンパク質を作成した。この融合タンパク質はＦＫ５０６結合タンパク質ドメインを持つため、小分子の二量体形成促進剤を添加することで、単離膜内においてオリゴマー化させることができるものである。この融合タンパク質のＣＯＰⅡ小胞へのパッケージ化は、二量体形成促進剤の存在下で強く増進され、ここから、オリゴマー化状態がこの膜タンパク質の小胞輸送シグナルであることが示される。驚くべきことに、このタンパク質選別に対するオリゴマー化依存の作用には、サイトゾル側末端は必要とされない。それゆえ、この融合タンパク質の小胞体輸送は、膜屈曲などの別のメカニズムによって説明されなければならない。」

これは、ＡＢＴの美を持った逸品だ。シェクマンとその共著者たちは、初めに二つの明確な説明を述べている。続いて、僕たちの目に映る言葉に目を向けてほしい。「しかし」だ。彼らは問題を示す。「ほとんど理解されていないまま」の何かだ。そして、「この輸送プロセスにおける……調べるため」

への移行のところには、「したがって」を挿入することもできる。

以下に、ABT構造を示すための僕の解説をつけた上で、先ほどの要旨を再び載せる。

【説明】 小胞体（ER）からの膜貫通タンパク質の輸送は、コートタンパク質複合体Ⅱ（COPⅡ）小胞への方向性を持った集積によって引き起こされる。

【説明】 一部の積荷タンパク質をCOPⅡ小胞へと向かわせるための選別は、膜貫通タンパク質とCOPⅡのコート形成タンパク質の間での特有の相互作用を介して行われることが明らかにされた。

【対立】 しかし、小胞体外への輸送に関わるいくつかのシグナルが膜タンパク質のサイトゾル側ドメイン上に同定されているにもかかわらず、小胞体輸送の総合的なシグナリングおよび選別のメカニズムは、ほとんどわかっていないままである。

【帰結】 この輸送プロセスにおける積荷タンパク質のオリゴマー形成の役割を調べるため……

実質上、ほとんど一件落着だと言わせてもらおう。他の要旨も同じく見事に書かれている。そして、彼がとったのは、そう、ノーベル賞だ。ランディ・シェクマン、こんな素晴らしい例を出してくれてありがとう。内容に対する僕の理解力からすれば、彼の論文は中国語で書かれているのと同じようなものかもしれないが。一目瞭然で指摘できるのは、あの形式が使われているということだ。

言いたいのは、簡潔さに活躍の機会を与えろってこと

僕たちがこのＡＢＴ構造を通して見ているのは、要するに、科学界が一世紀前にＩＭＲＡＤテンプレートを使って実現し始めたものを、より細かいスケールにしたものだ。もし、あなたがＡＢＴテンプレートに従うことに反発したいのであれば、同じようにＩＭＲＡＤテンプレートにも反発したいかどうか、自分自身に問いかけてみてほしい。

科学界ではこれまで一世紀にわたって、研究論文のすべての書き手に対してＩＭＲＡＤテンプレートを無慈悲に強要することにより、大きなスケールでの表現上の創造性を抑圧してきた。このことについては、ほとんどすべての科学者が「いやあ、ありがたい」と言うだろう。この構造のない論文を読むとしたらどんなことになるかを考えてみれば、こうした反応が出てくる。

その背景にある理由は、僕がこんなことを語っている理由とまさに同じものだ。サイエンティフィック・ライティングの主要な目的は、派手で表現豊かな創造性を披露することではない。目的は、重要で興味深い情報を、最大限に効率的で、誤解の余地が最小限になる形で伝えることだ。ＡＢＴを使って僕が提案しているのは、ＩＭＲＡＤ式のアプローチを別のレベルに移してきて、退屈さと混乱を最小限にするために使うことだ。まずは要旨からだが、あなたは全体を通してＡＢＴを使いたいと、心から思うことだろう。忘れないでほしい、常にストーリーを語れ、だ。

「簡潔さ」対「訴求力」

僕の話がうまくいっていれば、自分自身のストーリー、あるいは研究プロジェクトを構成したり発表したりする上で、ABTが強力な物語のツールとなることを、今ではあなたに納得してもらえているることだろう。そんなわけで、もしあなたが、自分の研究にワトソンとクリックの持つ明瞭さと一貫性を持たせたいと心に決めてくれているのなら、僕に道案内をさせてほしい。簡潔さと訴求力を兼ね備えた、あなた自身のABTを作り上げるという目標に向けて。

まずは、簡潔さと訴求力という二つの特性が、いかにお互いの足を引っ張る形ではたらくかを考えてみよう。簡潔にしたいという願望があると、話の内容を大幅に切り落とさざるを得なくなる。そうすることが、今日の情報過多の世界では義務なのだ。だがもちろん、あまりに話を削りすぎると、「バカみたいにレベルを下げる」ことの問題を抱えるはめになる。これは、あなたの求める状態ではない（僕はいつも、この本で言っていることに耳を傾けたいと思わない人たちから、話のレベルが下がりすぎるといって非難されるのだが）。

だから、話の内容を大幅に削りながらも、重要な情報は残しておきたい。そこで僕が紹介するのは、単に直観的なだけでなく、分析的でもあるアプローチだ。少し前に、僕はエレベーター・ピッチを推す本の著者たちに触れ、彼らの提言のほとんどすべてが、ただ曖昧で直観的な助言にすぎないことを指摘した。話を短く、力強く、生き生きとさせながらも、あなたのやっていることの「エッセンス」を保ちましょう。この提言は、どこをとっても分析的ではない。どこをとっても、実際の物語の力学を扱う上では役に立たない。だが、ＡＢＴなら役に立つ。特に、このやり方に従えば。

ＡＢＴへの黄金アプローチ

ここで再び、ゴルディロックス的なことをやっていこう。三つのＡＢＴを作るのだ。大きすぎるＡＢＴ、小さすぎるＡＢＴ、そして最後に、「ちょうどいい」ＡＢＴだ。これを、簡潔さと訴求力という、二つのパラメーターを動かすことでやっていく。

この練習は、あなたが伝えたいと思っているストーリーの中で、あなた自身が何を言おうとしているのかを理解するのに役立つ。僕のワークショップの中でいつも起きる問題は、ごちゃごちゃに混乱した、大きなストーリーを伝えたいと思っている人たちがいることだ。僕はその人たちにこう尋ねる。「あなたの伝えたいストーリーは何ですか？　私たちに知ってほしいことは、要するに何なんですか？」

1．情報過多のABT（i-ABT）

大げさに見えるかもしれないが、これから紹介する三つのバージョンのＡＢＴには、それぞれ名前をつけていくことにする。この名前には、アルファベットの小文字を使う。まるで僕が、メッセンジャーＲＮＡ（mRNA）、トランスファーＲＮＡ（tRNA）、ミトコンドリアＲＮＡ（mtRNA）、その他、生命そのものの始まりに関わる信じられないほど重要な要素の例にならっているような気がするが、実のところその通りだ。ならわない手はないじゃないか。先に言ったように、ＡＢＴはストーリーの

DNAなのだから。

手始めは、情報過多のABT（iABT：informational ABT）だ。これは、簡潔さをまったく気にかけない第一のバージョンだ。ここでの唯一の関心は、訴求力を高めるための情報をすべて含めることだ。

iABTを作る手順というのは、あなたが人前で話してみようとは思えないほどの（思わないでほしいが）、巨大で長ったらしい「文」を作ることだ。手始めとして作る、一切合財を含んだ長い文だ。訴求力があるかもしれない、興味深いかもしれない情報をすべて含んでいて、かつ、ABTの接続詞を使った物語的な構造を持っている。

その例として、ここにケイトリン・フォークの作ったiABTを挙げよう。彼女は、僕が二〇一四年にアメリカ生理学会で開いたワークショップに参加してくれた、ノーステキサス大学の大学院生だ。

「iABT：私の研究室では、持続性の昼間血圧の生理学的メカニズムを調べるために、慢性間欠的低酸素プロトコルを用いて、ラットで軽度の睡眠時無呼吸発作のモデル化を行っていますが、**しかし**、私たちは血圧調節に寄与している中枢神経系内での分子経路の重要性も認識していて、**したがって**、この睡眠時無呼吸発作のモデルの結果として生じる新規の分子経路を探索しはじめました。」

了解、ふう。なんとも盛りだくさんだ。ケイトリンも、カクテルパーティーで誰かに自分の研究のことを聞かれて、これを全部喋るという失態を見られたくはないだろう。だが、心配ご無用。これは単なる下敷きにすぎない。

2. 会話のABT（cABT）

続いて、僕たちは両極端のもう一端へと向かう。会話のABT（cABT：conversational ABT）は、二つの理由によって、さっきよりもずっと面白い様子のABTになっている。一つ目の理由は、cABTが話の中の核心的主張を明らかにすること、二つ目の理由は、「物語への関連づけ」（後で短く説明する）の確率を上げてくれることだ。

cABTを作り出す上での最初の課題は、先ほどの文から、訴求力を高める情報と文脈をすべて剝ぎ取ることだ。ABTを、可能な限り具体性のない一般的な形にするのだ。おかしな話に思えるのはわかっているが、僕を信じてほしい。これこそが、先ほどのiABTに使われていたすべての言語の陰に隠れていた内容なのだ。

下に挙げるのが、僕の手助けによって（この文がかなりバカっぽく感じられたら、僕を責めてもらって構わない）ケイトリンが作り上げた文だ。

「cABT：私たちはあるやり方で調べていました。**しかし**、別のやり方もあると気づきました。**したがって**、別のやり方で調べてみることにしました。」

うむ、かなりバカっぽい。でも、これが僕たちの求めるものだ。それに本当は、これはバカな話じゃない。完全に一般的で、文脈にとらわれていないという文章だ。

この練習から得られる一つ目のものは、自分の言おうとしていることは、本当の核のところを見てみると一体何であるのかという認識だ。その内容は、誰かが「あなたが言おうとしていることは、要するに何なんですか？」と聞いてきた時の答えになる。この質問に対する答えを、いつも持っておくようにしなければならない。僕のワークショップの参加者たちは、往々にして、その答えを持っていない。ケイトリンは今、こんなふうに答えることができる。「つまりね、私たちはある方法でやってたんだけど、もっといい方法があるってわかったから、今はその方法を使ってやってるってこと」。これが、彼女の伝えたい「ストーリー」の核だ。

さて、ここでゴルディロックス式の議論を一時中断して、なぜこれが強力な要素になるのかを説明しておこう。

人物による関連づけと物語による関連づけ

僕たちのやっているコネクション・ストーリーメーカー・ワークショップの中で、即興劇のインストラクターであるブライアン・パレルモがもっとも強く主張していることは、話を「関連づけ可能」なものにすることの必要性だ。僕たちの本『コネクション』の中で、僕とブライアンはそれぞれ、自分の一番伝えたいメッセージを一つの文に要約して、提示した。ブライアンの文はこうだ。「あなたのストーリーを、関連づけ可能なものにせよ」

これもまた、コミュニケーションの重荷を自らに課すことの一側面だ。時間と労力がかかるが、重要なことだ。ブライアンが言っているのは、こういうことだ。あなたの話が、自分の人生についての山のような事実を伝えるだけのものだとする。人々はそれを面白いと思うかもしれないし、そう思わないかもしれない。だが最終的には、人々はこう思い始めるのではないだろうか。「で、それが私とどんな関係があるんですか?」。なぜなら、あなたの言っていることを自分に関連づけることができないからだ。

ブライアンは、言わなければならないことを、聞き手の身に関連づけられる形に仕上げる方法を探すよう勧めている。もし、あなたがゴルファーの集団に向けて、宇宙飛行についての物理学研究のことを話そうとしているなら、研究で生じた課題のいくつかを、ゴルフを題材にしたたとえで説明できないか試してみてほしい。相手が自分の世界から来た話だと気づくような挿話は、どんなものでも、あなたの話を聞き手が自分の身に関連づけるのに役立つだろう。

これを「人物による関連づけ」と呼ぼう。聞き手の世界に直接の関連性がある、人物についての題材を使う方法だ。これは、強力で重要だ。だが、この後に挙げるＡＢＴのプロセスを使えば、聞き手に「物語による関連づけ」というものを通じて親近感をもたせることもできる。「物語による関連づけ」というのは、僕がＡＢＴを使ったワークショップの中で使い始めた新しい名称だ。僕は、ストーリーの構造についてこれまでに出版された本の著者たちの中で、物語のことをこんな面から語っている人は見たことがない。だがこのやり方も、強力なものになりうる可能性を秘めていると思う。

こんな例を考えてみよう。あなたは、自分の専門分野にまったく関わりも興味もない人々に対して話をしようとしている。それでも、彼らの中の何人かとは、少なくともひと時の間、関連を作れるかもしれない。彼らが気づくことのできる、そして自分の身に関連づけられるような物語構造を、あなたが持っていれば。

こんな風に話を始めるとしてみよう。「私が近ごろ研究室でやっていることをお話しさせてくださ い。私たちはずっとあるやり方で物事を進めてきたんですが、最近になって、別のやり方があることに気づきまして。そこで今、そのことを調べているんです」

聞き手の一人が不動産業をしていて、はっとこの話を自分の身に置き換えるということは、充分ありえる。「わあ、これってまさに私みたいじゃない。今まで何年も、一つの物件情報サービスを使ってたけど、最近になって、別のサービスがあるって知って、今はそれを試してるところだもの」

この一瞬で、彼女はあなたと何らかの共通点があると感じるようになる。あなたは、関連づけができるものを提供することで、コミュニケーションの道を開くことに成功するのだ。

では、あなたがさらに話を続けるとしよう。「こうするようになったのは、私の新しい研究補助員が提案をしてくれたのがきっかけでした」。すると、先ほどの不動産業者がこう考える可能性は充分ある。「わあ、これも私と同じ。新しいアシスタントを雇ったら、彼がその別の物件情報サービスのことを教えてくれたんだった」。一旦こうなると、彼女はあなたの話を後の方まで追い続けてくれて、あなたに話しかけてきて、どれだけ自分との共通点を持っているか教えてくれる。そして二人は生涯の友になるというわけだ。

だが反対に、こんな風に話を始めたとしたらどうだろう。「私が近ごろ研究室で使っている、慢性間欠的低酸素プロトコルのことをお話しさせてください」。先ほどの不動産業者も、他の科学者ではない人々も、すぐにこの話との関わりを絶ってしまうだろう。あなたがコミュニケーションを成立させられる可能性は、なくなってしまう。

関連づけは最初に行わなければならないということを、頭に置いておいてほしい。ある女性が、オーストラリアで出席した夕食会のことを僕に話してくれた。彼女はそこで、大きな鉱山開発会社のＣＥＯの向かいの席に座った。彼女はすぐに、彼に対して地球温暖化の話をし始めたが、彼は黙ってしまった。彼女は、どうすればこの機会をもっとうまく活用できただろうかと、僕に尋ねてきた。

僕は彼女に、人物による関連づけをいくらか使って話を始めても良かったのではないかと言った。

もし、彼女がこの人のことをググって、彼が、例えば熱心にテニスをしているとわかったら、自分の好きなテニス選手の話から会話を始めることもできたかもしれない。要するに、彼女には何か、何でもいいから、共通の話題としてコミュニケーションの道を開くようなものが必要だったのだ。

しかし、その関連づけ可能な話題は最初に持ってこなければいけない。環境に対する取り組みについて口論になってしまってから、話題を変えようとしてこう尋ねてもうまくいかないものだ。「ところで、全豪オープンはご覧になりましたか？」。ダメだ。絶対、うまくいくはずがない。

3．キーパーのABT（kABT）

キーパーのＡＢＴ（ｋＡＢＴ）が、あなたの完成作だ。その長さは、先に挙げた二つのＡＢＴの長さの間のどこかになる。いったん剝ぎ取った情報を、少しずつ、少しずつ加えながら、簡潔さと訴求力のバランスを保つことで、ｋＡＢＴに到達する。ｃＡＢＴは、人前で自分のストーリーを発表するという用途には空虚すぎた。しかし、ｉＡＢＴのように不格好で巨大なものにまで戻りたくはない。ケイトリンのｋＡＢＴとして、僕が提案したのは次のような文だった。

「ｋＡＢＴ：私の研究室では、ラットモデルを使って睡眠時無呼吸発作について研究しています。**そして**、これまでは生理学的機構に着目してきました。**しかし**、私たちは近ごろ、真の研究対象は中枢神経系の分子レベルの現象にあるのではないかと気づきました。**その結果**、私たちは新規の分子経路を探索し始めたのです。」

このバージョンは、彼女の口から転がり出てくるには充分短く、かつ、彼女の話の要点を伝えてくれる訴求力を持った情報が含まれている。エレベーターで乗り合わせたＶＩＰが、彼女に「ところで、君はどんな研究をしているんだい？」と尋ねてきた時の答えも、おおよそ同じだ。彼女の返事はこうなる。「ええと、お尋ねいただいて光栄です。私は睡眠時無呼吸発作を研究しています。ええ、面白いんですよ。うちの研究室では、実際にはラットをモデルとして使っていて、そして、これまでしばらくは、生理学的なメカニズムを対象にしていたんです。でも、最近になって、本当の答えは、中枢神経系の分子レベルの現象にあるかもしれないと気づいたんです。それで、今では方向性を変えて、分子経路を調べています。生理から分子のレベルへの移行というわけです」

単純で明快だ。全体のまとめに向けて、話がまっすぐに進んでいく。退屈させたり、混乱させたりしないタイプの話し方だ。もっと言えば、多くの人の関心を引き起こせるだろう。これが物語の力だ。

さらにもう一点。ときどき、こんなふうに尋ねる人がいる。「私のＡＢＴは何ワード〔何文字〕くらいの長さにするべきなんでしょうか」。僕の答えはシンプルだ。「直観力しだい」。決まった長さはない。ストーリーごとに違ってくるだろう。自分の発表するプロジェクトには、ＡＢＴのセットが一つ以上必要だと思うこともあるかもしれないし、また、違った聴衆に対しては、それぞれ違ったＡＢＴが必要だということもあるだろう。広く一般の聴衆向けには、特殊用語が少なめのものを用意しておきたいが、一方で、もう少しだけ専門的な言葉を使った、同業者向けのものも用意したい、と。

だが、長さということになると、この本全体の目標である、物語の直観力が必要になる。長期的に目指すべき唯一の夢はここにある。規定の数に向けて頑張るのではなく、むしろ、どれだけの長さが必要かを感じ取れるようになるということだ。なぜなら、規定の数などないのだから。

8 段落WSP——英雄の旅

三つ目のツール、「段落のテンプレート」の出番がやってきた。これは、大規模で、楽しくて、ストーリーテリングの肝になっていて、なのに完全にものにして活用できるようになるまでには長い時間がかかるものだ。この理由から、僕は文のテンプレート（ＡＢＴ）のほうにもっと多くの時間を割くことを選んだ。文のテンプレートのほうが、旅路の始まりの段階では実用的だからだ。ここでは、僕たちの歩む道が最終的にどこにつながっているかを、簡単に示すにとどめる。

段落のテンプレートは、ジョセフ・キャンベルその人が挙げた「英雄の旅」という発想に基づいて組み立てられている。これは、ジョージ・ルーカスが「スター・ウォーズ」を創るのに使った代物だ。それをいじくり回して、友達を感心させるというのは楽しい。「おい、俺は自分の話にハリウッドの力を使ってるんだぜ」と。でも、今の段階では注意が必要だ。このテンプレートには、あなたをおかしな道に導いてしまう可能性が確実にある。使い方を間違いやすいし、誤解もしやすい。そのせいでイライラすることにもなりやすい。僕はその様子を、自分たちのワークショップで見てきた。これが必ず起こる。

僕はすでに、ジョセフ・キャンベルの作ったストーリーの円の図について話している。「英雄の旅」は、そのもっとも細かいバージョンだ。最初の時点で、あなたのためにできる最良のことは、優れた資料をいくつか紹介することだ。

キャンベルウッド、万歳

クリストファー・ヴォグラーの『ライターズ・ジャーニー』は、ストーリーを伝える上でジョセフ・キャンベルに頼ることがどれほど力になるかを示してくれる、決定的な資料だ。また、あなたは、僕がロバート・マッキーの『ザ・ストーリー』をどれほど広く引用してきたかも目にしている。この素材を（ストーリーを書く分野ではなく、ビジネス界に）応用した例としては、二〇〇七年に出版された名著『ストーリー・ウォーズ――マーケティング界の新たなる希望』（ジョナ・サックス著）がある。最後に挙げる、マシュー・ウィンクラーの「何が英雄を作るのか？」は、TED-Ed（TEDによる教育動画製作プログラム）で提供されている、優れた、シンプルな、短い、必見の動画だ（特に、最初の二分間）[17]。英雄の旅を表したキャンベルの円環モデルがどのようにはたらいているか、全体像をうまく直観的に感じ取ることができるだろう。

すでに触れたように、ハリウッドでストーリーの構造が認識され、理解される上で軸となった出来事は、ジョージ・ルーカスがジョセフ・キャンベルの教えを「スター・ウォーズ」シリーズの第一作に応用した時に訪れた。これをきっかけに、万事が一変したのだ。その後、ストーリーの構造を称える人々、そしてさらには崇拝者とさえ呼べる人々が他にも大勢加わって、キャンベルの教義をさらに広めていった。これは、しばらくの間は申し分ないことだったが、現在では懸念が生じている。

こうしたキャンベル主義の提唱者の一人が、ブレイク・スナイダーだ。彼は、二〇〇五年に出版された『SAVE THE CATの法則』の著者である。この本はほとんど、ストーリーの組み立て方についての脚本家向け指導マニュアルのようになっている。本は大人気になったが、それ以来、反感と、映画製作作業界は型にはまりすぎているのではないかという深刻な懸念が生じていた。

この懸念をもっともよく示した近年のエッセイは、二〇一三年七月のオンライン雑誌の『スレート』誌に掲載された、ピーター・スーダーマンの記事「映画を救え！――ハリウッドを乗っ取り、すべての映画を同じものに見えるようにしてしまった、二〇〇五年の本」だ。ここで言及している「二〇〇五年の本」とは、もちろん『SAVE THE CATの法則』のことだ。スーダーマンのエッセイは、一読の価値がある。彼は、近頃、映画が抱えている根本的な問題を要約している。すなわち、作品どうしが、あまりに似ているように感じられることだ。彼はこう言っている。「夏の映画シーズンに出される作品は、よく、型にはまっていると称される。だが、わずかな人々にしか知られていないのは、そこには実際に型があるということだ。台本において、正確に『何がいつ起こるべきか』を、一ページごとに設計していくための型が。まるで、完璧な（でなければ、少なくとも完璧に様式化された）夏の大ヒット作を作るための秘密の過程を、マッドサイエンティストが発見してしまったかのようだ」

近頃の映画がみな同じように感じられるというスーダーマンの懸念と訴えは、妥当なものだ。実は、彼の記事で何が素晴らしいかというと、彼がこのエッセイそのものを組み立てるにあたって、まさに自分自身が取り上げている、あの「英雄の旅」の形式を使っていることだ。最後に彼はそのことを明かし、読者に対して、文章を読み返して〔「英雄の旅」での分類に沿って〕さまざまな場面を見つけ出すように促す。果たして、彼はエッセイの中盤で「暗黒の時」に遭遇している。その場面での彼の文章はこうだ。「その型を知ってしまうと、継ぎ目が姿を現しはじめる。映画はどれも同じように見えはじめ、多くの場面は無理やり入れられた恣意的なものに感じられ始める。『マッド・リブス』の台本版のように思えてくるのだ」。彼は、「英雄の旅」の型について、次のような結論でエッセイを締めくくる。

「これ〔型〕は、私が自分の考えを整理し、次に何を言うべきかを考え出すのを助けてくれた。だが私は、自分がエッセイのためにではなく、型の求めるものに合わせて文章を書いていることにも気づいた。短く削られた部分もあれば、丸ごと削除された部分もあり、また、ほとんどビートシート[18]の項目を満たすためだけに入れた箇所もあった。別の言い方をすれば、型は書くことを楽にしてくれたわけだが、私の創造性を下げもしたのだ。」

わかった。では、このまっとうな正論に対する返事として、二つのことを言おう。

17　TED日本語翻訳チームのウェブサイトから、日本語字幕つきの動画を閲覧できる。http://www.ted-ja.com/2014/03/what-makes-a-hero-matthew-winkler.html

18　『SAVE THE CATの法則』で紹介されている、ストーリー展開を作るための用紙。

ハリウッドは、非創造性のゴミ溜めである

僕にはこの批判を浴びせることが許されている。なぜなら、実際にそうなっているのを見たからだ。映画学校の初日からだ。要するに、怠惰な書き手たちが、同じ映画の題材を再利用しているのを目にしたのだ。

僕は、二〇年にわたる科学界での経験を実世界に持ち込みたいと願って、映画学校にやってきた。だが、同級生の大部分は、自分の気に入っている作品（「インディ・ジョーンズ」から「ダイ・ハード」まで全部）と同じ要素を使って映画を作りたいと考えていた。実世界から、新鮮な、新しい、違った題材を持ち込みたいとは思っていなかったのだ。彼らは積極的かつ熱心に再利用したがった（クエンティン・タランティーノが、この手法は信じられないほどクールでイケているものになる可能性があることを見せつけていた。ときどき、冴えないものになる可能性もあったが）。

僕は脚本執筆の授業で、この学生たちが自分の作品のための登場人物たちを生み出すのを見ていた。彼らの作る人物像は、明らかに彼らの知っている登場人物たちに基づいたものだった。実世界の人々ではなく、彼らが若い頃に消費してきた、数え切れないほどの映画やテレビ番組の登場人物たちだ。その人物たちは、一九九六年のスリラー・コメディ映画の「ケーブルガイ」でジム・キャリーが演じた主人公のようだった。テレビのシットコムばかりを見せられて育ち、その人格全体、そして人生観が、さまざまなシットコムの登場人物を組み合わせて作り上げられている人物だ。当時も、そして今も、新しい題材を求めようという倫理観や関心は、純粋に欠落している。これは創造性の崩壊だ。そ

して、誰もそれによる問題を抱えていない。

題材がどう形作られ、その形作られ方がどれも同じかどうかということは、いわば些細なことだ。本当の問題は、終わりなき再利用の問題だ。あるいは、ある脚本家の友達が好む言い方をすると、こうなる。「あいつらは、自分の出した排気ガスを吸い込むのが好きなんだ」

問題なのは内容だ、形式ではない

ある道沿いに建っている家々がすべて、同じれんがで同じ形に作られていたら、その形はすぐに目につく。しかし、違った素材を使って同じ形に作られている場合には、その形は実のところ目立たない。少なくとも、しばらくの間は。そして、もっと重要なことに、素材の選び方や細かな特性に創造性の要素が加わっていると、形式の共通性が愉快にさえ感じられる。

もう一度言うが、これがハリウッドで本当に問題になっていることだ。退屈さを生み出すのは、題材の取り方であり、形式ではない。このことをまさに強調する例として、二年ほど前にある友人が僕に送ってくれたブログ記事を紹介しよう。これは、映画制作会社が「独自性（オリジナリティ）」を探し求めていると言っている場合、それは一体どういうことなのかを知らされた脚本家の話だ。

この作家は記事の中で、企画を売り込むために行った会議のことを説明している。売り込み先であるプロデューサー陣は「独自の」題材を求めていると言い続けていて、この作家は、自分はまさにそのような題材を紹介していると思っていた。ところが、プロデューサー陣は彼の持ち込んだものを気に入らなかった。その一人がとうとう言ったのは、彼らが「独自の」という言葉で指しているのは、映画には今までに一度もなっていないが、コミックの世界ではすでに絶大な人気を集めている、一般向けのよく売れているコミックのキャラクターのようなものだということだった。それが、彼らによる「独自性」の定義だったのだ。

　この世界では、あなたがマンション一室で脚本に必死に取り組みながら、自分の頭の中で一から考えだした登場人物は、なんとまあ、プロデューサーたちが「独自」という言葉で指しているものではないのだ。独自というより、変だとみなされる。なぜなら、誰もその登場人物のことを聞いたことがないからだ。そして、彼らは変なものには巻き込まれたがらない。本当だ。これが、ハリウッドの多くのプロデューサーたちの思考なのだ。馴染みがあるということが、彼らの活力源になっている。違うということは、何というか、そう、変だということなのだ。

　それなのに、観客がハリウッド映画はどれも同じに感じられると言うと、プロデューサーたちは衝撃を受ける。だが、繰り返すが、この既視感を生み出しているのは、ストーリーの形式ではない。内容の多様性の低さなのだ。

段落のテンプレートの変形版二つ
――ログライン・メーカーとストーリーのサイクル

• ログライン・メーカー

ハリウッド映画を作る時には、通常、ストーリー全体を一つの文または段落に要約した「ログライン」というものを用意する。僕が共同で書いた本『コネクション』の中で、僕の共著者のドリー・バートンは**ログライン・メーカー**というテンプレートを作り出した。これは、ブレイク・スナイダーの『SAVE THE CATの法則』に出てくる構成要素（ジョセフ・キャンベルの「英雄の旅」のモデルに基づいている）を元にしたものだ。

1．普通の世界では
2．欠点のある主人公が
3．自分の世界をひっくり返すきっかけになる出来事を体験する
4．じっくり考えた後
5．主人公は行動を起こす
6．しかし、事態が差し迫ってくると
7．主人公は教訓を得なければならない
8．敵を止めて
9．自分のゴールを達成するために

この「ログライン・メーカー」もまた、穴埋め式のテンプレートだ。僕たちは、このツールを「コネクション・ストーリーメーカー」アプリに組み込んだ。これを使って、パーティーでみんなが口々に要素を叫ぶとすごく楽しいことになる。「よし、誰か『普通の世界』を言ってみて」「精肉工場！」「靴の修理屋！」「ネイルサロン！」「了解、次は『欠点のある主人公』……」「窃盗癖のある宝石屋！」「悪徳警官！」「アル中の聖職者！」

これを、九つの要素全部を埋めるまで、マッド・リブス式に続けていく。だが、先ほど僕たちが認識した通り、「ゴミを入れればゴミしか出てこない」。案をみんなに叫ばせるのは楽しいかもしれないが、最後にできる段落は（だいたいは、ここが一番面白いところなのだが）おそらく無駄で無意味なものになるだろう。

この練習を何度もやりすぎると、あなたはログラインという概念そのものを無駄で馬鹿げたものだと思いこむようになる。だが、真剣に取り組めば、そこから得られるものは決して馬鹿げたものにはならない。ちゃんと機能する形になるまでには少し時間がかかるかもしれないが、最終的には有用なものになるのだ。

・ストーリーのサイクル

僕は**ストーリーのサイクル**には時間を使わないことにする。ストーリーのサイクルは、ドリー・バートンのログライン・メーカーや、他の「英雄の旅」のテンプレートの代わりになるものだ。今では、ストーリーのサイクルについてたくさんの本が書かれ続けていて、これからもそれは続く。ただ、ログライン・メーカーとの比較のために、ここにストーリーのサイクルの一二個の基本要素を示そう。これは、マシュー・ウィンクラーのTED-edでの講演を元にしたバージョンだ。

1. 冒険への呼び声
2. 援助
3. 出発

4. 試練
5. 接近
6. 危機
7. 宝
8. 結果
9. 帰還
10. 新たな生活
11. 解決
12. 現状維持（ただし、格上げされている）

「英雄の旅」モデルの強み

図11（一〇〇頁）を思い出してほしい。三つのWSPテンプレートから時間の経過とともに得られる利益を表したグラフを覚えているだろうか？　語と文のテンプレートにはすぐに使える用途があるが、物語の直観を自分のものにするというゴールにあなたを最終的に連れていってくれるのは、段落のテンプレートだ。椅子に腰掛けて、このテンプレートをすぐに自分の研究計画に利用してみたいという気持ちには抗いがたいが、注意深くならなければいけない。容易に、厄介なことになってしまう。

段階のテンプレートを使うことで、どれほどすぐに正しい道から外れてしまうか、ここに例を示そう。ログライン・メーカーを使おうとして、こんなふうに思うかもしれない。「よし、じゃあ、私たちの研究室を主人公にすることにしよう。だとすると、私たちの欠点は何だろう？　そうだな、いつも期日に間に合わないところかな。よし、じゃあ、世界をひっくり返す出来事は何だろう？」。こうして、空欄を埋めていくのだ。だが、このテンプレートを使ってたくさんの練習を積むまでは、おそらく、どこかで埋められない空欄に出くわすことになる。こんなふうになってしまうのだ。「えっ、待って。私たちの敵って何？　研究費の助成機関？　一般の人？　それとも、私たちが直面してるタイムスケジュールでいいの？」。

この混乱こそが、まさにスーダーマンが「自分がエッセイのためにではなく、型の求めるものに合わせて文章を書いていることにも気づいた」と言って不満を述べていたものだ。こんな誤りは犯したくないものだ。もし、いろいろな話題がテンプレートにうまく収まりそうにないのに、それらをテンプレートに放り込んでいるなら、おそらくあなたは正しい道から外れている。ここがまさに、「より良いストーリーを伝えるために科学を歪める」リスクのあるところだ。『ニュー・サイエンティスト』誌の書評者が、『こんな科学者になるな』で僕が提唱していた内容を非難したのもこの点からだった（とはいえ、僕は「科学を歪め」てはいなかったのだが。二週間後に同誌が掲載した僕の反論の書状では、その点を指摘することができた）。決して、科学を歪めたくはないものだ。

よって、「英雄の旅」モデルを無理やり自分に役立てようとしないように、気をつける必要がある。そして、このツールが持つ直近の価値についての僕からの警告はこうだ。短期的には、このツールはあなたにとってまったくもって価値のないものかもしれない。このツールを何度も使うほど、このツールに慣れていき、このツールを吸収して第二の天性といえる段階にまで達し、物語の使い方がうまく、そして強力になっていく。このツールをよく知るようになれば、各要素が自然と見つけられるようになるだろう。しかも、現実世界の状況の中から。

例として、「英雄の旅」モデルの中で（先ほど説明した二種類の段落のテンプレートを使って）見つけた、より深いストーリーの感覚を養うために役立つ具体策を四つ挙げる。コツはこれだけではなく、他にも山のようにある。

1．三セットの課題と解決の組み合わせ

何度も指摘してきた通り、ストーリーというものの本質は、もたらされ、解決される課題にある。ログライン・メーカーは、その構造の中で、課題と解決の組み合わせを三つ提示している。最初の課題と解決の組み合わせは、要素3と要素5に見られる。3のところで、主人公の普通の世界がひっくり返され、課題が生じる。解決策（最初の、一時的な解決策ではあるが）は、5で行動がとられた時に示される。

次の課題と解決の組み合わせは、6のところで起きる。争いが起こった時、すなわち、新たな課題が提示された時だ。この課題への解決策は、7と8の混ぜ合わせのようなもので、主人公が、彼もしくは彼女自身の欠点を克服する方法を見つけた時に示される。

そして、これこそが三つ目の、総合的な課題と解決の組み合わせだ。欠点のある主人公である。2のところで、主人公の欠点の中に課題が示されている。7のところで、主人公はその欠点を解消しなければならないのだ。

このことについて考えると、なぜこの組み合わせが真に強力なストーリーの青写真になるのかがわかり始める。まず、僕たちがどれほど課題解決志向を持つ生き物であるかを考えてほしい。続いて、

この課題と解決の力学を三倍量で摂取することについても考えてほしい。

このコメントに、あなたはもしかするとこんな反応を返すかもしれない。「たった一つの、単独の物語がほしいと言っていた気がするけれど？」。その通りだ。その考えは、今でも変わらない。三つの課題と解決の組み合わせを使っても、主人公はやはり一人だけだし、単独の課題というのは、要素3で出てくる課題のことだ。全体のストーリーは、その一人の登場人物が、その一つの課題に取り組むことについてのものだ。要するに、（同じ課題の）緊急性が高まり、主人公が欠点に取り組むことで、最終的にその課題が解決されるということなのだ。

2．欠点のある主人公

ここで、ログライン・メーカーの「欠点のある主人公」の要素について、科学界の観点から考えてみよう。科学的手法が、欠点のない人々によって行われる純粋で機械的なプロセスであると考えられがちな傾向について話してきた。その欠点のない人々が、ついには真実への道を見つけるのだと。そうではない、科学と科学者たちは完璧ではないのだ、と指摘しようとする評論文や本が数えきれないほど書かれているにもかかわらず（僕が前に挙げた、ヘンリー・バウアーの『科学リテラシーと科学界の俗説』など）、科学者たちは完璧なロボットであるし、そうあるべきなのだという根深い感覚はなかなか消えない。「スター・トレック」のミスター・スポックのことを考えてみてほしい。彼は基本的に、おそらく完璧な科学者のタイプだと思われるものを体現していた。彼は、人類がその標準的な論理思考にどれほど欠点を抱えているかを見て、常に驚嘆していた。人類は決してミスター・スポックにはなれないのだ。

ここに、ログライン・メーカーの示すジレンマがある。大衆は、自分たちの英雄に欠点があることを好むし、求めるのだ。オスカー・シンドラーは、「シンドラーのリスト」の中で自分の強欲を乗り越える必要があった。ロッキー・バルボアは、「ロッキー」の中で、自分は敗者であるという自己認識を乗り越える必要があった。インディアナ・ジョーンズは、「インディ・ジョーンズ」の中で蛇への恐怖を乗り越える必要があった。……何度も何度も、観客たちはこの苦闘を物語の中で見たがるのだ。

それでもなお……もしあなたが科学者なら、あなたは人々に自分の研究に欠点がないと信じさせて、自分を信用させたいような気持ちになるだろう。それでもなお……世の中にはエラーバーとか、測定誤差とか、信頼区間とか、その他、この科学者は完全無欠の人物というわけではないと示すあらゆるしるしがある。

科学界が、一般の人々のもつイメージについて、そして、一般の人々の信頼を保つことについて、大いに心配しているのを僕は知っている。これは繊細な問題だし、僕は、科学者たちが自分のすべての個人的な短所を聴衆に熱心に伝えるべきだと提唱しようとしているわけでもない。そうではなくて、ここで重視するのは、コミュニケーションの力学において「欠点のある主人公」の概念が持つ力、そして、その力を建設的に使える方法だ。そして、科学者たちはこれをかなり頻繁に使っているのだ。そのことに気づいているかどうかは別として。

効果的な形で欠点を持つ発表

僕はそれを、優れた科学講演の中で何度も、何度も見てきた。科学者が研究のストーリーを語っている時に、こんなことを言うのだ。「私たちの犯していた間違いは、事を急いでいたことです。試料を採集するために出かけるたび、試料を急いで研究室に持ち帰らなければいけないと感じていたんです。ですが最終的に、ある時、採集フィールドで車がガス欠になってしまって、助けを待つ間に追加の試料を集めることを、最初の試料を採集した一時間後に決めたんです。それこそが、私たちがついにあの発見をした時でした……」

これこそが、要するに、まさに欠点のある主人公のストーリーなのだ。この欠点は、研究者の倫理観や能力への疑問を持たせるようなものでは決してなかった。この特定の事例についていえば、欠点は、焦ってしまうという人間の自然な性質にすぎなかった。だが、それを「見てください、私たちはこんなに愚かだったんです」という、自分を卑下する形で語ることで、その科学者は聞き手を惹きつけることができるのだ。聴衆は、自分をその話に関連づけることができる。自分も同じような誤りを犯したことがあると感じるからだ。

実際、科学の歴史全体の中で間違いなくもっとも偉大なストーリーの一つも、ペニシリンの発見という、欠点のある仕事から幸運によってもたらされた結果についてのものだ。一九二八年、イギリスの生物学者、アレクサンダー・フレミングは、ブドウ球菌を塗ったペトリ皿の蓋を間違って開けたままにしてしまい、そこにペニシリウム属の青カビが混入してしまった。フレミングは、青カビの周りでブドウ球菌の生育が抑制されていることに気づいた。培地のその領域から、彼は最終的に、世界で初めての抗生物質を抽出したのだった。

この発見にもかかわらず、フレミングは誰もが知るほどコミュニケーションの下手な人物で、抗生物質の潜在的な重要性を誰にも納得してもらうことができなかった。彼は人目につきにくい論文を発表し、そこに書かれた知識は、軍部がその論文を手にとって、第二次世界大戦でついに実用化されるまで、一〇年以上も日の目を見ないままだった。結果として、このストーリーはたいてい、拙いコミュニケーションのもたらす悲劇的な結果の例として引用されている。

だが、それよりもあまり評価されていない要素は、欠点のある主人公（偶発的な誤りを犯してしまうが、それが結果として英雄的な発見につながる科学者）が持つストーリーテリングの力だ。もし、あなたが自分の研究の中で悪い判断をしてしまい、それが、気づきの瞬間によって最終的に正されたら、その経験から得られるのは、損になることよりも益になることの方が多いだろう。自分の失敗にきまりの悪い思いをする代わりに、実は、自分のストーリーのその部分を伝えることにこそ、コミュニケーションの真髄のようなものがあるのではないかと、自分自身に問いかけてほしい。あなたの意図が誠実なものであれば、聞き手は「誰もが人間なのだ」という基本の考えに基づいて、失敗を許す大きな余地を与えてくれる。科学者であっても、やはり人間なのだと。

物語の深い直観を養う

真のゴールは、**物語の深い直観を養うことだ。**物語の問題を、感覚一つで感じ取れるようになりたい。直観があれば、人の話に耳を傾けた時に、あなたの頭の中でベルが鳴り、こう言わせる。「待って、前に戻って。焦りすぎることで犯してしまった間違いについて、ちょっとだけ話したところまで。その話、もっと聞かせて」

これこそが、ストーリー構築の真髄だ。事実を見つめて、聞き手にとってはある要素が他の要素よりも面白いのだということに気づく。ある要素は他の要素よりも劇的な内容を持っている。研究がどのように行われたかについての陳述をまるまる行えば、最終的には恐ろしく退屈な話になるだろう。**しかし**（この言葉の使いどきだ）、もし、あなたがそこで突然「しかしある日、私たちは違ったふうにやってみたのです」と言えば、最後に物語の力に頼ることができる。

こうしたやりかたは、必ずしも常にはっきりとわかるわけではない。直観を養う重要性はここにある。次の対策では、もっとも劇的な可能性を秘めた話題を見つけ出すための直観を養えていない場合に逃してしまうものを紹介する。

3．自分の世界をひっくり返すきっかけ

ある大きな科学研究所の広報担当者が、自分の研究所の研究者グループのストーリーを僕に話してくれた。彼はそのグループから、ある発見についての連絡を受けたという。最近解けてしまった氷河を見つけたのだ。それまで、その氷河についての報告は誰からもなかった。ニュースだった。

彼いわく、気候変動についての政治状況を考えれば、この発見は議論を呼ぶ可能性があるということを、広報部のメディア担当局の人々はわかっていた。だが、それでもプレスリリースを出すことに決めた。彼は話を続け、そのプレスリリースのメディアでの評判について僕に聞かせた。だが、僕は彼の話を止めた。

「待って」。僕は言った。「プレスリリースを出そうと決断したところに戻って。それは、あなたの部署の人たちにとって簡単な決断だった？」

もちろん、それは簡単な決断ではなかった。彼は、研究所のメディア担当局のスタッフが、そのことをめぐって分裂した様子を話してくれた。スタッフの半分はプレスリリースを出すことに賛成し、

また半分は、気候関連の問題に関して避けられない政治的駆け引きを理由に、口をつぐんでおくことに賛成した。実務的な口調で、次第に激しさを増す議論が行われた。

僕は言った。「うん、素晴らしいじゃないか。他には何があった?」。彼は、その晩は自分と妻との間でもちょっとした言い合いになったと話してくれた。彼の妻が「プレスリリースなし」のグループ、すなわち、彼の姿勢とは反対の側に味方したためだった。そして翌朝、彼が出勤するときにもまだ二人は言い争っていた。その後も詳細な話がたくさんあり、そのどれもが、面白く引き込まれるものだった。そして、良いストーリーテリングの材料になるものだった。

ここで伝えたい重要な点は、彼がこの話題全部について話してくれた時に明らかになったことだ。彼はそれまで、ログライン・メーカーで言うところの、ストーリーの「自分の世界をひっくり返すきっかけ」の瞬間を飛ばしてしまっていた。彼はストーリーの中にある、事実に関する情報に焦点を絞っていた。その氷河はどれほど大きかったのか、その氷河が解けているということは何を意味するのか、将来に向けてどういう意味を持つのか。彼自身が重要だと思ったことばかりだ。しかし、一般の聴衆の場合は、感情的な内容のほうにもっと引き込まれる。そして、「自分の世界をひっくり返すきっかけ」になる瞬間が生み出すのは、そうした感情的な内容なのだ。話が正確である限り、感情的な内容はストーリーの有効なパーツであり、コミュニケーションの真髄だ。

誰かのストーリーに耳を傾けることができ、こうした要素を聞き取れる直観を持つことができる。このような状態に達したいところだ。すべてのストーリーがみな等しく作られているわけではないのとまさに同じように、ストーリーのパーツも、どれも同じ力を持つわけではない。パーツの中には、他のパーツよりもはるかに物語の力に満ち溢れたものがあるのだ。必要なのは、それを見抜く力だ。

4．暗黒の時

もし、あなたが「ストーリーのサイクル」のテンプレートを使おうとしていて、かつ、自分が個人的に経てきた旅路のストーリーを話して、人々の心の奥深くに届けたいなら、どこから手をつければいいだろうか。僕は、英雄が危機を迎える段階である、六番目の要素に着目することが、もっとも良い出発点になる場合があると気づいた。

この「暗黒の時」は、主人公の努力が失敗に終わりそうに見える時点のことで、感情面ではもっとも強力なストーリー内要素であることが多い。ある研究所は、三〇年近くにわたる実に大胆なイノベーションの歴史のストーリーを語るための手助けを僕に頼んできた。ストーリーの始まりと終わりは明確だった。このストーリーは、イノベーションのための場を作りたいという夢から始まった。これは常に大変な課題だ。今日、その研究所は大きな成功を収め、人々に称賛されている。しかし、興味深い疑問は、夢の追求が始まってから、その夢全体がついえてしまうように見えた時は果たしてなかっただろうかということだ。

この場合、答えは疑うことなく「あった」だった。何もかもが功を奏していないように見え、失敗のパターンによって資金助成が終わったかもしれないと思われた時期が。しかし、その時……（さあ、これがストーリーの始まりだ）。

ほぼいかなる場合でも、物事がダメになっていきそうに見え、旅が大失敗になることを運命づけられているように思える時点がある。もし、物事がいまどれほど素晴らしい状態にあるかを人々に心から認めてほしいなら、それがどれほど失敗間近まで迫ってしまったかを示して、そこから得られる劇的な力を利用することだ。山と谷の間にあるコントラストと隔たりが大事なのだ。

実際、あらゆる偉大なストーリーテリングは、山と谷を軸にしている。僕にとって初めての、そしてもっとも素晴らしいストーリーの講師、脚本家のクリストファー・キーンは、これを簡潔に示してくれた。彼は、伝記的なストーリーを語ることについて話をした。ホワイトボードに、上がり下がりを繰り返す線を描いた。「これはその人の人生のグラフです。たくさんの山と谷があります」と彼は言った。続いて、その線の真ん中の部分を全部消して、こう言った。「さて、これが、あなたが自分のストーリーのために使っておきたい話題です。この人の過渡期にあたる中間部は全部、私たちに見せないでおいてください。私たちにはただ、一番高い地点と、一番低い地点について教えてくださ い」

さらに、このステージからもっと多くの詳細を引き出せるようになると（「ストーリーテリングの力は細部に宿る」）、話はもっと強力になる。スピードを上げて中間部（情報量を非常に重視するタイプの人しか関心を持たないであろう、たくさんの情報の詳細）を飛ばすべきタイミングを感じ取る能力と、それに対して、スピードを落として、誰もが引きこまれるようなドラマと感情を表現すべきタイミングをわかっていること。これが、良いストーリーテリングを構成する要素の、かなりの部分に相当する。ゆっくりとした動きでボール球を二球振り、それから満塁ホームランを打つ野球選手だ。大事なのは、ドラマなのだ。

9 物語のスペクトラム

さあ、今度は、これまでに挙げたテンプレートが現実世界でどのようにはたらくかを示す時だ。この章では、「物語のスペクトラム」を使って、五本の発表済み論文の要旨が持つ物語の構造を評価する。第10章では、二〇一四年、これらのツールを使って自分の発表を改善した科学者たちの例を三つ示す。最後に、僕の仲間であるステファニー・インが、ジェームズ・ワトソンによる科学研究記の傑作、『二重らせん』を、ログライン・メーカー・テンプレートを使って分析する。（ここで二度目の宣言をしておく。前に述べた通り、僕はジェームズ・ワトソンについてまわる悪しき駆け引きのことを認識している。僕がこの本で彼の作品を扱うのは、物語の構造を分析するという目的のためだけであり、個人として、そして専門家としての彼の人生を支持するためではない。）

物語の構造を分析する

僕たちは、ほとんどの科学者たちが「ＩＭＲＡＤ」という略語をまったく聞いたことがないと知っている。同じように、彼らは自分の研究論文の要旨の語り口を構造的に組み立てるということについて、おそらくあまり考えてはいないだろう。

しかしながら、学術論文誌の中には（特に、生命医学の世界では）、書き手に「構造的に組み立てられた要旨」を作るよう、指針をあえて示しているものもある。二〇一一年、アンナ・リップルは情報技術の専門家たちを率いて、この慣習の長期的なパターンを分析した。彼らは、構造立てられた要旨という要件が一定のペースで増えていて、一九九二年にはそれを必要としていた論文誌の割合は二・五パーセントだったのが、二〇〇五年までに二〇・三パーセントになっていたことを発見した。図1に示したように、生命医学の世界でＩＭＲＡＤテンプレートが受け入れられるまでには五〇年がかかった。同じようなパターンが、構造的に組み立てられた要旨についても生じつつあるかのように見える。彼らの論文に載っている、この物語的特性の広がりを表したグラフは、過去の事実から推測すると、構造立てられた要旨の受け入れ率が、二〇五〇年を少し過ぎた頃に百パーセントに達する見込みだと示している。科学の変化は遅いのだ。

リップルらは、論文誌が求めるさまざまな構造の要素を、総合的な五つのカテゴリーにまとめた。背景、目的、手法、結果、結論だ。背景は「そして」の話題だ。目的は「しかし」だ。手法と結果は「したがって」で、最終的には結論につながる。これも同じ、ヘーゲルによる基本のテーゼ、アンチテーゼ、ジンテーゼの構造だ。

では、ABTの力と応用性を証明するために、僕はそれを、話の物語構造を分析するツールとして使うことにする。分析の材料としては、科学論文の要旨を使う。二〇一四年一月、僕は統合・比較生物学会（Society for Integrative and Comparative Biology：SICB）の年会で基調講演を行った。SICBは、僕に学会誌『インテグレーティヴ・アンド・コンパラティヴ・バイオロジー』の無料購読権をくれた。購読を始めた最初の号（五四巻二号）が郵便で届いた時、「物語のスペクトラム」を使って評価する対象として、その号の冒頭に載っていた一群の論文（シンポジウムの予稿集）を選ぶのは極めて当然のように思えた。

そのシンポジウムには、「寄生生物による宿主の表現形の操作、あるいは、ゾンビの作り方」という素晴らしいタイトルがついていた。僕は予稿集の原稿の要旨だけを分析した。誤解を避けたいがためだけに言っておくが、載っていた原稿は、どれもよく書かれていて明快なものだった。僕が求めている唯一のことは、物語の力を最大限に発揮するために、さらに少しだけ上の地点に到達してもらうことだ。それぞれの原稿の全体にわたる分析をすることもできたが（物語の構造は、最初から最後までずっと保ちたいものだ）、要旨は簡略で短く、分析に向いていた。僕はここに、予稿集の中の五つの原稿の要旨を示し（原文は巻末の「補遺」に掲載）、続いて、それぞれに対して、「物語のスペクトラム」の分析結果を示し、その後にコメントをいくつかつけて、分析の根拠を説明する。

要旨1

「我々はスナガニ（*Lepidopa benedicti*）の内部寄生生物を調べ、そして、研究対象とした集団に常に感染している唯一の寄生生物は小型の線虫であることを発見した。多くの線虫は、複数の宿主を必要とする複雑な生活環を持ち、その過程でしばしば自身の宿主を強力に操作することから、我々は、線虫が宿主のスナガニの行動を変えるという仮説を立てた。我々は、感染がより重度のスナガニは、感染が軽度のスナガニに比べて砂の上でより長い時間を過ごすと予測した。我々のデータは、線虫による感染は、カニが砂の上で過ごす時間と相関していないことを示している。我々はまた、砂浜で暮らす生物が、その生息域の種多様性の低さを要因として、寄生生物による負荷が比較的少ないことによる利益を受けている可能性を示唆する。」

•要旨1の分析――DHY型

要旨1は、「我々は○○を調べ……」と言って、いきなり「したがって」の記述に入ってしまう。これから検証していく問いを題名のところで示していれば、このやり方は物語的な効果を上げると見ていい（そうすれば、疑問から解決策へと一気に飛び込むことができる）。しかし、この論文の題名は「線虫はスナガニ（*Lepidopa benedicti*）に感染するが、スナガニによる砂掘りを操作することはない」と結果を述べており、問いの提示にはなっていない。結果として、この題名があろうとなかろうと、背景の説明は行われず、唐突に物語の方向を示すことになってしまっている。続いて、最初の文の後半部分では、「○○を発見した」と言って結果を示している。これはつまり、読者はここで結果を知り始めるが、明確な文脈は与えられていないままだということだ。次の文には「……ことから」と述べられている。これも、「したがって」と同じような帰結の言葉だ。この文が後半に差し掛かると「我々は○○という仮説を立てた」と書かれ、次の文では「我々は○○と予測した」となる。この時点までの間に、話の筋は後ろへ前へと何度か方向転換してきた。例のＤＨＹ構造の力が働いてしまっているのだ。この要旨で取り上げられている題材になじみのある人たちなら、話についていくのはさほど大変ではないのかもしれないが、その小さな集団の外から見ると、ここで語られている物語は不必要に複雑で、読者にとって害になっている。

要旨2

「近年の研究は、植物のウイルスおよびその他の病原体が、宿主植物の表現形を、節足動物を介した病原体伝播を促進する方向に変化させることを示唆している。しかしながら、多くのウイルスは複数の宿主に感染するため、これらの病原体が系統的に多様な宿主植物において伝播促進を誘導する能力を持つのか、また、宿主への作用に対し、ある宿主もしくは植物群落の進化史がどの程度の影響を持つのかについての疑問が生じる。こうした問題を検討するため、我々はアブラムシによって非永続的に伝播される一般的な多犯性植物病原体であるキュウリモザイクウイルス（ＣＭＶ）の、新たに得られた二つの野生分離株を用いて、異なる宿主植物の表現形、および、その後の媒介アブラムシとの相互作用に対する作用を検討した。栽培用カボチャ属植物の畑から採取された一つの野生分離株（KVPG$_2$-CMV）は、自然宿主であるカボチャ（*Cucurbita pepo*）において、宿主—媒介生物間相互作用に対し、先行研究で病原体伝播につながると示唆されていた一連の作用を誘発した（アブラムシにとっての宿主植物の質の低下、感染植物から非感染植物へのアブラムシの迅速な分散、健康な植物が発散するものと似た揮発性物質混合物の高濃度放出に対するアブラムシの誘引など）。栽培用トウガラシ（*Capsicum annuum*）から採取されたもう一つの野生分離株（P$_1$-CMV）は、自然宿主に対してより中立的な作用を誘発した（おおむね、カボチャのKVPG$_2$-CMVにおいて見られたのと同様の傾向を〔統計的に〕有意ではない範囲で示していた）。我々がこれら二つのCMV分離株の異宿主間接種（KVPG$_2$-CMVをトウガラシに、P$_1$-CMVをカボチャに接種）を試みたところ、P$_1$-CMVは新奇宿主に散発的にしか感染できず、KVPG$_2$-CMVは、自然宿主に比べていくぶん低い成功率で新奇トウガラシ宿主に感染し、ウイルス価はいずれの株についても、自然宿主において観察される値よりも有意に低い値にしか達しなかった。さらに、KVPG$_2$-CMVは新奇宿主の表現形変化を誘導し、その結果として、宿主—媒介生物間相互作用にも変化を誘導して、自然宿主において観察されるのとは劇的に異なり、ウイルス伝播の観点から見ると不適応と見られる相互作用を生じさせた（この例では、アブラムシにとっての宿主植物の質が有意に向上し、アブラムシの分散が現象した）。以上をまとめると、これらの発見はCMVによる局所的宿主への適応の科学的根拠（自然宿主に対して新規宿主で感染性および自己複製率が低下したことなど）を示すものであり、さらには、そうした適応が、媒介生物となっているアブラムシとの相互作用を仲介する宿主植物の表現形に対する作用にも及ぶことを示唆している。それゆえ、これらの結果は、宿主—媒介生物間相互作用に対するウイルスの作用は適応的なものでありうるという仮説と矛盾せず、多犯性病原体が宿主の表現形に対する上記およびそれ以外の作用に関して（ことによると、均質な単作地において特に著しく）適応性を示す可能性があることを示唆している。」

- 要旨2の分析——ABT型

ABT構造の力を証明するものがここにある。要旨2の最初の文は、明確な提示部の説明になっている。二番目の文は、対立の語である「しかしながら」で始まり（ここは「しかし（but）」にもなりえる）、本題に直行している。この文のもっとも重要な内容は、「これらの病原体は○○する能力を持つのか？」だ。次の文は「それゆえ」の部分である。この文は、「こうした問題を検討するため」という書き出しで始まっており、最初のところに「それゆえ」を入れてもしっくりくるものだ。全体として、この要旨の冒頭部は、内容を容易に追える、非常に簡潔なものになっていて、読者を明確な方向へと連れていってくれる。そこから、要旨は研究の詳細を説明している（もしかすると、単なる要旨として求められる範囲よりも、少々詳しすぎるかもしれないが）。終盤、「さらには」を含む文によって、私たちは結果報告の終わりに近づいてきていることを感じ取れる。終わりから二番目の文は「以上をまとめると」で始まる。明らかに、まとめの時間だ。そして、最後の文はこのように始まる。「それゆえ、これらの結果は○○という仮説と矛盾せず……」。この要旨がいくぶん冗長なものであることに、疑いの余地はない。言葉をいくらか削っておけば、良い効果が得られていたはずだ。しかし、少なくともこの要旨には、非常に明確で、シンプルで、強力な物語の構造がある。

要旨3

「動物は、感染症に対する行動面からの防御手段を多数持っている。例えば、動物は一般的に、病気の同種個体を避け、特に交配中にはそれが顕著である。また、大部分の動物は感染後に行動を変化させ、それによって回復を促進する（疾病行動）。例えば、病気の動物は一般的に、性行動など、エネルギー要求量の多い行動の実行を減らす。最後に、動物の中には、生命を脅かすような免疫攻撃を受けた際に、繁殖面での生産性を向上させられるものもいる（最終生殖投資）。これらの行動的反応はすべて、その開始におそらく免疫／神経情報伝達シグナルを必要とする。不運なことに、この情報伝達経路は寄生生物による操作を受ける傾向にある。性感染症（ＳＴＩｓ：sexually transmitted infections）の場合、これらの寄生生物／病原体は感染を成功させる上でこうした行動的防御のいくつかを壊さなければならない。ＳＴＩｓが免疫活性化の全身的シグナルを抑えるという科学的根拠がある（例：炎症性サイトカイン）。この操作は疾病行動やその他の行動的防御の抑制、および、宿主の免疫系による攻撃の防止におそらく重要である。例えば、コオロギ（*Gryllus texensis*）はイリドウイルスIIV-6/CrIVというＳＴＩに感染する。このウイルスは免疫系を攻撃し、それが免疫機能に重要なタンパク質の産生能力を劇的に低下させて免疫系に害を与える。この攻撃はまた、免疫系が疾病行動を活性化させる能力も阻害する。感染したコオロギは、熱殺処理した細菌による刺激を受けても疾病行動を発現させることができない。ＳＴＩｓがヒトやその他の動物の疾病行動をどのように抑制するかを理解することで、精神神経免疫学の分野を顕著に進展させ、有用的な成果を得ることもできるだろう。」

・要旨3の分析——ＡＡＡ型

要旨3は、大部分が「そして、そして、そして」の説明になっている。これは総説論文だが、その要旨は長々と続く文の連続で、最後に、この研究すべてが「精神神経免疫学の分野を顕著に進展させ、有用的な成果を得ることもできる」だろうと述べる文で締めくくられている。この段階に来るまで、要旨に物語の筋はまるでなく、感染症に対する行動面からの防御の羅列があるのみだ。僕が、内容が正確である限りはＡＡＡ構造も間違いではないといった節を思い出してほしい。だがそれは、物語を使って、より上の、簡潔で説得力のあるレベルへと話を向上させる機会を失ってしまうことを示しているのだ。

要旨4

「宿主の栄養摂取により感染し、宿主の表現形を操作する寄生生物にとっては、寄生生物どうしが資源競争を経験するか否かは、宿主に対する寄生生物の数、感染の度合いの大きさ、宿主の免疫系に対する防御コスト、あるいは宿主を操作するためのコストを寄生生物どうしがどの程度まで共有するか、そして、宿主同士が感染目標をどの程度まで共有するかといった要素に依存する。理論的予想は個体密度に対する依存性がない場合、正の依存性がある場合、負の依存性がある場合のいずれについても述べられるはずだが、それにもかかわらず、宿主の栄養摂取により感染する寄生生物について、多くの研究では個体密度に対する負の依存性しか立証していない。しかしながら、この傾向は、寄生生物が宿主に比べて多い系に着目した研究が多いことによるアーティファクトの可能性がある。それでも、寄生生物が宿主に比べて少ないという系は広く存在し、宿主の栄養摂取により感染するそうした寄生生物は、資源の制約を受ける可能性が低いかもしれない。我々は、野生で捕獲されたカリフォルニアキリフィッシュ（*Fundulus parvipinnis*）が感染していた、*Euhaplorchis californiensis*（EUHA）と*Renicola buchanani*（RENB）という、宿主を操作する二つの寄生性吸虫において、個体密度に対する正の依存性の兆候を探した。これらの寄生生物はキリフィッシュに対して小さく（資源に制約がないことを示唆）、また、寄生の度合いに依存してキリフィッシュの行動が変化し、二つの寄生生物にとっての共通の最終宿主に捕食される割合が高まる現象とも関連している（コストの共有を示唆）。いずれの種においても個体密度に対する負の依存性は観察されず、資源には制約がないということが示された。実のところ、観察されたパターンは、ＥＵＨＡについて、個体密度に対する軽い正の依存性がある可能性を示している。実験による確認は必要であるものの、我々の発見は、行動を操作する寄生生物の中に、個体数が減少するという影響を受けずに済み、むしろ、同種によって「混み合った」時には利益を得られる可能性があるものがいることを示唆している。」

・要旨4の分析――ＤＨＹ型

要旨４は、象徴的な「それにもかかわらず（Despite）」、「しかしながら（However）」、「それでも（Yet）」の文になってしまっている。実を言うと、僕はＤＨＹという形式の略称を、まさにこの要旨から導き出したのだ。第一文は、始まりの文であるにもかかわらず、六七語もある……要旨を丸ごと一つ、一文に収めているようなものだ！　そして、この文はシンプルではない。この文は、「寄生生物どうしが〇〇するか否かは」を軸に組み立てられた条件命題だ。「〇〇するか否かは」の部分は、この時点ですでに僕たちを二つの方向へと向かわせている。二番目の文は「それにもかかわらず」で、三番目の文は「しかしながら」だ。そして、四番目の文に書かれているのは……そう、もちろん「それでも」だ。僕が「過度に物語的」なコミュニケーションに触れた時に話していたのは、こういうことなのだ。四つの文の中で四つの方向性を示された読者は、行き先を見失ってしまう。この要旨の内容はきっとすべて正確だろうから、これは大惨事というわけではない。この題材をより簡単に示す方法があるということだ。より簡単にするのは易しいことではないが、ＡＢＴ構造を心の底から知っていくことで、それが始まる。

要旨5

「自らの宿主の行動を適応的に操作する寄生生物は、私たちが自然界で見つけることのできる適応の中でもっとも興奮をかきたてるものの一つである。宿主の行動は、寄生生物のゲノムの成功や失敗がまさにその宿主の行動の変化に依存するような動物たちの中では、寄生生物の拡張表現形になりうる。進化生物学は、ウォレスやダーウィンといった博物学者たちが新種の起源を理解しようとした中で抱いた、表現形の多様性に対する深い関心から生まれた。私はこの評論で、寄生拡張表現形の起源についてももっと考える必要があることを論じる。これは、脊椎動物の目やウマの蹄などといった、新規性の例として教科書に載っている形質の進化を理解することよりも、難しい課題である。しかしながら、ゲノム系統学などの新たなツールが、寄生生物の拡張表現形を理解する上での著しい発展を生み出すための重要な機会を与えてくれる。寄生拡張表現形の起源を知ることは、それ自体が重要なゴールである。しかし、得られる知識は、複雑な操作が稀である理由を私たちが理解する助けにもなり、その出現を促進する進化上の転換点を同定するのに役立ちもするだろう。」

• 要旨5の分析――ABT型（彼らはこう言う、私はこう言う）

要旨5は議論になっている。まるで、著者がグラフとバーケンスタインの『彼らはこう言う、私はこう言う』を読んで心に刻みつけたかのようだ。この要旨は、明瞭かつ明快な二つの文で始まり、それらが、議題における「彼らはこう言う」の側面を提示している。三番目の文は対立の語で始まってはいないが、対立の語を一つ入れれば、それで話が通ることが感じとれるはずだ。試してみよう。「しかし、進化生物学は……博物学者たちが……抱いた……深い関心から生まれた」。続いて、その次の文には「したがって」を付け足すことができる。「したがって、私はこの評論で……と論じる」だ。そのようなわけで、「しかし」と「したがって」は登場していなかったものの、この構造はすっきりとシンプルな、三部構成の形式になっていた。ヘーゲルも喜ぶことだろう。

僕はこの物語のスペクトラムの分析を、シンポジウムの予稿集に出ていた一三本の論文すべての要旨に対して行った。その分類はこうなった。ＡＢＴ型が六本、ＤＨＹ型が六本、ＡＡＡ型が一本。

分析した要旨のうち六つは、ＡＢＴ構造そのものか、それに近い形になっていて、緊張感や対立の源を一つだけ用意してから、その方向に進んでいる。それらの要旨には、混乱を招いたり退屈になったりするという問題は起きない。内容がすっきり気持ち良く理解できるのだ。

残りの要旨のうち六つは、スペクトラムの「過度に物語的」な側に分類された。これらは否定の語を二つ以上出していたり、要旨を否定の語から始めていたり、序盤からいきなりいくつも連続して否定の語を使っていたり、ＡＢＴの要素を間違った順序で使っていたりした。これらはすべて、混乱を生じさせる。ＤＨＹ型の要旨の多くについて僕が言わざるを得ないのは、何が述べられているのかを読み解こうとして、何度も、何度も、何度も読み返す羽目になったということだ。だが、それはＡＢＴ構造の要旨には起こらないことだ。

たった一つの要旨だけがＡＡＡ型になっていた。主張を次々と示して、最後に一つだけまとめの文を置いたものだ。僕は、ここで見られたＡＢＴ、ＤＨＹ、ＡＡＡの存在比が科学論文全体の状況をかなり反映しているのではないかという感覚を持っている。熟練の科学者たちのうち半数が、直感的にＡＢＴ構造、あるいはその近辺に着地する。だが、およそ半数は物事を考えすぎて、物語の筋が複数できてしまい、論理に飛躍が出てしまうという結果になる。

僕は米国農務省向けに行った講演の中で、そこにいた科学者たちの一人に、彼がよく使う科学雑誌のうちの一誌について、適当な巻号を挙げてみてくれないかと問いかけた。彼が挙げてくれたのは、『システマティック・ボタニー』誌の三五巻三号だった。僕はそれを、「ストーリー・サークル[19]」の共同プロデューサーであるジェイド・ラヴェルに委ね、彼女はその号に載っている一九本の論文について、すべての要旨が完璧なＡＢＴ形式を持っているかどうかをすぐさま調べ始めた。彼女の出した結論は「完璧にはほど遠い」というものだった。

完璧なＡＢＴ構造を一〇点とする、一点から一〇点までの評価基準を使ったところ、彼女はこの号の要旨に三・八点という平均点をつける結果になった。八点をとった要旨が二つ、九点が一つあったので、全部が悪かったというわけではない。しかし、一点の要旨も三つあった。もちろん、この評価には明らかに主観的な要素がある（誰か別の人が評価に当たっていたら、六点ぐらいの平均点をつけるということもありえただろう）。だが、これらの要旨がすべて、しっかりした物語構造を持っていると述べ始める人はいないと思われる。明らかに、なされるべきことが山ほどあるのだ。

もう一つ、この話につけ加えるべき逸話がある。ある友人がこの本の原稿を読んで、自分の研究室の大学院生たちに対し、次の研究室のミーティングに二つの論文の要旨を持ってくるように言った。「良いもの一つ、良くないもの一つ」を選ぶように、というのが、彼女が学生たちに出した指示のすべてだった。大学院一年目の学生たちは、要旨をその内容に基づいて選んだ。大まかにいうと、「これは、面白い題材を取り上げているから良い要旨。これは、題材がつまらないから悪い要旨」という選び方だ。しかし、上の学年の学生たちが選んだ「良い」要旨は、大部分がＡＢＴ型で、「悪い」要旨は、物語の面ではぐちゃぐちゃになっているものだった。彼女はそれに強い印象を受けた。ＡＢＴの具体的な知識がなくても、上級生たちはそちらの方向へと惹きつけられたのだ。だが、若い科学者たちは、有効なものについての勘を持つという以上のこともできるはずだ。僕が期待しているのは、この本で紹介した用語と詳細を活用することで、彼らは確固たる物語の直観を築き上げることができ、その直観を効果的な形ではっきりと表現する方法を身につけられるだろうということだ。これによって、人は物語の本当の力を得ることができる。

19　著者が開発した、科学者が物語的な思考やコミュニケーションを学ぶためのトレーニング。

10 四つのケーススタディ

では、これらの物語のツールは、果たしてちゃんと使えるものなのだろうか？　僕自身、そうした懸念を持っていたが、答えは「使える」だ。この章では、その実例となる四つのケーススタディを紹介する。最初の二つは、僕が一緒になって、これらの物語のツールを実際に使う手伝いをした科学者グループが関わっている。三つ目のケーススタディでは、以前行ったワークショップの参加者が、そこで学んだことを実行して成功した例を説明する。そして最後に、僕の仲間であるステファニー・インが、科学研究について記したジェームズ・ワトソンの名作、『二重らせん』を、ログライン・メーカーのテンプレートを使って分析する。

厄介なのは、一つ一つの事例がそれぞれ違うということだ。言葉・文・段落（WSP）の要素をただ使えば、よし、完成だ、という具合にはいかない。場合によっては、三つの要素のうち一つか二つだけが役に立つこともある。しかし実は、WSPの要素を使えば使うほど、記憶した知能の要素から、本能的で直観的な感覚への移行が起こりやすくなる。なぜあるものがうまくいかないのか、どのようにそれを直したらいいのかという感覚を、もっと持つことができるようになるのだ。そしてもちろん、結局のところは、課題と解決がすべての軸になる。

ケーススタディ1――海水面上昇のパネルディスカッション

最初に、僕たちが本書の冒頭のエピソードで物語のツールを海水面上昇のパネルディスカッションに応用した方法から話を始めよう。あの二人の科学者たちと僕は、お互いの間で生じた断絶を素早く解消した後、パネルディスカッションの題材を説明する、三つの核となる言葉について同意した。そして、当初の「海水面上昇に対応する」という題名を、もっと興味深い「海水面上昇――最近、確実に、どこでも起きている現象」というものに変えた。最初のものよりも力強く、具体的で、記憶に残る題名だ。それに、ジャーナリストのトーマス・フリードマンのベストセラー、『グリーン革命――温暖化、フラット化、人口過密化する世界』や、生物地理学者のジャレド・ダイアモンドの『銃・病原菌・鉄』を彷彿とさせる。

ひとたび「最近」、「確実に」、「どこでも」という三つの言葉を手に入れた僕たちは、それぞれの言葉についてABTのストーリーを作り上げた。最初のテレビ電話会議では、以下のような話を考えついた。

「**最近**」

八〇〇〇年の間、海水面の高さは安定していた。**そして**、海辺で文明が築かれてきた。**しかし**、ここ一五〇〇年間の間に、海水面は急激に上昇してきた。**したがって**、今、沿岸地域のための新たな管理計画を考え出さなければならない時が来ている。

「**確実に**」

海水面上昇は人間による活動（大気の変化）の結果である。**そして**、私たちは問題の源を根本から止めるために、温室効果ガス排出の抑制に取り組まなくてはならない。**しかし**、その好機を逃してしまった現在（つまり、一部の人々は、今からでも海水面上昇は止められるという印象を与えているが、それはまったく真実ではないということだ）、自分たちが何をしようとも、いくらかの海水面上昇は確実に起こってしまうことは間違いないだろう。**したがって**、原因の軽減に取り組み続ける一方で、私たちは変化への適応にも取り組み始める必要がある。

「**どこでも**」

海水面上昇は、ミクロネシア、**そして**、地中海沿岸地域などの、遠く離れた場所に大きな影響を与えている。**しかし**、海水面上昇の影響はそうした遠隔地でのみ起きているわけではない。この惑星のあちこちで起きており、一部の場所では、海岸から内陸に約一六〇キロメートルも入ったところでも問題が生じている。**したがって**、私たちは一般の人々に、これは他人事ではないと気づかせなくてはならない。海水面上昇は、最終的に、誰にでも、どこにでも影響を与えることになるのだ。

三つのストーリーについてこれらの基本構造ができあがると、次の詳しさのレベルへと進み、ここでもまたＡＢＴを作った。これは「入れ子構造のＡＢＴ」とでも呼べるものだ。

例えば、「どこでも」のＡＢＴの始まりでは、ミクロネシアの話を引用することになる。そこで、そのストーリーのためのＡＢＴがこんなふうに出てくるのだ。「海水面上昇はミクロネシア全体で起こり始めている。**そして**、この地域ではパンノキが伝統的に重要な農産物になっている。**しかし**、現在、地下水面が上昇していて、パンノキに被害を与えている。**したがって**、栽培者たちは、より標高の高い土地にパンノキを移植することを迫られている」

こうした入れ子構造のＡＢＴを組み合わせ、一連の大きな話を作り上げることで、内容を仕上げた。プレゼンテーションの一番始めに入れる挿話として、僕は登壇する科学者の一人が過去に行った講演の中から、二つの素晴らしいストーリーを見つけ出した。僕はこの二つの話を、大急ぎで一つの小さな文章にまとめた。それは、このパネルディスカッションの論調を決めるであろう、美しい話になった。

最初のストーリーの中で、語り手の研究者はこのようなことを語った。ハリケーン「カトリーナ」の発生後、アメリカの元上院議員、メアリー・ランドルーが、自身の選出州の住民に対し、自分はオランダを訪問することにしたと話した。オランダは、国土の多くが海水面よりも低いにもかかわらず、海と共に安全に生きる方法を見つけ出してきた国だ。また、研究者はプレゼンテーションの中の別の箇所で、二〇一二年にオランダ大使が「私たちは最終的に、自分たちが海と常に戦えるわけではないと気づいたのです」と話したスピーチも引用していた。

これら二つの挿話は、組み合わせることで素晴らしいＡＢＴになった。それは、要約するとこんな話だった。「この上院議員は、『私たちは海から大きな痛手を受けた』と言いました。そして、彼女はオランダに行くことにしたと話しました。そこは、人々が海と戦う方法を見つけ出してきた地なのです。しかし、オランダの大使は、『私たちは、自分たちが常に海と戦えるわけではないことを受け入れるに至った』と語りました。したがって、私たちは今日、海水面が高くなっているという、この困難な状況に取り組むために集まったのです」。パネルディスカッションのテーマである「私たちは常に海と戦えるわけではない」を打ち立てるのにぴったりのお話だ（では、ドブジャンスキーさん、どうぞ。「海水面上昇という問題においては、何事も、『海と戦うことはできない』という観点から照らして見なければ意味をなさない」。さあ、これでメッセージができた）。

僕たちはこのパネルディスカッションを行い、それはとてつもなくうまくいった。僕たち三人は、会場を埋め尽くした一〇〇〇人の聴衆に向かって、交替でこうしたストーリーを語った。パネルディスカッションが終わった時、会議の運営委員長である、南カリフォルニア海岸水域研究プロジェクトのスティーヴ・ウェイスバーグは、自分は今までのキャリアの中で、こうしたパネルディスカッションを何十も企画し、登壇・聴講もしてきたが、これはその中でもダントツの一位で、他のものよりも高いレベルにあるように感じたと言ってくれた（物語の力のおかげだ）。

そこかしこで絶賛の声が聞かれた。四ヵ月後、別の学会で、僕のところに五人の人々がやってきて、あのパネルセッションに対するお礼を言ってくれた。あんなものはそれまで見たことがなかった、と。何より良かったのは、僕がこの企画について書いた文章が、会議の一ヵ月後に『サイエンス』に載ったことだ。しかし、一番重要な教訓について、話をさせてほしい。

・何かを費やしてこそ得られるものがある

この講演会の前日、僕は登壇する二人の科学者たちと夕食を食べに行った。二人ともやや心配そうで、僕たちが墜落するのか、はたまた飛翔できるのか、わからない様子だった。二人は僕に、何が起ころうとも、自分たちは新しいことを試す機会を得られて嬉しいのだと念を押してくれた。だが、一番重要なことは、二人が、自分たちがこれまでいかに（一度たりとも）プレゼンテーションにこれほどの時間とエネルギーを投じたことがなかったかに言及してくれたことだ。

会議当日までの六週間、僕たちは四回のテレビ電話会議を行い、電話で何度も話し、数え切れないほどの電子メールをやりとりした。それは実に大仕事で、そこからはこんな疑問も生まれる。ただのＡＡＡ型の発表をして理解してもらうということで済まさずに、ＡＢＴ構造を使った物語の力により、聴衆を最初から最後まで本当に夢中にさせ、楽しませ、刺激し、引き込むということが、どれほど重要なのか？

これは真面目な疑問で、かつての答えは、残念ながら「これだけの時間とエネルギーをかける価値があると感じるほどの関心はありませんよ」というものだった。だが、最近では、科学者たちが物語の力と重要性に気づいてきたことに伴って、その答えがどんどん「いいですね、ぜひやりましょう」というものになっている。知っておくべきは、**物語の力は簡単にすぐやってくるわけではないということだ。要するに、結果は何かを費やしてこそ得られるものなのだ。**

・最高の講演者でさえも物語の助けを必要とする

さらにもう一点。物語の構造に助けを必要とするのは、おかしなことでも、自分の格を下げるようなことでもない。海水面上昇のパネルディスカッションに登壇したあの二人の科学者たちは、その分野で高く評価を受けている専門家たちだが、その助けを必要とした。誰もが、どこかの時点で必ずその助けを必要とするのだ（あなたも僕がジェリー・グラフから手引きを受ける前のこの本の初稿を見ておけば、そのことがよくわかっただろう）。誰もが、だ。スティーヴン・スピルバーグもそうだ。この本の題名に着想を与えた映画、「アポロ13」の監督・製作者コンビである、ロン・ハワードとブライアン・グレイザーは特にそうだ。僕がかつて参加した、海洋保全のためにハリウッドで行われた晩餐会では、この二人が、海を守るのを援助するために行ってきた活動を讃えられて表彰を受けていた。二人は共同スピーチの中で、ハワイで自分たちが一緒に初めてのスキューバダイビングをした時の様子を話したが、それは想像の及ぶ限りもっともつっかえつっかえの、モゴモゴした、退屈で、のろのろした「そして、そして、そして」のプレゼンテーションだった。とぉぉぉっっってもつまらなかったのだ。僕はただそこに呆然と座って、「これが、ハリウッドの素晴らしいストーリーテラーたちだっていうのか？」と考えていた。誰もが、物語の構造への助けを必要とするのだ。

海水面上昇のパネルディスカッションの事例では、二人の科学者たちのいずれも、話すスキル、プレゼンテーションのスキルについては、いかなる手出しも必要なかった。両人とも、経験を積んだ、カリスマ性のある、熟練の講演者たちだったのだ。二人のうち一人は、ユーモアの超絶技巧を持っていた。もう一人は、演技力たっぷりの話し方をする人物で、講演を威厳ある声で締めくくり、聴衆の心に問題を深く刻みつけることのできる人だった。

僕は催しの間ずっとそこに座ったまま、なんというか、驚嘆していた。二人の科学者たちのどちらも、僕が聴衆とのアイコンタクトや良い姿勢の保ち方について「指導」する必要がなかったのだ。何一つだ。彼らはそうしたものを全部身につけていた。唯一、助けが必要だったのは、情報に手をかけて、さらに手をかけて、最適な構造を探すところだ。この点については、誰でも助けが必要なのだ。これはパズル遊びの中では超難関の課題で、最初はイライラしてしまうこともあるだろう。だが、最後にはとんでもなく大きな達成感と報酬を得ることができる。その課題を解くための時間をしっかりかければ。

四番目の声

海水面上昇のプレゼンテーションには、もう一つ、すごく良い要素があった。ＡＢＴを使って、講演に四番目の声を加えたのだ。すなわち、聴衆の声だ。会議開催の一ヵ月前、僕は運営委員の人々に、参加者に向けて招待状を送らせた。「海水面上昇についてのあなたのＡＢＴをお送りください」。科学者たちは僕たちが同封した指示に従って、アメリカ全土から、彼ら自身の分野から得られた具体的なストーリーを伝える、一文のＡＢＴを送ってきた。

ＡＢＴの力によって、この課題は効果的なものになった。「一つの文を送ってください」とだけ言っていたら、僕らのところにはありとあらゆる、構造の整っていない、とりとめのない話が届いていたことだろう。僕が前の方の章でした、絵画を貼り出して人々にその説明をさせるという話を振り返ってみてほしい。物語についての手引きがなければ、人々はたっぷり三〇秒近く、思いつくままに話を続けた。だが、ＡＢＴがあると、彼らは明快で簡潔な文を、その半分未満の時間で作れたのだ。

人々は手引きと構造を必要とする。たくさんはいらない。ＡＢＴが与えてくれる、少しばかりのものでいいのだ。だからこそ、会議の参加者に対して呼びかけた結果、使える素材がすぐに集まったのだ。僕たちは、パネルディスカッションの三つの大きなストーリーの終わりごとに、聴衆が投稿したＡＢＴを三つずつ紹介した。この「四番目の声」が、プレゼンテーションの視点を広げ、問題に関わる具体的な話をさらに提供してくれたのだ。

ケーススタディ2
――ＡＡＡＳ・レメルソン・インヴェンション・アンバサダーズ

この本の最初から言ってきたように、僕が開発したこれらのツールのほとんどは新しいものだ。だから、僕は今も、それらがどれだけ効果的なのかを学ぶ過程にいる。自分のツールを二〇一四年のあるプロジェクトのためのテストに使い、そして、少々驚いたことに、それは並外れた効果を見せたのだ（おっと、僕は元科学者だ。今でも、あらゆることに懐疑的なのだ）。

その年の夏、米国科学振興協会（ＡＡＡＳ）の科学者のグループが、悪友である、ＡＡＡＳ会長のシャーリー・マルコムにそそのかされて、新しいプロジェクトの手伝いをしてくれないかと僕に尋ねてきた。そのプロジェクトは、彼らがレメルソン基金[20]の支援を受けて立ち上げようとしていた、「インヴェンション・アンバサダーズ」という名前のものだった。彼らは、毎年六人、チームとして共に活動していく科学者兼発明家を選出し、科学研究における発明の重要性と役割を高め、育むための力になってもらおうとしていた。

彼らの計画は、ワシントンDCにあるAAASの本部にそのチームを招き、三日間にわたるプログラムに参加してもらうというものだった。一日目に、僕が彼らの各一二分間のプレゼンテーションに耳を傾け、変更点についての提案や助言を行う。二日目、彼らは手直ししたプレゼンテーションを、行政官、プログラム担当者、ベンチャーキャピタリスト、政治家、その他、関心を持っているワシントンDCの人々という、二〇〇人の聴衆に対して行う。そして、三日目には、自分たちの講演のビデオを見て議論を行うという計画だ。

さて、海水面上昇のパネルディスカッションで僕が経験したことの話をふまえて、あなたはこの計画のどこが良くないかわかるだろうか？　あの二人の科学者たちとのメルトダウン事件を覚えているだろうか？　こうしたプレゼンテーションがいかに個人的なものとしてとらえられてしまうか、覚えているだろうか？　科学者たちのプレゼンテーションを何度も何度も組み立て直した、本番までの六週間の話は？

月曜日にまず批評を受けて、翌日、手直しした発表を行うという案についてはどう思われるだろうか。この月曜日は、これから挙げる二つのことのうち、どちらかを生み出すレシピになっている。感情面のハルマゲドンを起こすか、大した見直しをせずに済ませてしまうか。また、発表者たちが僕の助言を鵜呑みにしてしまい、講演の構造を変えて、なぜそう変えたのかもよくわからないものを（「あなたが変えろと言ったので」）発表するリスクも大いにあった。もしあなたの助言にやみくもに従った発表が失敗してしまったら、非難の矛先はどこに向かうかわかるだろう。あなた自身だ。こうした

20　社会貢献事業団体。発明家のジェローム・H・レメルソンと、その妻のドロシーによって設立された。

ことには時間がかかる。長い時間がかかる。

そこで、僕たち主催者は、イベントの二週間前に電話会議を行った。僕は警告を発し、続いて、プロジェクトに選ばれた発明家たちの連絡先を教えてくれるよう強く主張した。翌日までの間に、僕は六人の参加者たちに個別の電話をかけ始め、きっと手間のかかるものになるであろう、彼らのプレゼンテーションの構造を組み立てていく過程に着手していた。だが、それは驚くほど協調性に満ちた体験でもあった。

僕が最初に気づいたことはこうだ。僕に脚本執筆を教えてくれた講師、フランク・ダニエルは完全に正しかった。彼が、最初の草稿はいつも「そして、そして、そして」で始まるものだと言っていたことを覚えているだろうか？　果たして、それぞれの参加者は、まさにその構造の話を携えてワシントンDCに向かおうとしていた。要するに、「私は○○と○○で教育を受け、それから○○でポスドクをし、そして○○に取り組み、そして○○を発見し、それから特許の申請をし、そして会社を作り、そして……」というものだ。

この話におかしなところはない。最初の原稿としては素晴らしいものだ。そして……ここからが仕事の始まりだ。

僕の書いた『こんな科学者になるな』の核となるメッセージは「刺激し、満足させよ」だ。このマントラを僕が最初に聞いたのは、一九九八年、南カリフォルニア大学のコミュニケーション学教授、トム・ホリハンからだった。彼は、これは大昔からのマス・コミュニケーションの原則であり、幅広い聴衆に話を届ける場合には、たった二つのことが重要になるのだと言っていた。「まず、聞き手の関心を刺激しなければいけない。そして、彼らの期待を満足させなければならない」

そこでこれが、インヴェンション・アンバサダーズのプレゼンテーションの構成を作る上での、僕の第一原則になったのだ。それぞれの講演者が、自分の発見したものや自分のとった特許の詳細に突っ走る前に、聴衆の関心を刺激するようなストーリーをするところから始めさせようと。

続いて、「ストーリーテリングの力は細部に宿る」の基本原則のことを考えてみよう。発明の過程について語る中で、もっとも具体的（そして、それゆえもっとも強力）なストーリーは何だろうか？五年間、あるいは五週間、あるいは五時間の研究のストーリーだろうか？　いいや。それは、発明のある一場面のストーリーだ。できる限り小さく有限の。すべてのものが一つになった、あの瞬間だ。

僕はこのテクニックの力を目にしてきた。僕の相棒で、メイヨー・クリニックとの協力でコミュニケーション論の指導をしているマギー・キャリーは、彼女が医師たちと行っている素晴らしい練習について教えてくれた。彼女は医師たちに「あなたのキャリアの中で、自分の長年にわたるトレーニングの成果が今まさに一つになって動き出した、と感じた瞬間のストーリー」を語らせるのだ。僕はこの練習を、米国病院総合診療医学会で仲間たちと開いたワークショップで、参加者の医師たちと一緒に行った。その結果は驚くほど素晴らしいものだった。この練習で出てくるストーリーは、緊急治療室での話が多い。ある医師は、外傷を受けた人に生じた事態に関し、それについての調べ物をする時間の余裕はないとわかった時のストーリーを語る。彼はただ、自分がこれまでに受けてきたトレーニングだけに頼らなければならなかった。そしていつの間にか、自分に解決できる力があるかわからなかった問題の数々を、自ら解決していることに気づいたのだ。

そこで僕は、それぞれのインヴェンション・アンバサダーとの会話を、自分の発明が一つになって動き出したと感じた日、時間、瞬間のストーリーを尋ねることから始めた。最初の反応は予想できていた。それぞれの人が、ほとんど同じことを言った。「特定の一日とか、特定の一瞬なんてものはありませんでしたよ。どれも、数ヵ月、場合によっては何年もの過程を経る中で、少しずつゆっくりと起こったことなんです」と。

このパターンは、ストーリーを探して人々の頭の中を掘り下げ始めた時によく目にするものだ。一般論に戻ろうとする傾向である。ドキュメンタリー映画を撮る時に、僕はいつもこれを目にする。その過程は、取材相手が質問に対してこうした類の概論で答えるところから始まる。より深く掘り下げ、一般論を超えたところに達することが、インタビュアーにとっての課題になる。僕が一人一人の発明家との間で始めたのも、同じことだった。

少しやっていくと、状況はちょっとおかしなことになった。「蘇った記憶」を探し求める心理療法士になったような気分だった。スティーヴ・サッソンとの間で僕が経験したのがその最高の事例だ。彼はデジタル写真を発明した。そう、その通り。彼は一九七五年にコダックで働いていて、物の像をとらえるのに電気を使う方法を初めて見つけ出した人物だった。僕は、発見の「瞬間」を求めて彼を尋問し始めた。彼は、すべては徐々に起こったのだと答える、標準的な反応を見せた。しかし、そこで僕は迫り始めたのだ（僕はそういう嫌な奴だ。わかっている）。

ゆっくり、ゆっくり、少しずつ、少しずつ、精神療法医の診察室にいるかのように、彼は心を開き始めた。こんな風に。「ん、待ってください、いま思い出しました……」。目を向け始めたのだ。彼は、それが一九七五年のことだったと思い出した。あの年の秋だ。いや、実際は一二月だ。実際は……ちょっと待って……彼は自分の本棚から手帳を取り出してこう言った。「ああ、ここに書いてあります……。実際は、一九七五年の一二月一五日でしたね。これが、助手のジムと僕が、とうとう、試しに動かすことのできる完全な試作品を作り上げた日でした」

　彼は、自分とジムが、装置を載せた大きな台車を押して、廊下の先にいるジョイ――受付係――のところまで転がしていった「まさにそのストーリー」を語ってくれた。二人は彼女に壁の前に立つように頼むと、装置のスイッチをパチンと動かして、台車をまた研究室へと転がしていき、モニターにつなぐと……さあご覧あれ、そこには画像が映ったのだ。それはぼんやりした汚い画像で、おまけに彼らはプログラミングのエラーを犯していた。すべてのピクセルの値が逆になっていて、そのせいで、画像は明暗が反転したネガ写真になっていたのだ。だが、彼らは、自分たちの目にはなんとなくジョイに似ているように映るものを見ることができた。これこそが、まさに僕が求めていた「その瞬間」だった。

　彼は続いて、研究室のドアは開いていて、そこにジョイが歩いて入ってきたのだと言った。彼女は画面に映るぼんやりしたものに目をやると、無感動に「これじゃあ、先はとっても長いわね！」と言って去っていった。

　そう、これだ。講堂に集まった皆を惹きつける要素を持った、素晴らしく、楽しく、そして完璧なストーリー。聴衆の関心に火をつけ、方程式の「満足」の側へとつながるドアを開くストーリーだ。「満足」の領域に入ると、人々はあなたがどんな情報を提供しても、（情報過多のせいで敬遠されるのではなく、むしろ）それを熱心に受け入れてくれる。

　そして、このストーリーの力がどこから来るかにも目を向けてほしい。デジタルカメラの最初の試作品がどんなものであったかという、情報面での詳細ではなく、むしろ、最初の画像を見た時の感情的な内容、それから、科学者の目には美の対象であったものを批判する非・科学者のおかしみだ。

こうして、それぞれのインヴェンション・アンバサダーの発明の「瞬間」を明らかにしていくことが、人を惹きつけるプレゼンテーションを彼らが作る手助けの第一ステップだった。しかしその次には、僕にとっても彼らにとってもさらに強力な、二番目のステップがあったのだ。

振り出しに戻って忌まわしき演技指導者のもとへ立ち返る

『こんな科学者になるな』の始まりを見ると、まるまる一段落もの罵倒の言葉[21]が目に入る。これは、僕のとんでもなく恐ろしい演技の先生が、彼女の最初の授業の夜に叫んだものだ。その後の年月を経て、彼女はこれまでに僕が接した中で、最高の、もっとも有能な教師だったと気づいた（ただ、一九九六年に彼女の講義を取り終えて以来、彼女とは話していないので、このストーリーにきちんとまとまったエンディングをつけることはできない）。今回の、インヴェンション・アンバサダーたちとの経験は、僕が彼女の教えへと「紆余曲折を経て立ち返る」瞬間になった。

インヴェンション・アンバサダーたちは、ワシントンDCを訪れるまでの二週間に、僕と一対一の長ったらしい会話を行った。そして、月曜日の午後、初めて公式にセッションを行うために、彼らはAAASに現れた。事前の打ち合わせで、僕はプレゼンテーションの案を事前に知ることができていた。このセッションでは、打ち合わせで一緒に作り上げた基本のあらすじから、彼らが何を作り出したかを聞くことができた。その基本のあらすじは、物語を形作るプロセスにおける手引きを僕が行い、彼らの生《なま》の話題を組み合わせて一緒に考え出したものだ。

僕たちは一つ一つのストーリーに目を通していった。僕は彼らに、夜通し取り組んで手直しをしてもらうための詳しい注意事項を伝え、翌朝は、その日の午後三時に行われる公式プレゼンテーションの準備のため、昼食までの間にプレゼンテーションのリハーサルを通しで行った。彼らがリハーサルを終えると、僕は一緒に最後の注意事項を確認していった。しかしこの時、僕はすべての話を、警告とお詫びの前置きで始めたのだった。その前置きは、僕が指摘することになった点の多くをプレゼンテーションに組み込むには、おそらくこのタイミングは遅すぎるし、さらに重要なのは、自分たち自身がやりたいと感じないような変更はすべきではない、というものだ。発表するものが、すべて自分の内面から出てくることが必須なのだ、と。

しかし、ここで大きなことが起こった。僕自身が「その瞬間」に出くわしたのだ。僕は、自分が一人ずつの講演者に対して、同じ基本的な注意を伝えていることに気づいた。そして、そのことが、さらに二〇年近くも前に受けた演技の授業へと、僕を引き戻したのだ。そこで受けた注意とは「あなたに対して何が起こったのかについては、もう聞き飽きた。私たちは、あなたの中で何が起こったのかを知りたい」というものだった。これは「情報はもうたくさん。欲しいのは情感だ」という注意と同じ類のものだ。

僕は彼らに、発見の重要な瞬間において感情を動かされた経験を、聴衆と共有するように求め始めた。例えば、画面上で最初のピクセル群を見たことについて最終的に話すなら、少し時間をとって、

21 「あんたは考えすぎ！　あんたは＊＊＊に考えすぎ！　あんたは傲慢で頭でっかちのただのインテリ——五分以内にあたしの教室を出て敷地の外に行って、じゃないと警察を呼んで不法侵入の罪で逮捕してもらうから。あたしは＊＊＊で本気だからね、この＊＊＊！」（過激な言葉は伏せ字にした）※出典はRandy Olson *Don't Be Such A Scientist* (Island Press, 2009) p.1

演技の世界で「内的独白（インナー・モノローグ）」と呼ばれているものを伝えてほしい。要するに、あなたの内面で起こっていたことを語るのだ。例えば、あなたの両親がいつも、あなたがいつか大きなことを成し遂げるのを願っていた様子を語ってほしい。「いまこの瞬間、私はついに、二人の夢と希望に添うことができたんだ」という実感を。

僕は、ヴィノッド・ヴィードゥ（彼は「ナノブラシ」というものを発明し、その特許をとった）が自身のキャリアについての「そして、そして、そして」の詳細を語るのを聞き終えると、その作業を、彼に自分の旅の開始点を作ってもらうことから始めた。インドで生まれ育っていく中で彼の内面に何が起こっていたのか、それを語ることで、ストーリーの始まりを作りだしてほしい、と。彼は、自分の友達はみなIT系の仕事に就いて小さな作業ブースで働き、毎日、一日中電話対応をしているのだと言った。彼はその暮らしを退屈なものだと考え、自分はそんな漫然とした状況には陥るまいと誓ったのだ。

彼はとうとう、博士号を取るためにアメリカに移ったのだが、卒業すると同時に、自分がナノファイバーの表面の特徴を記述するという、死ぬほど退屈な仕事に就いていることに気づいてしまった。しかし、ある日（さあ、ストーリーが始まる！）、彼はあるものに目を留めた。ブラシのように見える、超微細構造だ。彼は走査型電子顕微鏡でそれを見てみることにした。同じ研究室の人々は、それは時間の無駄だと予測したが、彼は何かに気づいた。彼は顕微鏡を覗き込んで、焦点を調節して、その構造を拡大し、そして、自分自身の美の対象を目にしたのだ。極小のブラシの形をした微細構造だ。彼は、それを「ナノブラシ」と名づけた。

話がここまで進んだところで、僕はヴィノッドに、他の人たちに伝えたのと同じ、内的独白についての注意事項を伝えた。僕は彼に、プレゼンテーション中に話を止め、さらには観客の方を向いて、このこと全体が自分にとってどんな意味を持っていたかを説明するよう求めた。僕たちを君の子ども時代、君の持っていた、退屈な生活への恐れ、君の奮闘がどれだけ長いものであったかという話の中へ連れて行ってほしい。そして、その瞬間に、君がまさに何を感じたのかを伝えてほしいのだと。

こういった深い理解が、聴衆が真に求めている「コミュニケーションの真髄」だ。もし、聴衆に確実にこうした理解をさせることができれば、聴衆との取り引きが成立する。彼らは見返りとして、その後の数分間以上、あなたが科学を詳しく掘り下げて語る話にしっかりと耳を傾けてくれるのだ。こうしたナノブラシがどのように形成されるのか、なぜナノブラシには価値があるのか、ナノブラシに対してどんな特許を申請したのか。そして、聴衆は関心を持つだろう。なぜなら、あなたが彼らの感情を刺激したからだ。そして、彼らはたとえその科学の話を完全には理解できなくても、全力を尽くして話を聞こうとしてくれるだろう。

どの短い瞬間にも、その瞬間だけが持つ特別な意味がある

だが、先に述べたように、これは僕にとっての「瞬間」でもあった。この瞬間は、僕を一九九四年八月の、運命的な夜へと引き戻した。それは、僕がハリウッドで初めて演技の授業を受け始めた夜であり、あの演技の先生の口から、純粋な罵りの言葉からなる台詞、初めて顔を合わせたばかりの夜に彼女が僕に対して向けた、嫌悪に満ちた激しい怒りがほとばしった夜だった。あれは、僕が自分の中で完全に処理するのに一〇年以上もかかった、困惑の体験だった。

その夜、僕が一緒に同じ場面を演じたパートナーは、練習課題の真っ最中に僕を侮辱するようなこ

とを言ってきた。演技の先生は僕たちを止め、こちらに駆け寄ってきて、こうどなったのだ。「さっきのことで、あんたはどんな気持ちがする？？？」。

僕は肩をすくめて、とことん分析的で無感情な科学者の声で、あっさりとこう言った。「分かりません、そんなに大したことじゃありませんから」

その瞬間、彼女はキレてこう叫んだ。「この授業でね、あんたは怒ったっていい、悲しくなったっていい、喜んだっていい、だけど、一個だけやっちゃいけないことがあんのよ、それは、感情を持たないこと。感情のない人の話なんか、誰も聞きたくないんだよ！！！」。

これが、あの時、僕の人生を変えた瞬間だった。そして、今回もまた、二〇年の時を経て、同じ瞬間が訪れていた。頭の中で、ぱっとライトのスイッチが入ったのだ。あの恐ろしい女性の亡霊が、僕がこの同じ注意を（もっと丁寧な形ではあったが）インヴェンション・アンバサダーたちに与えた時に、僕の目の前に佇んでいた。非人間的なロボットになるな。冷たい、客観的な事実以上のものを、僕たちと共有してほしい。僕たちの感情的な側面を引き出して、内面に届くような何かを届けてほしい。

さて、何が起こっただろうか。インヴェンション・アンバサダーたちは僕の話に耳を傾けなかっただろうか？　彼らは反論し、僕の言ったことを否定しただろうか？　彼らは僕の助言を却下しただろうか？　いいや。彼らは僕の注意を全部取り入れて、自分たちの発表に盛り込んだのだ。

それから三時間後、彼らが公式のプレゼンテーションを行っているのを、僕は会場の一番後ろの列に座って聞いていた。この驚くべき瞬間、僕は衝撃に包まれたといってもいい状態で彼らの話に耳を傾け、正直に言うと、目には涙を浮かべていた。この本の第二部で、科学者は人の話を聞かないと言ったのを覚えているだろうか。『サイエンス』誌にまさに同じことを書いた、『こんな科学者になるな』の書評の筆者を覚えているだろうか。それなのに、この科学者たちは話を聞いてくれたのだ。何が起こったのか？　それについては、この本の終盤で、完璧な科学者を作り上げることについての話をする中で改めて取りあげよう。

ケーススタディ3――リズ・フットのエピソード

ＡＢＴはしばしば、瞬間的に満足感をもたらしてくれる。多くの人々が、一目見ただけで、数分以内にＡＢＴを使えるようになる。僕がプリンストン大学で行った講演の終わりには、ある大学院生がこんな言葉で質疑応答を始めた。「あなたがお話しされていた通り、私は自分の学位論文の各章についてＡＢＴを考えてみました。これを三年前に教わっていれば、と思います。きっととても大きな助けになったでしょう」

ＡＢＴをうまく使っている例は数多い。コミュニケーション活動にＡＢＴを役立て、予想される恩恵を享受してきた人々から、僕はたくさんの電子メールをもらっている。その中からもう一つ、例を紹介しよう。

リズ・フットは、「プロジェクト・ＳＥＡ・リンク」の代表理事で、海洋保護区域の制定を通じてハワイ諸島の海の動植物生息地を保全する活動を行っている。二〇一四年の春、ホノルルで開かれた海洋科学会議で大きな講演を行った後、彼女は僕にメールを送ってきた。

彼女は、自分がプレゼンテーションを組み立てる上でどのようにＡＢＴを使ったかを、詳しく説明してくれた。「私の発表は、大まかに言って、全体に埋め込まれたたくさんの小さなＡＢＴからできていました。そして、その大部分は写真を通じて話を伝えるものでした。文字は少しだけしか使わなかったのです。驚いたことに、私はプレゼンテーションを作り上げていく過程を本当に楽しんでいて、あえて言うなら、発表する機会を得られてわくわくしていたんです。いつもの退屈なパワーポイントの作業を進めていく時とは違って」

彼女の話はこう続いた。「それに私は、あることをしました。普段の発表の前には充分にやれていないことなんですが、たくさん練習したんです。自分にとっての重要性が高まったような感じがして、内容をしっかり整理しておきたいと思ったんです。『最後まで終えられるようにただ頑張る』というより、むしろ、人柄のようなものを見せて、聞き手を惹きつけることに集中できるように。ＡＢＴを使って話の構造を整え直すと、実はそれまでよりも内容を覚えやすくなりました。それで、私はメモに頼ってぼそぼそしゃべるロボットのような口調ではなく、人間的な語り口で講演を行うことができたんです」

最後のコメントは非常に重要だ。話の構造を整え直したことで、内容を覚えやすくなった。これは、ＡＢＴの持つ循環的な性質だ。あなたの脳は、このように考え、論じ、理由づけをし、そして記憶するようプログラムされている。ＡＢＴ構造をしっかり使えば、聞き手が主張の筋を追いやすくなるばかりか、話す側にとっても、内容を覚えやすくなるのだ。

リズはこう付け加えた。「あなたにお礼を言いたいです。普段、電話で話していたのとまさに同じような、一般的な『私たちはこういうたくさんのことをしてきて、その理由はこうです』式の話から、一五分間のプレゼンテーションを引き出して、もっと人を惹きつける構造を持ち、人の心に明白に響いた、魅力的なプレゼンテーションにしてくれたことに感謝しています」。

彼女のプレゼンテーションの決め手になったのは、「悲しきキアヌ」のスライドだった。彼女は、マウイ島の特定の海洋保護区域を示す標識のデザインの悪さについて話した時、その標識を悲しそうに見下ろすキアヌ・リーヴスの写真が入ったスライドを出してみせた（なぜキアヌ・リーヴスなのか？グーグルで「Sad Keanu」と検索して、いろいろなコラージュ画像を探してみてほしい）。リズは、僕への電子メールの結びに、こんなふうに書いていた。「おまけに、『悲しきキアヌ』のスライドは、気まずく困惑するような失笑ではなく、耳に届いて励みになるほどの数の人々から笑いを引き出すことができました」

これ以上のことがあるだろうか？「悲しきキアヌ」のスライドで聴衆を夢中にさせている時、あなたは自分のコミュニケーションの素質を最大限に活用できているのだ。

ケーススタディ4――ジェームズ・ワトソンと英雄の旅

僕がこれまでに読んだ本当の科学についての本の中で、真に最高のものは、ジェームズ・ワトソンの『二重らせん』だ。僕はその本をずっと前、大学の学部生時代に読んだのだが、そのいくつかの部分については今でも詳細を鮮明に覚えている。特に、ワトソンとクリックがＤＮＡの構造の発見を巡って他の研究室と競争になり、話の筋に新たな展開が出てくるところなどは。何年も経った後でストーリーを鮮明に覚えていられるというのは、必ずと言っていいほど、そのストーリーが良い物語の構造を持っていたことの表れになっている。

実は、僕は『こんな科学者になるな』の、ストーリーテリングについての章の終わりのところで、あるストーリーを語り直している。それは、二〇〇八年にハリウッドで開かれたイベントで、天体物理学者のニール・ドグラース・タイソンによって語られたストーリーだ。この話は、彼が初めて映画「タイタニック」を見た時のことについてのものだった。彼のストーリーには完璧な物語の構造があった。誕生（彼はその映画を見に行って、とても気に入った）、死（彼は、船が沈むシーンで、映画製作者たちが間違った星座を空に描いていることに気づいた）、そして再生（彼のおかげで、監督は最終的に映画を修正した）の物語だ。

一年後、僕はこのストーリーを自分のワークショップの冒頭で話した。ワークショップの三日目と最終日に、参加者たちに向けて、そのストーリーを覚えている人はいるかと尋ねた。みんなの手が挙がり、一人を当てると、その人は完璧にストーリーを復唱してみせた。これはすべて、完璧な物語の構造をさりげなく提示することで生まれるサイクルの実例だ。人々は話を見事に理解し、正確に覚えておくことができる。繰り返すが、これこそ、物語の構造という代物がこんなにも強力で重要である理由なのだ。

そこでふとひらめいた。ワトソンの本をとても楽しく読んだこと、そして、その中身をとてもよく覚えていること（そして、これまでに読んだ科学の本には、要点もろくに覚えていないものが数え切れないほどあること）を考えると、ひょっとして、『二重らせん』は「英雄の旅」の構造に従っているのではないだろうか？

このことを調べるため、驚くほど聡明で素晴らしい、ステファニー・イン（彼女のことには第1章で少し触れた。少し前にブラウン大学を卒業して、大学院のジャーナリズム専攻に進学する前に僕の仕事を一年間手伝ってくれたアシスタントだ）に『二重らせん』を読んでもらった。そして、それが「英雄の旅」のテンプレートに合っているかを見てもらった。端的に言って、合っていた。ものすごく。彼女の書いたものを下に示す。この文章を、僕は後に自分のブログに載せた。

＊＊＊＊＊

「分子生物学者の旅――二重らせんを解きほぐす」　ステファニー・イン

『二重らせん』を読んで、私はワトソンの書く文章が持つざっくばらんな性質に驚かされた。私の中で彼はすぐに、一人の人物として親近感を覚える存在になったし、それにより、この本を読むのはさらにもっと面白くなった。まるで、友達からの手紙を読んでいるかのようだった。

ワトソンは、「欠点のある主人公」の弱みをすべて持っている。若く、無鉄砲で、有名になるためのてっとり早い近道を探していて、自分の周りにいる、高学歴のヨーロッパ人名士たちに魅了されてしまっている。こうした弱点が、彼に「英雄の旅」を経験させる。以下は、「コネクション・ストーリーメーカー・ログライン」の言葉を使ってまとめた、この旅の要約である。

「普通の世界」にいる、欠点のある主人公

「普通の世界」にいるジェームズ・ワトソンは、シカゴ大学の若き科学者だ。主に鳥の研究に興味を持っていて、名声を手にしたくてたまらず、キャリア上の近道（特に、高度な化学、物理、数学の授業をとらずに済む方法）がないかと目を光らせている。

鳥類学では満たされない気持ちを感じたワトソンは、遺伝子がどのようにはたらくのかに興味を持つ。彼はインディアナ大学で大学院生活を始め、微生物学者のサルヴァドール・ルリアの指導を受けるようになる。この時点で、彼はDNAを調べることに関心を持ってはいたものの、なおも、化学を詳しく勉強することは一切避けたいと願っていた。

変化のきっかけになる出来事が起こる

一九五一年の春、イタリアのナポリで行われた学会に参加したワトソンは、自分の人生を一転させることになる。彼は学会で、ロンドン大学キングス・カレッジの物理学者・分子生物学者、モーリス・ウィルキンスによる、DNAのX線回折についての口頭発表を聞く。それと同じ頃、ワトソンはこうした学会が、アカデミアの世界の玄関口であるだけでなく、おしゃれな社交の場への入り口であることにも気づいた。彼はこう書いている。「重要な真実が私の頭の中にゆっくりと入ってきた。科学者の暮らしは、社交的にも知的にも楽しいものかもしれない」

じっくり考えた後、主人公は行動を起こす

考えた後、ワトソンは化学を学んでDNAの構造を解こうと決意する。彼は、ケンブリッジ大学に行ってX線結晶学を学ぶことを決める。そこで彼はフランシス・クリックと出会って絆を結ぶ。クリックもまた、DNAに関心を持っていた。ワトソンはこう書いている。「研究室での初日から、私はケンブリッジに長くとどまるであろうとわかっていた。去ることは愚かな所業だと思われた。私は、フランシス・クリックと話す楽しみをすぐに見つけていたから。マックス［・ペルーツ］のラボで、

DNAがタンパク質よりも重要だと知っている奴を見つけたのは本当に幸運だった。（中略）私たちの昼食での会話は、すぐに、遺伝子がどのようにつなぎ合わされているかという話が中心になった」

ワトソンとクリックは共に、X線写真とモデル構築の組み合わせにより、DNAの構造の発見に取り組んだ。この方法は、生化学者のライナス・ポーリングが、タンパク質の構造を理解するために最近使ったものだった。「私が到着して数日以内に、何をすべきか気づいた。ライナス・ポーリングの方法を真似して、彼を、彼の得意技で打ち負かすのだ」と、ワトソンは書いている。「さあ、私がいつもラボにいて遺伝子のことを話したがっている今、フランシスはもはや、DNAについての自分の考えを脳の奥底にしまっておくことはできない。（中略）フランシスが、一週間にわずか数時間ばかりをDNAのことを考えるのに充てて、私が素晴らしく重要な問題を解くのを手伝ってくれても、誰も気をもむはずはない」

事態が差し迫る

少しして、ワトソンとクリックは、自分たちがブレイクスルーに出会ったのではないかと考える。彼らは、DNAが、リン酸基どうしがマグネシウムイオンによって結びついた、三本の鎖によるらせんであると思い込んだ。ところが、二人の要請で、モーリス・ウィルキンスとロザリンド・フランクリン（彼らは同時期にDNAを研究していた）がケンブリッジを訪れると、ワトソンとクリックは自分たちの三重鎖仮説の穴にすぐに気づいたのだった。二人のアイディアは完膚なきまでに叩きのめされ、二人は面目を失い、彼らの上司は二人がDNAに時間を使うのをやめることを命じた。「この時まで、二人のどちらも、自分たちのモデルに目をやる気にはあまりなれなかった。その魅惑的な美は消え失せ、荒削りに即興でつけたリンの原子は、何か価値のあるものの中にうまく収まることなど決してないように感じられた」とワトソンは書いている。「ゆえに、決断はマックスとフランシスに委ねられた。そして、私はDNAを諦めなければならない」

敵を止めてゴールを達成するため、主人公は教訓を得なければならない

競争相手たち（モーリス・ウィルキンス、ロザリンド・フランクリン、ライナス・ポーリング）よりも先にDNAの構造を見つけるため、ワトソンは時間をかけ、化学と数学の知識をより深め、近道をしたり結論に飛びついたりしたい欲求に抗うことを学ばなければならない。しばらくの間、ワトソンとクリックはそれぞれのメインの研究を進展させながら（ワトソンはタバコモザイクウイルスの構造に着目していた）、自分たちのDNA研究を秘密裏に行う。

この間、ワトソンは膨大な時間を割いて化学を勉強していた。答えを求めて、このトピックについての学術論文誌と先進的な書籍にくまなく目を通しながら。「私は暗くて肌寒い日々を、より理論的な化学を学ぶこと、あるいは論文誌のページをめくることに使った。DNAへの忘れられた手がかりがそこに存在することを願いながら」と彼は書いている。「私が一番読みまくった本は、フランシスの持っていたライナス・ポーリング著『化学結合の本性』だった。フランシスが大事な化学結合の距離を調べなければならない時、その本が、ジョン［・ケンドリュー］が研究室内で私の実験用に割り当てた、実験ベンチの四分の一の区画内に開いて置いてあるということがどんどん増えていった」。ワトソンは自分のX線写真撮影の技術を上達させ、DNAについて夜遅くまで考え、参考書籍や研究仲間たちに当たって、自分の化学的思考が正しいかどうかを繰り返し確認した。

ワトソンとクリックは、ＤＮＡの構造を解き明かしたと再び確信するようになるまでの間（もちろん、今回は本当に解き明かしていた）、絶えず警戒していた。そのニュースをばらしてしまう前に、自分たちの仮定を確かめ、各要素の正確な位置関係を把握するよう用心し続けていたのだ。彼らは、ウィルキンスとフランクリンの前での大失態から学んでいた。「すべての原子についての正確な座標が得られるまで、決定的な手を暗闇の中に隠しておくことは理にかなっていた。原子どうしがうまくつながる形をでっち上げるのはあまりに簡単だった。個々のつながりはほぼ納得がいくものに見える一方で、全体としてはエネルギー的にありえない構造になるようにしておいたのだ」とワトソンは書いている。「こうして、次の数日間は、下げ振り糸と物差しを使って、一分子の中のすべての原子の相対位置を求めることに使われた」

この本が終わるまでの間に、ワトソンとクリックはＤＮＡの構造を見事に予測し、ワトソンは科学者としても（化学と数学をより深く学び、忍耐と自制心も身につけた）、一人の人間としても成熟したように見える（簡単に名声を手に入れることや、上流社会人の魅力には、もはやとりつかれていないかもしれない）。

ワトソンは、この本を妹とのパリ旅行で締めくくる。『二重らせん』の最後の数文で、彼はこう書いている。「今や私は一人だった。サン・ジェルマン・デ・プレの近くで髪の長い女の子たちを見ていたが、近づくものではないとわかっていた。私は二五歳で、もう変わったことをする歳ではなかったのだ」。こうして、我々の英雄は新たな旅に向かってページをめくったのだ。

＊＊＊＊＊

さて、これでおわかりいただけただろう。これが、「英雄の旅」の力（また、本の内容を噛み砕く上でステファニー・インが示した、非常に有能な仕事ぶり）による、『二重らせん』のケーススタディだ。

ワトソンの本が長く人気を集めているのは、その内容が最上級の性質を持っている（つまり、生物学の歴史の中でもっとも重要な発見かもしれないものを題材としたストーリーであり、ストーリーそのものがあまりに興味深いがゆえに、その語られ方は問題にならない）からだと主張する人もいるかもしれない。しかし、そうした人々は、自分たちがジョセフ・キャンベルの業績が持つ力を充分に理解していないと露呈することになるだろう。二重らせんの話がもっと物語に熟達していない人の手によって書かれていたら、それはきっと、AAA構造に従ったよくある退屈な記述になっていたことだろう。科学研究について語られる、非常に多くの話がそうであるように。

ワトソンは違っていた。彼は、すべての科学者が養うべきだと私が提唱している、物語の直観を持っている。彼は、スティーヴン・ジェイ・グールドが『ナチュラル・ヒストリー』誌に二五年にわたって毎月書き続けたエッセイに使ったのと同じ物語の力を、この本に使った。物語の直観の持つ力とは、そういうものなのだ。

最後に、現代っ子たちについて一言

アンチテーゼ（反）の部をまとめて壮大なジンテーゼ（合）に移る前に、ここで最後の注釈をつけておく。それは、子どもたちについてのことだ。子どもたちは、このストーリーの本質を大人よりもうまくものにできる傾向がある。ストーリーの世界の中で自分たちの暮らしを送っているからだ。彼らはまだ、現代社会の情報の怒濤を受け止める必要はなく、自分たちの感情に基づく内容を情報で置き換える必要にも迫られていない。否定を行うことが大人よりも少なく、「そして、そして」の連続でストーリーを始める奴を肯定することに対しては、大人よりも寛容だ。

二年ほど前に、このことに気づいた。全米技術アカデミーの後援で、六年生から九年生〔アメリカの高校一年生、日本では中学校三年生に相当〕までの、すごい才能を持った一二人の少年少女のために行った短いワークショップでのことだ。彼らは「ディズニー・ブロードコム・マスターズ・プログラム」と名付けられた全国コンペの一環で選抜されていた。僕は、一時間をかけて、彼らがそれぞれのプロジェクトについての発表を作り上げるのを手助けしてほしいと依頼されていた。

彼らとの活動の一環として、ログライン・メーカー・テンプレートを一ページの紙に落とし込んだものを用意した。そのページには、彼らが自分たちの個人プロジェクトの九つの要素を書き込む欄がある。僕は紙を配り、その説明をするために、生徒たちの一団の正面に戻った。ところが驚いたことに、僕が話し始めることもできていないうちから、すでに何人かは用紙の半分ほどを埋めていた。

彼らが用紙を見始めた時、僕の耳には「ああ、そっか、こういうことか」といった言葉がいくつも入った感想が聞こえていた。それはすごいことだった。彼らは「主人公」という言葉を見た途端、これが何かストーリーの世界から来たもの、特に、自分たちの生活を満たしているスーパーヒーローものに似た何かだと理解したのだ。

これは、僕が自分のワークショップで大人たちから受けとる反応と比べると、ずいぶん衝撃的な対照をなしていた。大人たちとのワークショップでは、「んん？」、「何だこれ？」、「これが私のやっているいることとどう関係するんですか？」といった言葉をたくさん耳にする。その言葉はしばしば、懸念と不安の色を帯びている。

あの子どもたちから聞こえたのは、ただ「ああ、そっか、こういうことか」だけだった。僕はたいてい、子どもたちとの間ではこれを経験する。このことは、ストーリーの各要素を考える時に頭に入れておく価値がある。自分たちが子どもだった時にはまるで簡単なことだったのだ。僕たちに何が起きたのだろう、そして、どうやったらそこに戻れるのだろう？

僕たちに起きたことは、ほとんど反復発生[22]のようだ。人間の初期の文化史が、僕たち自身の成長の初期段階の中に見られる。かなり近い。たぶん。ではこの話を踏まえて、（進化生物学の厄介な大問題に僕が首を突っ込んでしまう前に）壮大なジンテーゼへと移ろう。

22　動物の進化過程で生じたのと同様の変化が、個体の発生過程において繰り返されるという概念。

第4部 ジンテーゼ

合

SYNTHESIS

テーゼ

正

アンチテーゼ

反

ABT：常に試し続けろ、新しいことを

海水面上昇についてのパネルディスカッションの前夜の夕食の席で、あの二人の科学者たちと僕は静かに談笑しながら、翌日のセッションがどれほどひどいことになりうるかと考えを巡らせていた。リハーサルの時間はなかったし、発表資料はすべて一つのPrezi[23]ファイルとして保存してロックをかけてしまったので、土壇場で修正することもできなかった。それでもやはり、少なくとも何か新しいことを取り入れたという経験に対して、僕たちは乾杯した。

この経験全体に関して、もっとも意義があったのは、二人の科学者が警戒を少しばかり解いて、僕を（ハリウッドに住んでいるために汚されてしまっているにもかかわらず）信頼してくれたからこそ共同発表が成功したということだ。彼らの直観は、僕が自分のしていることをよくわかっている奴だと告げた。そして僕は、恐怖と直観という、人間のとらえにくい特性の話をすることで、ジンテーゼを始めたい。この本だけでなく、アカデミアからハリウッドへ、僕がしてきた二五年間の旅の締めくくりとしても。

僕はテニュアを手放した。「テニュア」が何を意味するのか、はっきりとはわからない人もいるかもしれない。それは、特定の機関での教授職を残りの就労期間のあいだ保証するもので、その間、健

23　プレゼンテーション作成・公開のためのオンラインサービス。一枚のシート上に複数の項目を配置し、各項目を拡大したり、項目間を移動したりすることで、動きのある双方向型のプレゼンテーションを行うことができる。

康保険や退職金制度などの福利厚生もずっとついてくる。テニュアは、大学教員たちが追い求める金の聖杯だ。もっとも成功を収めている教授たちが得る、最高の手柄なのだ。

僕が、海洋生物学分野で終身在職権を持った教授の立場を離れてから二〇年以上が経った。その間、僕が人々に尋ねられた質問の紛れもないナンバーワンは、「テニュアの保証を手放すのは、不安ではありませんでしたか？」だ。アカデミックな世界に近い人ほど、僕がそんなことをしたのは不可解で、衝撃的で、想像を超えていて、ほとんど論理を無視しているようにさえ感じる。彼らはこう尋ねるのだ。「成し遂げるのがとても大変で、しかも、生涯の保証というすごい贈り物ももたらしてくれることのために懸命に頑張ったのに、結局それを受け取った途端に返してしまう人がいるだなんて、どうしてなんですか？」

僕には極めて多くの理由があった。自分の離婚など、個人的なものもあった。また、専門的なものもあった。僕は、自分が海洋生物学者としてやってみたいと夢見ていたことのほとんどを成し遂げ、経験し終えたと感じたのだ。だが、何が僕をこの変化へと駆り立てたのかについての、唯一にして最良の説明はこうだ。僕は自分の直観に導かれたのだ。

これは、多くの科学者にとっては最悪の答えかもしれない。しかし、僕にもう少しだけ詳しい説明をさせてほしい。僕はずっと、自分がいかに「テニュアを捨てた」のかを、パーティーの場で冗談交じりに（まるで、それが衝動的で頭のおかしい反乱行為だったかのように）語ってきた。ニューハンプシャー大学の生物学科の建物から、映画の象徴的な台詞を叫びながら飛び出してきて、二度と戻らなかったのだ、と。

あなたももしかしたらそう想像しているかもしれない。だが、事実はそれとはかけ離れていた。実のところ、真の科学者の持つ体系的な思考、好奇心、そして徹底性をもって自分のキャリア転換に取り組んだのだ。僕は教授になって二年目に、ハリウッドへの予備調査の旅に出始めた。水曜日の夜にボストンから飛行機で出発し、サンセット通りのハイアット・ホテルに泊まり、一日中ハリウッドでミーティングをし、夜にはパーティーや食事会に出席し、ハリウッドの地で語られる虚言を学び、日曜日に帰りの飛行機に乗って、月曜日の朝の講義に間に合うようにするという旅だ。四年間のうちに、僕はおそらくこうした旅を八回ばかり行った。

同時に、僕は短編映画を作り、映画祭で賞を勝ち取っていた。映画作りのワークショップを、ボストン、それからメイン州のロックポートで受講し、本の原稿や台本を書いて、まとめて言えば、永遠にそうした仕事に追われながら、なおも大学で教え、生物学の研究を遂行していたのだ。教授になって五年目を迎えるまでに、僕はどこに向かっているのかという謎が生じていた。科学のマス・コミュニケーションについてもっと深く掘り下げたいと思い、そして、向かうべき場所に気づいた。僕は南カリフォルニア大学映画芸術学部に出願し、合格した。

だが、その時点でも保証はなかった。僕がやろうとしていることで成功するという一〇〇パーセントの確実性を示すデータはなかった。僕は時々、自分が調査の中で学んだことをすべてかき集めて推測を行い、自分の直観が告げるものに頼ることになった。これは、思い切ってやるのに値することなのだと。

何度か大変な時はあったが（『こんな科学者になるな』の中で詳しく綴っている）、全体として、物事は期待通りにかなりうまくいった。僕は、おそらくこれが一番の理由になって、自分が直観の力と重要性を固く信じているのではないかと思っている。この世界は、あらゆる任意の複雑な問題の組み合わせについて、必ずしも完全に知りうるようにはできていない（気候科学者に聞いてみるといい）。ある時点で、僕たちの脳がもたらしてくれる能力、つまり、情報をより高次のレベルにおいて統合する能力が必要になるのだ。

直観は、恐れを伴わない形で未知の世界を乗り越えるための唯一の希望だ。直観は、僕の旅全体を要約する一語になった。僕の旅においては、何事も、直観の観点から照らして見なければ意味をなさない。

さて、いま一度振り返ってほしいのだが、科学は今、科学研究における問題（偽陽性と、否定的な結果を避けるバイアス）、およびサイエンスコミュニケーションにおける問題（一番ましな場合、退屈な発表を行うこと。最悪の場合、意図せずして科学への反感を育んでしまうこと）に直面している。これら両方の根底にあるのは、物語の直観の欠如だ。今こそ、ハリウッドへの恐れ、ストーリーへの恐れを超えて、科学界の物語の直観を向上させる時だ。

11 科学にはストーリーが必要だ

世界は今も、物語の力で回っている

物語についていえば、ここ四〇〇〇年の間に変化したことはあまり多くない。人々が石にギルガメッシュのストーリーを彫りつけた時も、そこは物語の世界だった。そして、今日でもここは物語の世界だ。毎日、一日中、あなたは物語の世界に生きている。あなたが、去年の夏に家族旅行でヨーロッパへ行ったという友達の話に耳を傾けている時も、ラジオのニュースを聞いている時も、テレビを見ている時も、一日ずっと、あなたは物語に次ぐ物語の中にいるのだ。そう、僕たちは昔よりも素早く情報を伝えているが、ストーリーは今でも世界を動かしているのだ。誰でもいいから、いま成功している映画製作者に聞いてみるといい。

ストーリーの持つ揺るぎない力の証拠は、二〇一四年のキース・クイゼンベリーの研究に見てとることができる。ジョンズ・ホプキンス大学の研究者であるクイゼンベリーは、スーパーボウル向けのコマーシャルの内容を二年間にわたって調査した。彼は、そこに登場するかわいらしい動物たちやセクシーな肉体の数々を差し置いて、さまざまなコマーシャルの総合的な成功度にもっとも大きく貢献していた要素は、やはりストーリーテリングの力だったことを発見した。

ここに、ストーリーの力を示す比較例を紹介しよう。アメリカの二つの長編映画が、地球温暖化の問題を取り上げ、苦闘しながらも多くの観客を集めた。

その一つは「不都合な真実」で、これは、大統領選挙の元候補者であるアル・ゴアが、我々人類が大気をどのように変容させてきたか、その結末はどのようなものになりうるかを説き諭すドキュメンタリー映画だ。これは、かなり「そして、そして、そして（ＡＡＡ）」型のプレゼンテーションになっている。

もう一つの映画「デイ・アフター・トゥモロー」はフィクションのストーリーで、人間の活動によって気候が根本から変化してしまい、世界がそれに対処するというものだ。この映画のどこにも良質の科学は見当たらないが、良質の物語の構造はある。しっかりしていてハラハラさせるＡＢＴ構造が、その核になっている。まるで、ハッソンのｆＭＲＩを使った研究に登場したヒッチコック映画の一コマのように。

ＡＡＡ構造のほうの映画は、二五〇〇万ドルを売り上げた。一方、ＡＢＴ構造の映画は一億八六〇〇万ドルの売り上げを達成した。人々は今でも良いストーリーが好きなのだ。

もちろん、フィクションの方の映画はばかげた内容で、質《しつ》の悪い科学が満載だった。僕がロサンゼルスで見た全席完売の上映回では、古気候学者のジャック・ホールを演じるデニス・クエイドがまったくくだらない会話をするのを、観客が笑いながら野次っていた。それにもかかわらず、この映画は大成功を収めた。このことは、強力なストーリー構造が、うまいコミュニケーションの力でありつづけていることを示している。ストーリーの内容にかかわらずだ。

この世界は今も物語の力で回っていて、ストーリーが事実上すべてのものに織り込まれている。だったら、なぜそれを恐れる？　これは、僕がこの本全体で投げかける、もっとも重要な疑問かもしれない。

ストーリー恐怖症

「ストーリー恐怖症」という用語を出すのは、僕が初めてだと思う。グーグル検索ではその言葉の気配は見つからなかった。この用語は必要なものだ。先に少し触れたように、僕はストーリー恐怖症のもたらすものに苦しめられた（例えば、『ニュー・サイエンティスト』誌が、僕を「より良いストーリーを語るために事実を曲げた」かどで非難した時のように）。

二〇一三年、『ネイチャー・メソッズ』誌は、科学論文を書く上での「ストーリーテリング」の役割について、続き物の論説文を掲載した。その中で、マサチューセッツ工科大学（ＭＩＴ）の神経生物学者、ヤーデン・カッツによる「科学的な結果のストーリーテリングに反対して」という論説文は、ストーリー恐怖症の明白な証拠になっていた。カッツは、「ストーリーテリング」を科学に入り込ませないでほしいと、熱のこもった嘆願を行っている。彼は「優れたストーリーテラーたちは、自身の読者の中に反響を呼び起こすために情報を飾り、隠匿する」と語るのだ。だが、彼が「ストーリーテラー」という言葉で意味していることは何だろうか？

もし、すべてはヘーゲル弁証法の三部構造に遡るという前提を受け入れてもらえるなら、カッツがストーリーの語り手たちに中傷の言葉をぶつけるのは筋が通らないとわかるはずだ。彼はもっと細かく正確であるべきだった。彼はこう述べておくべきだったのだ。「『ストーリーテラー』という言葉を使う時、私〔カッツ〕は虚偽の内容を語る人々のことを指している」

これでついに僕たちは、科学をストーリーから遠ざけている、中心的な障害物のところにたどり着きつつあるのだと思う。「ストーリー」、「ストーリーテリング」、「物語」という言葉の意味について、明確さが欠けている。この本全体を通してこれらの言葉を挙げてきた。ここまでの間に具体的な定義を示すこともできたかもしれないが、それはどんなものであれ、文脈を欠いた状態では意味をなさなかっただろう。あなたがその文脈を得た今、これらの言葉の定義を突き止めていこうではないか。

「ストーリー」、「ストーリーテリング」、「物語」を定義する

僕が開いている「コネクション・ストーリーメーカー」ワークショップの共同講師、ブライアン・パレルモは、ワークショップを何回かやった後で、僕の脇腹にこのナイフを突き刺した。彼は僕に、「ストーリー」という言葉で正確に何を意味しているのか、定義する必要があると語り始めた。最初、自分たちがワークショップの参加者たちの中に認めていたものの正体を完全には理解していなかった僕は、こう主張した。「ストーリー」の概念全体の中にはあまりにも多くの技術が含まれすぎていて、

形式張った定義を使って分析的に特定することはできない、と。この反論に、あなたも大まかには同意してくれるのではないだろうか。もしかすると、あなたはこの本をここまで読み進める間、ずっと同じように考えていて、今でもなお、頭の中で「この三つの言葉は、正確には何を示しているんだ？」などと叫ぶ大声には悩まされていないのではないだろうか。「ストーリー」の意味なんて、みんなだいたいはわかっている。そうだろう？

だが、実はそこで立ち止まってほしい。考えを進めないように。ここで僕は線引きをする。みんな、「ストーリー」の意味することをわかってはいないのだ。

それでも、人々がその意味をおよそ理解しているはずだとする見方は、広く当然のものとされている。科学文献の中であってもだ。ここで具体的に指しているのは、コミュニケーション論の教授、マイケル・ダールストロムの二〇一四年の論文のことだ。彼はこのように話を始める。「ストーリーテリングは、科学の中でしばしば悪い評判を得ている」。彼がこう述べた典拠は、カッツの論説文だ。ああ、確かにその通り。このことは、この本の動機の一部にもなっている。だが、ダールストロムは続きの文章で、実際の問題の輝かしい一例を自ら示す。彼はこう書いているのだ。「ほとんどの人々は、ストーリーを語るということが何を意味するのか、生得的に理解している」

もう一度言おう。人々は、「ストーリー」の意味することをわかってはいない。

ヒューストン、我々は問題を見つけた

これが、僕が自らの旅の終わりにあなたへと伝える、唯一にして最大のメッセージだ。科学におけ

るストーリーの重要な問題と課題は、科学者たちがしばしば、ストーリーとは何であるかを知らないということだ。ＡＡＡ方式で情報を伝えている人々の多くは、内心では自分がストーリーを語っているのだと思いこんでいるが、そうではない。少なくとも、僕が（ブライアンにせっつかれたおかげで）たどりついた定義によれば。

僕は**物語**、あるいは**ストーリー**を、**問題に対する解決策を探し求める過程で起きる出来事の連なり**と定義する。キャンベルのストーリーの円環の図を思い返してみよう。そう、あれは課題と解決についての図だった。そして、科学的手法もまた課題と解決の行為であるとして、僕が類似性を指摘した様子も思い出してほしい。

すると、「ストーリーテラー」というのは、問題に対する解決策を探し求める過程で起こった出来事の連なりを、順を追って話す人に他ならない。ここで、科学におけるストーリーの役割について、どこに「問題」が潜んでいるかが見えてくる。ＡＡＡ方式から抜け出せない人は、明確な問題を示すことができておらず、問題を解決する過程で起きる一連の出来事を語ってはいない。それとは反対に、彼らは大量の情報を語っているだけだ。何のためのものかわからないまま、れんが工場で完璧なれんがをただ製造し続けているのだ。

すなわち、名高い科学論文誌に発表された論文（ダールストロムの論文は『プロシーディングス・オブ・ザ・ナショナル・アカデミー・オブ・サイエンセズ（ＰＮＡＳ）』誌に掲載された）が、ストーリーというものをみんなが知っているはずだ、という包括的な想定を元に始まるのも、その直接の原因は、同じ核心的な問題にある。科学者たちが「ＩＭＲＡＤ」という略語が何を示しているかわからないのと似ている。どちらを知らなくても、科学をやる上で致命的なことではない。これらの状況は、物語を科学コミュニケーションのツールとして使うことに抵抗し続け、実はすでに自分たちがまさにそうしたツール（IMRAD構造）を使っている場面があることに目をつむり続けてきた職業の実態をまさに反映している。実は、ここにちょっと皮肉な点がある。カッツの論説文の最初の段落を見てみれば、標準的なABT構造が目に留まるのだ。その段落の二文目は「しかしながら（However）」で始まっているのだ。

科学界では現在、ストーリー、物語、ストーリーテリングを拒む動きが盛んだが、肝心なのは、これらの用語に対する批判を行う上で、先に挙げたようなアプローチを取っている人が僕の目には見当たらないという点だ。「ストーリー」という言葉は、誰が言っているどんなことを示すのにもこの言葉を使ってしまう人たちによって、あちこちで使い散らされている。そして、僕自身、どんな話題に対してもこの言葉を使う。「その教授は、Gタンパク質が組み立てられる際に、分子がどのように組み合わされていくのかというストーリーを語った」という具合に。だが、もし、この教授のやったことが、一連の事実を挙げていくだけであったなら、彼はストーリーを語っていたわけではない。この誤解が、いわゆるストーリーの問題なのだ。

アゴン――ストーリー恐怖症の治療法

さあ、今こそ科学からストーリー恐怖症を取り除く時だ。科学は、観察と実験を通じて知識を集めることを基盤にしている。そして、論理的で理性的なものとされている。「ストーリー」、「物語」、「ストーリーテラー」という言葉を恐れる論理的な理由はない。

科学に関して言えば、「詐欺」、「捏造」、「ごまかし」、「虚偽」、「誇張」といった言葉を恐れる理由はごまんとある。もちろんだ。そして、こうした特性に満ち溢れてしまう物語やストーリーも、世の中にはある。しかし、それと同じ数だけ、正確で、誠実で、本当で、信頼できる物語やストーリーもあるのだ。

結局のところ、物語は物語だ。自ら動くことはできず、論理の要素を材料に組み立てられている。古代ギリシャ人たちはそれを知っていた。そのことが、彼らが演劇を発展させたことの心髄となっていた。古代ギリシャの演劇は、**アゴン**（agon）という言葉に基づいて築き上げられた。

アゴンは、「二つの物事」を中心に組み立てられた討論や戦いを意味する言葉だ。要するに、問題の追求を表していて、そこには正反対の解決策が交互に登場する。ギリシャ人たちは、この筋に沿って自分たちの劇を書き、そこから、二つの立場を表す二つのキーワードを派生させた。「プロタゴニスト」[24]と「アンタゴニスト」[25]だ。ギリシャ人たちがこれらの言葉を作り出した時、彼らの演劇の全体的な発想は、善と悪の間の行為を描くのではなく、むしろ、真実を探し求める中での、一つの物事の二つの側面、一つの物事に対する二つのアプローチを描くというものだった。どちらの立場に対しても、道徳的な価値は割り当てられてはいなかった。

真実を探し求める中での行為。それが、古代ギリシャの演劇というものだった。キリスト教が新たな形で演劇を復活させたのは、何世紀も経ち、ルネッサンスの後になってからのことだ。その形式は、今では「道徳劇」、「受難劇」、「奇跡劇」として知られるようになった。「プロタゴニスト」と「アンタゴニスト」という言葉が、善と悪という道徳的な価値を持つようになったのは、この形式の中でのことだ。

そこで僕は、今こそ古代ギリシャ人たちのところへ戻る時だと言いたい。真実の探求、道徳的要素からの独立。これこそ、科学の中心になっていることではないだろうか？　科学におけるストーリー恐怖症は、教会が古代ギリシャでの演劇の概念に手を加えたのと同じくらい、誤ったものだ。この現象は不合理で、科学全般にとって有害なものだと認識される必要がある。

科学とストーリーの課題への取り組みは、「ストーリー」、「ストーリーテリング」、「物語」といった用語に、本来、善も悪もないのだと受け入れるところから始めなければならない。$E=mc^2$と同じく、これらの言葉に道徳的意味合いはまったくない。

では、ストーリーは恐れられるようなものではなく、事実上すべてのものを支えていて、科学界はその助けを必要としているということに僕たちがもし同意できるなら、問題を「物語、ストーリーについてのより深い理解を科学界にもたらす必要性」と定義して、その解決策を探しにいこう。

24　protagonist：現在の英語では「主人公」、「主役」の意味を持つ。
25　antagonist：同じく、「主人公の敵対者」、「敵役」の意味を持つ。

12

A B T

そして、ハリウッドは その助けになれる

僕は、ハリウッドが、こうした物語の構造についての問題を扱う上で重要な、実用性のある知識を持っていると固く信じている。しかし、ハリウッドとアカデミアの間の文化的な隔たりは顕著だ。ハリウッドを初めて訪れた時から、僕はアカデミアに対する差別を感じた。映画学校に行っている間に、僕はとうとう、自分が博士号を持っているという事実を隠すはめになった。大学院の学位は、あなたが「自分の頭の中にとらわれている」こと、「知能に頼りすぎる」こと、物事を難しく考えすぎることを示す危険フラグだ。これらはどれも、映画業界では好ましい特性ではない。

覚えておいてほしいのは、僕が話しているこうした断絶の要素は、ハリウッドで暮らし、はたらく場合に目にするものだということだ。もし、あなたが科学者で、科学者とハリウッドの人々が交流する一日だけの催しに来るのであれば、あなたは、みんなとっても素晴らしい人たちだ、とっても親し

みやすくて、科学に興味を持ってくれている、と思うかもしれない。だが、長期間にわたってハリウッドを体験する場合には事情が違う。大きく違うのだ。

幸運にも、科学は一八〇〇年代後半、エドワード・マイブリッジが自作のズープラクシスコープ（動く連続写真を投影するための最初期の装置の一つ）を初めて発表した映画製作の起源の頃から、その中心的な役割を占めてきた。ここ一世紀の間、映画製作における科学の重要性は増す一方だった。今日、米国科学アカデミーはハリウッドとの間で、「科学・エンターテインメント交流」プログラムを通じた提携を結んでいる（これはある種のお見合いプログラムで、映画やテレビの専門家たちが必要とする科学コンサルタントを探す手助けをするものだ）。このプログラムには、僕も二〇〇八年から参加している。多くの映画製作者は科学が大好きだし、科学者は概して映画製作に心惹かれるものだ。

こう聞くと、あなたはこんなふうに考えるのではないだろうか。こうした歴史的に重要なつながりがあって、それが続いているということは、ハリウッドと科学の間にある文化の隔たりはさほど大きなものではないだろう、と。しかし、実際にはその隔たりは大きい。アカデミアに対するハリウッド側での軽視と、ハリウッドに対するアカデミア側での蔑視は、まるで鏡に映したように似ている。それはつまり、あなたがこの本をさらに読み進める前に、ハリウッドに対するあらゆる偏見を捨ててもらい、僕がいま示そうとしているものに対して心を開いてもらう必要があるということだ。これから示すものは、概念や構想をまとめる上でかなり重要な力を持っているが、そこにある関連性と結びつきをあなたが見て取れなければ、その力は発揮されない。

世界は今も、物語の力で回っている

科学研究にとっての陽性の結果が、なぜ、無の結果よりも関心を集めるかについては、すでに話した。では、「あのさあ、これって全部おんなじ話じゃん」の精神で、この科学の根底をなす特性を、より大きな状況の中でとらえてみたい。僕はこれを、映画の売り上げについてあなたがすでに持っている知識と直観を活用することで、ハリウッドと結びつけようと思う。映画が大衆にどのように受けるかという力学と、科学研究が一般の人々と科学コミュニティの両方にどれだけ伝わるかという力学の間には、強力な類似性がある。

あなたの物語の直観は、ハリウッドの脚本家並みではないかもしれないが、少なくともある程度のものを間違いなく持っている。これまでの人生を通じて貪欲に小説を読み続けてきたかどうかはともかく、映画は山のように見てきたはずだ。アメリカ社会では皆がそうしてきた。アメリカ的な生き方とはそういうものなのだ。もしかしたら、そうした映画のほとんどは無駄な時間だったと思うかもしれない。しかしこれは、そんな時間の一切から有益なものを引き出すチャンスだ。

「シンドラーのリスト」から文化のはしごを延々と駆け下り、果ては「トランスフォーマー」シリーズに至るまで、興行的に当たった映画はみな、一つの共通点を持っている。それは、独自の物語の構造だ。映画が封切られると、ある予測可能な一連の力が動き始める。この力は少なくとも、その映画の物語の構造と部分的に関係している。物語の構造から、ほとんど必ず映画の売り上げを予測できる。少なくとも、大ヒット作になるか、アートシアター上映の観客数になるかの予測は可能だ。

さて、ここに似た例を挙げよう。科学研究が一般に向けて発表される時にも、そして、科学コミュニティに向けて発表される時であっても、同じ一連の力が動き出す。本当だ。

このことをあなたに納得してもらうために、僕はこれから苦痛に満ちたことをやる。僕は今、教授モードに戻って、自分の学生たちに失望しているということを彼らに伝える、厳しい指導の時間に入るのだ。

私は『こんな科学者になるな』の中で、自分が面白いと思い、かつ、ある程度重要だと考えた、あるものについて論じた。それは、**マッキーの三角形**だ。この概念は、ハリウッドの偉大なシナリオ講師、ロバート・マッキーに端を発するものだ。マッキーの三角形のことは、彼の著書『ザ・ストーリー』の中で詳しく説明されている。この書物は、ハリウッドでは広く、脚本執筆の聖典とみなされているものだ。

さて、私の本が世に出てから五年が経った。私がマッキーの三角形について述べたことについて、この五年間に、直接にでも、文章ででも、私に意見を聞かせてくれた者が何人いたかを教えよう。ゼロだ。

五年間だ。誰かがその部分を読んだという気配さえない。センセイはだ、これを良くは思わない。

この間に、私はマッキーの三角形への認識をより深めてきた。近頃では、私はこの概念を至るところで目にする。そして、これは世界の大部分を理解するためのとてつもなく重要な道具だと感じている。よって、この時点で私ができることはただ一つだ。冷静になって、そして……今度こそ君らに大声で叫ぶ！

聞きたまえ、この代物は本当に、本当に奥深くて重要なのだ。私は確信している、もし君たちがその真の意味を「飲み込む（grok）」ことができれば、それが君たちの人生を変えるかもしれないと。（何、「grok」という言葉を知らないだって？　ググって調べて、それからロバート・ハインライン〔伝説的なSF作家〕の名作を読みなさい。なぜって、その本も君たちの人生を変えるかもしれないからだ。）

映画を通じて科学のための物語の直観を養う

では、再びマッキーの三角形（図13）の話に戻ろう。この三角形は、マッキーが三つの純粋な物語の形態だと考えたものを表す、三つの角でできている。右下の角の「反プロット（antiplot）」は、僕たちが議論を進める上でもっとも重要度が低い。純粋な反プロット型のストーリーは、一切の構造の制約や伝統を非難するものだ。これは、秩序に対する戦いを、戦いそのものを目的として行っている革命家たちのための場所だ。彼らは、その戦いがもたらす結果や、自分たちが何人の人々と理解しあえるかということはあまり気にしていない。

このカテゴリーには、僕がニューハンプシャーの静寂の中で見た、大好きなアート志向の映画のうちいくつかが入る（こうした映画を見ていたのはハリウッドに移る前のことだ。その後、僕が関心を抱く映画の範囲は挟まってしまった）。「午後の網目」（映画学校で僕たちが五〇回ほど見なければならなかった、象徴的な抽象表現短編映画）、「ストレンジャー・ザン・パラダイス」、「アンダルシアの犬」（汝、ブニュエルの映画を愛せよ）のような映画や、「ウェインズ・ワールド」、「モンティ・パイソン・アンド・ホーリー・グレイル」のような名作コメディーだ。これらはすべて、伝統的なストーリーテリングを理解し

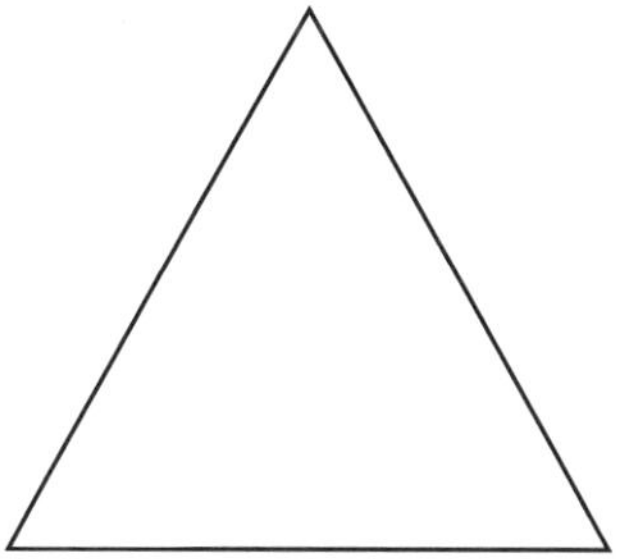

図13　マッキーの三角形
あまり多くはない人々の要望により復活。

た上で、それを覆している。こうした作品は、基本的に物語性がない。

　三角形の一番上にある「主要プロット（archplot：「アーク・プロット」と発音する）」は、僕たちの目的にとってもっとも重要なストーリーの形式だ。マッキーは、主要プロット型のストーリーを「古典的な構図」の要素を持つものと定義している。彼はこのように述べている。「この原則は、もっとも真の意味で『古典的』だ。時を超越し、かつ多文化的で、文明化した社会であれ原始的な社会であれ、地上のあらゆる社会の根底をなしており、その起源は、数千年にわたる口述伝承の歴史を、はるかな時の陰にまで遡るものだ。四〇〇〇年前、叙事詩『ギルガメッシュ』がくさび形文字で一二枚の石板に刻まれ、ストーリーを初めて書き言葉へと転換させた時、古典的な構図のこの原則は、すでに完全かつ美しい形で整っていたのだ」（やった、ギルガメッシュだ！）

　かなり広範囲にわたる陳述だ。主要プロットは、太古の昔からある形式で、当然のことながら、最大数の聴き手や読み手に影響を与える。一般受けするほぼすべての映画の核のところに、主要プロットがある。「スター・ウォーズ」、「ロード・オブ・ザ・リング」、「風と共に去りぬ」、「アイアンマン」。これらはどれも、主要プロット型の構造を持っている。

　マッキーは、主要プロットの主な性質を列挙している。僕たちの議論にもっとも重要で関連が深いもの五つを、ここに挙げる。

（1）**直線的な時系列**――出来事は順番通りに起こり、話があちこちに飛ばない。
（2）**因果関係**――物事は論理的な理由によって起こり、でたらめには起こらない。
（3）**単独の主人公**――単独のものが持つ力のことを覚えているだろうか？　僕たち読者が追う主人公が、一人だけいる。
（4）**積極的な主人公**――主人公が実際に何かをする。考え事をしたり苦悩したりしているだけではない。
（5）**まとまった結末**――ストーリーが解決し、すべての疑問に答えが出る。

「オズの魔法使い」は、主要プロットの古典的な例だ。この話には（1）直線的な時系列があり（時間があちこちに飛ばない）、（2）因果関係があり（僕たち読者はすべての物事の理由を知ることができる。空飛ぶサルたちはどこからともなく現れるのではなく、悪い魔女によって送り込まれた）、（3）単独の主人公（ドロシー）がいて、（4）積極的な主人公がいて（ドロシーは積極的に黄金のレンガ道を歩いていく。ただ座って助けを待つのではない）、（5）まとまった結末にたどり着く（ドロシーはカンザスへ帰る方法を見つけ、その後は幸せに暮らす）。

「オズの魔法使い」がこれらの要素すべてに一致していて、かつ、絶大な不変の人気を集めているのは、偶然ではない。一般大衆の脳は主要プロットに合わせて作られているのだ。大衆から支持される映画は、この構造に合っているから成功するのだ。

マッキーの三角形の三つ目の角、「ミニプロット（miniplot）」は、ひとことで言うと主要プロットの対極にある。ミニプロットは、登場人物にもっと焦点を絞る代わりに、プロットの重要性を最小化する。主要プロットの特徴をすべて逆転させれば、ミニプロット型の話ができあがる。（1）非直線的な時系列（時間があちこちに飛ぶ）、（2）少ない因果関係（物事が明らかな理由なしに起こりうる）、（3）複数の主人公、（4）消極的な主人公（自分が悪者たちと戦いたいのか決めることもできず、ただそこにとどまって苦悩する）、（5）未解決の結末（悪者たちが倒されることはなく、殺人事件はまるで解決せず、青年は意中の女の子と決して結ばれない）だ。

ミニプロット型の映画は通常、アートシアターで上映され、映画批評家に愛され、アカデミー賞を取ることも多い。「シャイン」、「ファーゴ」、「秘密と嘘」などの映画がオスカー像をめぐり健闘した一九九六年は、アートフィルムの年として知られることとなった。こうしたタイプの映画は批評家の賞賛を集めるが、限られた観客の好みに合わせて作られる傾向にある。

こうした性質に目を向けると、クエンティン・タランティーノの「パルプ・フィクション」の真髄を理解しやすくなる。この映画は、主としてミニプロットに当てはまるものでありながら（複数の主人公がいて、信じられないほど非直線的で、かなりの無作為性がある）、一般の観客にもヒットした作品だ（ジョン・ヨークは、その素晴らしい著書『森の中へ――ストーリーがはたらくしくみと、私たちがストーリーを伝える理由』の中で、「パルプ・フィクション」を掘り下げて分析している。そして、最終的に、この映画の構造が本当はかなり伝統的なものであるということを示している）。タランティーノは、主要プロットの要素を充分に盛り込んで（最終的には課題が解決し、主人公たちは非常に積極的で、外部との衝突が豊富）大衆の心を動かし、ミニプロットの特徴を充分に盛り込んで芸術評論家たちを驚かせた。この映画は、三角形の二つの角の間のどこかに当たる。芸術的な尊敬を受けながらも、人気も広く集め、しかし、興行成績の歴代上位五〇位リストには入っていない。

僕たちが映画について論じる上では、これら三つの純粋なストーリーの形式を、大衆エンターテインメント（主要プロット）、アートシアター映画（ミニプロット）、「観客のことなんて知るか」（反プロット）と考えてほしい。

では、社会の中にどれだけのアートシアター映画が残っているかを考えてみよう。ごく少数だ。たくさんではない。大部分の人々は主要プロットを好む。主要プロットは、年月を超えて、僕たちの生来の気質の中に深くプログラムされてしまっているからだ。その結果として、科学のストーリーを伝える時にも、こうした基本的な主要プロットの特性に反し始めた途端に、人々があなたの話から離れ始めてしまうのだ。

（1）科学のストーリーを話していて、時系列があちこちに飛ぶようになると、その途端、人々があなたから離れていく。
（2）科学のストーリーを話していて、その話の中で、物事が明確な理由もなく起こると、その途端、人々があなたから離れていく。
（3）ただ一人の科学者、もしくはただ一つのプロジェクトではなく、何人もの科学者やいくつものプロジェクト（＝複数の主人公）についての科学のストーリーを話すと、その途端、人々があなたから離れていく。
（4）科学のストーリーを話していて、そこで外部との衝突（実験を実際に行う）よりも、むしろ内面の葛藤（「そもそも、私たちはこの実験を行うべきなのだろうか？」）が語られていると、その途端、人々があなたから離れていく。
（5）科学のストーリーを話していて、そこに結末がないと、その途端、人々があなたから離れていく。（気候変動の研究者の皆さん、どこか思い当たる節は？）

ここに挙げた違反はどれも、あなたの語っているストーリーを死に至らせるものではない。代償が伴うだけだ。これらの違反をある程度犯すと、あなたの話を聞く聴衆が少なくなる。

全部をまとめる——主要プロット、陽性の結果、ＡＢＴ

それでは、マッキーの三角形を使って、科学と映画の間に相互の結び付きをいくつか作ってみよう。科学研究から得られる可能性のある成果は、三種類ある。（1）帰無仮説を棄却し、陽性の結果を伴う結論にたどり着く。（2）帰無仮説を棄却できないことを知り、無の結果を伴う結論にたどり着く。（3）どちらの結論を引き出すにも充分なデータを集めることができない。このうち、陽性の結果は主要プロット、無の結果はミニプロット、充分なデータを得られないのは反プロットだ。

その意味することを考えてみてほしい。陽性の結果は、映画の大ヒットの原動力であるところの、人々を興奮させ、幅広い範囲に訴えかけ、多くの人々に興味を持たせるストーリーの力学に合致する。無の結果は、アートフィルムと同じ尊敬を集めるが、陽性の結果に比べてずっと、ずっと、ずっと少ない人々からしか関心を得られない。

これが物語のジレンマだ。科学研究者として、物語に対する直観的な感覚を持つべき理由もここにある。あなたは、自分がつつましい研究プロジェクトを進めていて、科学コミュニティが、客観的で、機械的で、感情に左右されることのない目によって、自分の今後の報告を検討するのだと考えている。だが、気づいているかどうかにかかわらず、プロジェクトは、この切っても切れない物語のエネルギーに包まれている。すべての研究結果は、生まれつき平等にはできていない。

このことはよく認識しておくべきだ。もしその認識がなければ、これからあらゆるたぐいの問題にさらされるだろう。無意識のうちに、行き過ぎた結論を述べる方へと気持ちが傾いてしまうかもしれない。主要プロットの力学を使って、可能な限り最大の聴き手を引きつけたいという気持ちからだ。あるいは、自分が得た無の結果をどの学術雑誌も掲載しようとしないことに気づいて、呆然とし、失望するかもしれない。ようこそ、ミニプロットの世界へ。

物語の内容という観点から、僕たちはもう一つの関連付けを行うことができる。主要プロットは、大衆が切望する理想的な形式だ。これは、ＡＢＴと同じである。ミニプロットはより高い尊敬を集めることも多い、洗練されていて、知的で、複雑な形式だが、一般の人々にとっては、やり過ぎだ。これは、ＤＨＹに相当する。そして、反プロットは、「私は聴き手のことなんて気にしない」という姿勢だ。これは、「解釈については聴き手に考えてもらおう」という姿勢でただデータを示すだけの、ＡＡＡ構造に匹敵する。

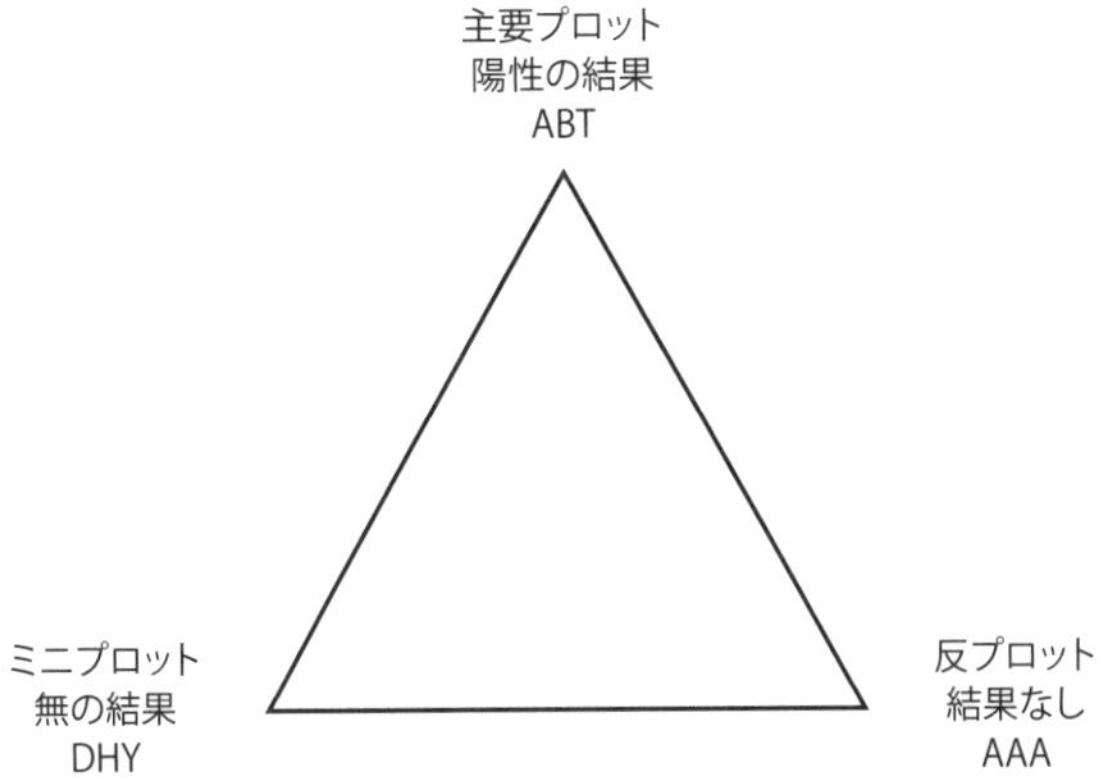

図14　ハリウッド、研究、コミュニケーションの融合
マッキーの三角形を、科学研究と物語構造のもたらす結果を表現するように拡大したもの。

つまり、マッキーの三角形の三つの角は、科学研究の結果の世界（科学的手法）にも、科学を伝えること（物語の構造）にも結びついているのだ。

ストーリーの川を遡って泳ぐ

僕がマッキーの三角形の話をしたのは、ストーリーの流れというものがいかに古くからあり、巨大で、慣性的なものかを知るのに役立ててほしかったからだ。この力と無縁な人はいない。僕たちは皆、そこから抜け出せない。僕たちは皆、主要プロットに引き寄せられる。宗教は、主要プロットの基本力学に沿ったストーリー（ただ一人の主人公が、積極的かつ直線的な形で障壁を乗り越えていき、まとまった結末に到達する道を見つけるまで、教訓を得つづける）を語り、その存在のすべてを主要プロットの上に築いている。

主要プロットの力は、流れの強い川の中で泳ぐことに似ているかもしれない。川が真実と同じ方向に流れている分には構わない。だが、そうでなかったらどう

図15　真実は上流に向かって泳ぐ
真実がストーリーの力学と戦っている時には何が起こるだろうか？　真実は下流へと押し流されてしまうのだろうか？

なるだろうか？

ヘンリー・フォンダは、心の底では科学者だった

真実がストーリーの川を遡って泳ぐことを強いられている時には、何が起こるだろうか？　残念ながら、僕たちは皆、人を私的制裁で殺してしまう群衆の問題を知っている。こうした集団は、間違った方向に向かうストーリーの川に他ならない。向かう先が間違っているのにもかかわらず、あまりに強力なために、真実には勝ち目がないのだ。

「牛泥棒」は、私刑《リンチ》を加えようとする群衆を描いた傑作だ。この小説はヘンリー・フォンダ主演の名作西部劇として映画化され、一九四三年にアカデミー賞にノミネートされた。これは、無のストーリー（悪役は罪を犯していなかった）を信じる少数派の人たちが、群衆の持つ陽性のストーリーに逆らって泳ごうとするストーリーだ（陽性の」という言葉を、科学でいう「陽性の

結果」の意味合いで使っていることに留意してほしい）。群衆は、犯人を捕まえたと確信している。

総合的に見て、この映画は無のストーリーだ。英雄的な勇気を描いた主要プロットの物語ではない。「真昼の決闘」ではない。悪役と対決し、善が悪に打ち勝つという完全で揺るぎない確信を持って相手を倒すというお話ではない。結末が未解決で、正義が果たされず、良いものが悪に打ち勝たないストーリーなのだ。

当然のことながら、この映画は作られるまでが大変だった。この作品は、ヘンリー・フォンダにとって「情熱で進めるプロジェクト」だったのだ。当時、彼は俳優としてのキャリアの全盛期にあったにもかかわらず、俳優組合の最低賃金でこの映画に出演し、製作資金集めにも協力していた。作品はアカデミー賞にノミネートを受けた。ベテラン俳優のハリー・モーガン（彼は「真昼の決闘」にも出ている）は、自身の俳優人生が終わりに近づいた頃、「『牛泥棒』は、私がこれまでに出た中で一番の映画だ」と話した。だが、チケットの売り上げはどうだっただろうか。この作品は、経済面では不発だった。無のストーリーを軸にしていることを考えたら、これ以上ないほど予想がつく結果ではないだろうか。この作品は、純粋なミニプロットだったのだ。

これこそが、今日の科学界の大部分を支えている力学だ。「大きなストーリー」を語りたいという欲求は、ストーリーの川に押し流されることで生じ、偽陽性を引き起こす。その一方、出来の良くないストーリー（無の結果）を語ることへの関心の欠如により、無のストーリーを論文発表から遠ざける方向へのバイアスが生じる。

この現象は、研究資金の助成機関にも起こる。実に多くの場合、助成機関では、既存の話の真偽を検証する研究には資金を提供したがらない。それよりもむしろ、明確なパターンを報告する新しいストーリーへの出資を積極的に引き受けたがるのだ。彼らは、あの川に押し流されている。僕の友達には、助成担当官たちに「私たちは、あなたに読み手を惹きつけるストーリーを語ってほしいのです」と（一言一句この通りのことを）言われた人たちがいる。友人たちはそれに対して、「おや、そうですか、私たちはあなた方がもっと真実に関心を持っていると思っていましたよ」と返したがっている。

そして、同じ現象が、無の結果を報告するすべての論文にも起こる。論文誌の編集者たちは、それを陽性の結果の論文と見比べて、ある程度、それぞれの潜在的な読者数を見積もるのだ。科学コミュニティで使われるようになった用語が「重要性（importance）」だ。このプロジェクトは重要な研究を構成しているか、というふうに使われる。だが、論文掲載においては、「重要性」という言葉は、主に「どれだけ多くの人があなたの発見に本当に関心を持とうとするか」という意味になる。論文を受理するか却下するかの決断を下す人たちは、ストーリーの川に飲まれているのだ。

近年、この問題に対抗しようとする大きな努力が行われている。オンライン論文誌の『プロスワン（PLOS ONE）』は、この特定の目的のために創設された。プロスワンの編集者たちの基本理念は、掲載論文を「研究の意義（significance）よりも健全・安定性（soundness）」に基づいて受理するというものだ。理論的には、この理念が非掲載のバイアスの一部を相殺してくれるはずだが、僕がこの件について話した科学者の反応は、どれも「ええ、これは役に立っていますね、でも、ある程度だけですが」というものだった。人々を「重要な」研究へと惹きつける力はその手を緩めない。そして、この力は、もっとも重要な二つの科学誌、『サイエンス』と『ネイチャー』にとっての大きな採用基準になっている。

主要プロットとミニプロットの力学の間にある断絶は、数えきれないほどの状況下で見つかる。ここに、僕が森林保護生物学者たちと行った議論の中で聞いた一例を挙げよう。

保存科学――二つのストーリー

米国国立公園局ではたらく僕の友人たちは、政府が過去にとっていた、広く普及している保全方針と、政府が将来に向けていま提唱している内容の違いについての話をしてくれる。一九一六年、米国議会は国立公園法を制定した。その目的は「景観、ならびに自然物および歴史的対象物、ならびにそこに生息する野生生物」を保全し、「先述のものを将来の世代が享受できるよう、それらを傷つけない形と方法による楽しみ方を認めること」だ。キーワードは「傷つけない」、つまり、自然状態で保存するということだ。

この規定には主要プロットの重要要素が刻み込まれている。まとまった結末を暗示していて、自然についてのストーリーは、始まりの時とまさに同じ形で終わるだろう、私たちがすべてを完全に無傷のまま守ることができれば、すべてが始まった時と同じままになるだろうとほのめかしている。これは、伝わりやすく定着しやすい、かなりシンプルなストーリーに結びつく。だが、残念ながら、僕たちの世界は必ずしも僕たちが願うほど単純なものではない。特に、気候変動が起きている時には。

それを考慮して、国立公園局は二〇一二年に目標を見直した。そこで推奨されたのは、「生態系の一体性および文化的な真正性を保ち、訪問者たちに人生観を変えるような経験を提供し、地上および海の風景の全国的保護の中核を形成するために、充分には理解されていない継続的な変化」を目指した国立公園の管理を行うことだった。

うわあ。ミニプロットの過剰摂取だ。「充分には理解されていない」というところに、それが端的に表れている。

主要プロットを判別する基準リストの二番目に挙げられている性質は「因果関係」で、これは、ストーリーの語り手であるあなたがすべてを理解していることを意味する。古くからある「全知の語り手」という仕掛けだ。つまり、ストーリーの語り手が何もかもを知っていて、特に、因果関係についてよく理解しているという書き方だ。

ところが、二〇一二年の声明で述べられていることを見てみよう。要するに「私たちにはわからない」という内容だ。これは純粋なミニプロットだ。国立公園局はさらに、継続的に変化を続け、まとまった結末がないストーリーを提示している。これ以上ないほどミニプロット的じゃないか？

さあ、これら二つの「物語」のうち、あなたはどちらの方が、一般の人々に対して、さらには国立公園局の職員に対して、説明しやすいと思うだろうか？　要するに、「私たちは、すべてのものを元あった通りに保つよう努めていきます」という簡潔な主要プロットのストーリーと、より微妙な意味合いを持つ「私たちは、物事が変わるのに従って、自分たちの考え方に修正を加えていきます」というミニプロットのストーリーだ。

この理由から、「保全」の精神は、「自然のバランス」の概念（未開の地には、すべてのものの調和を保つ、見えない力があるという考え方。宗教において伝統的に受け入れられてきた）と同じように、保全事業の世界に存続している。だが、今日の世界においては、これらのいずれも的確な概念ではない。うまくプログラムされていない脳を扱うことがもたらす苛立たしい状況とは、こういったものだ。

現実の世界は厳しい。気づけば、自分があの魚と同じ立場に立たされているということはよくある。

真実を立証するために、ストーリーに逆らって上流へと這い上がろうともがいている自分に気づくのだ。僕はこのことを「ドードーの群れ」で感じた。簡潔で相手を惹きつける、語られるべきストーリーがあり、とんでもなく大勢の観客が、僕にそのストーリーを語ってほしがっていた。そのストーリーを主要プロット的に語ったとすれば、「インテリジェント・デザインは、アメリカ社会全体を蝕もうとする邪悪な右翼の独裁者から資金提供を受けている、純粋なる悪の具現化だ」となっただろう。僕の映画がこうしたストーリーになってほしいと思っていた左寄りの人たちは多かった。それだけでなく、彼らは、そうしたストーリーこそが、本当にこの映画の持つ簡潔で主要プロット的なメッセージであったかのように批評し、宣伝した。だが、実際はそうではなかったのだ。取り上げた事柄の真実を描き出そうと僕が奮闘する中で、この映画は、キリスト教の善対悪の表現よりも、むしろアゴンの両面性についての古代ギリシャの概念に近いものになった。

マイケル・ムーア（『華氏911』）、デイヴィス・グッゲンハイム（『不都合な真実』）、ジョシュ・フォックス（『ガスランド』）などの、活動家である映画製作者たちは、それよりもずっと善対悪の表現に長けている。そして、驚くまでもなく、彼らは僕自身が夢見ることさえなかったほど多くの観客に影響を与えている。僕は、二〇一三年に「シンプルなストーリーの語り手よ、気をつけろ——ジョシュ・フォックスとガスランド」という題のブログ記事を投稿した。僕はこの記事を、ニューヨーク・タイムズ紙のジャーナリストであり、友人のアンディ〔アンドリュー〕・レヴキン[26]が、まさにこのストーリーテリングの問題について、ジョシュ・フォックスに説明責任を果たさせようとするのを見て書

26　ジャーナリスト、作家。環境問題や科学についての話題を専門とする。

いた。アンディは、ハンプトンズ国際映画祭で行われたフォックスとのパネルディスカッションで、「ガスランド」は「とても良い論争」を提起しているが、フォックスは水圧破砕法についての問題を、この問題の複雑性という「プリズムを通して」見ることができていないと述べ、議論の口火を切った。[27]この指摘はまさに正しい。だが、この発言が引き起こした結果は、聴衆（左寄りのご老体の一団）がアンディを文字通り怒鳴りつけるというものだった（ハンプトンズの手厳しい群衆だ）。

まあ、この時点で、こうした映画製作者たちがいかに金持ちで、僕がいかに貧乏であるかについて、何か痛烈なことを言わせてもらおうかと思う。ただ、実のところ、彼らの映画をどれも楽しく見ているし、マイケル・ムーアのことを、時おり真実から逸脱することがあるにもかかわらず、非常に高く評価している。僕の脳は、他の一般の人々と同じだけの欠陥を抱えているのだ。

この話の一切についての重要な点は、世の中には、構造が主要プロット的になりがちな、この強力なストーリーの川が存在するということだ。事実はあまりにしばしば、もっとミニプロット的であるのだが。これが、物語の世界についてのハリウッドの見方だ。だが、僕はいま、科学の世界に対し、重要な科学のストーリーが持つ物語の力学を理解するために、同じアプローチで取り組むことを考えるよう勧めている。僕が何を言いたいのかを、実世界での二つの例を使って説明させてほしい。

地球温暖化がとぉぉぉんでもなく退屈な理由

多くの気候科学者たちは、人類が僕たちの世界の気候を変えたのだという考え方に同意している（ＡＡＡＳが二〇一四年に行った意識調査では、その割合は八七パーセントだった）。つまり、一般の人々に伝えるべき陽性の結果があるということだ。一見、それは簡単なはずだという気がする。それにもかかわらず、二〇一四年にシンクタンクのピュー研究所が行った調査では、アメリカの一般の人々の半数は、なおこの考えを受け入れておらず、それどころか、そもそも大した興味も持っていないことが示された。選挙の度に、有権者の関心の中で気候の話題が占める優先順位は低い。これはなぜか？僕がそれについて言えることは多い。

二〇一〇年、アンディ・レヴキンは、自分が担当するニューヨーク・タイムズのブログ「Dot Earth」に、ある記事を投稿した。その記事の見出しは、僕が地球温暖化の話題そのものが「とぉぉぉんでもなく退屈（bo-ho-horing）」だと言っているのを引き合いに出していた。二〇一三年、気候変動についての大きな会合に参加する準備をしていた（そして、その会合を非常に心配していた）ドイツの週刊誌『デア・シュピーゲル』誌のジャーナリスト陣が、このブログ記事を見つけた。僕が「とぉぉぉんでもなく退屈」という言葉を使ったのが、どうやら彼らの心に訴えかけたらしい。それで、彼らは僕を取材し、そんな言葉を作り出したきっかけは何だったのかと尋ねてきた。アメリカでは、ABCニュースがこの取材を取り上げ、題名に同じ言葉を使った。僕には気候科学者の友人がたくさんいるが、彼らはこれを愉快には思わなかった。

僕はこの烙印を、二〇〇二年にはすでに目にしていた。僕はその時、海洋の話をするためにワシン

27　「ガスランド」で取り上げられていた問題の一つ。映画では、天然ガスの掘削業者が化学物質を添加した水を地下に注入し、岩石に亀裂を起こして地下資源を採取することで、深刻な水質汚染が生じている可能性を指摘していた。

トン大学の教授陣と面会したのだが、彼らは海のことを話す代わりに、地球温暖化について学生たちに教えなければいけないという、この迫り来る問題についての自分たちの懸念の方へと、議論の舵を切った。これは、「不都合な真実」が封切られる四年前のことだったが、彼らはすでに、この話題がひどく退屈なものになりそうな兆しを目にしていたのだ。

彼らは僕に、自分たちの学生がこの話題を嫌っていると話してくれた。学生たちはこの話題を退屈だと感じているのだと。それはなぜだったのだろう？　その答えの大部分は、この本で取り上げた内容の中にある。重要な要素のうちの一部を見ていこう。

地球温暖化のミニプロット的性質

地球温暖化の「ストーリー」は、ミニプロットの性質にどっぷり浸っている。僕たちが見てきた重要な特性を見てみよう。

（1）直線的な時系列——僕たちがそこに注目することで、何らかの物語的な山場に向かい、時間経過とともに積み上げられていく構造を感じ取ることができるような、ひとつながりの明確な出来事があるだろうか？　いや、大したものはない。地球温暖化の「ストーリー」は、地図上のあちこちに散らばっているのだ。一九八八年、一流の気候科学者であるジェームズ・ハンセンは、その年の異常に暑い夏の間にアメリカ議会で証言をし、今こそ、潜在的な地球温暖化の問題に取り組む時だと述べた。だが、この問題はそれから一〇年以上もの間、ニュースからほとんど姿を消してしまった。九〇年代になってから、京都議定書と共にぱっと戻ってはきたが、単に情報として伝えられたに過ぎなかった。ハリケーン「カトリーナ」と、アル・ゴアの映画が、二〇〇五年、二〇〇六年に劇的な形でこの話題を復活させたが、その嵐は去った。巨大ハリケーン「サンディ」がアメリカに再びこの話を持ち込んだが、その不安はニュースから徐々に姿を消してしまった。どうやら、このストーリーはただ盛り上がっては鎮まっていくようだ。主要プロットで得られるような、クライマックスに向けて積み上げられていく明確な物語は、今までなかった。僕は何も、そうした物語があるべきだと言っているわけではない。単に、この問題にはこういう物語的な特性があると言っているだけだ。

(2)因果関係――この分野の事情に詳しい人々にとっては、「天気」と「気候」の違いは簡潔で明白だ。短期間のパターンと、長期間のパターンの違いである。だが、一般の人々にとって、この違いは必ずしも明白なものではない。そのため、パターンは無秩序なものに見え、因果関係の欠如が暗示されることになる。大雪や寒波が一度訪れれば、温暖化という考え全体を否定する合図が送られているように見える。もっと大きな規模での予測が実現しなければ、このパターンは特にランダムに感じられる。二〇〇五年の「ハリケーンの夏」が過ぎた後の数年間に、このことが嫌というほどはっきりした。「ハリケーンの夏」には五つの大型ハリケーンがアメリカを直撃し、その中でもハリケーン・カトリーナはもっとも記憶されている。地球温暖化対策運動グループは、この機をとらえて気候変動の警笛を鳴らし、翌年の春には「不都合な真実」を巡ってメディアから大きな注目も集めた。彼らのメッセージの一部はこういうものだった。「地球温暖化は巨大なハリケーンを連れてくる。この前に来たみたいなやつを！」。だが、二〇〇五年の後の数年間は、大型ハリケーンがアメリカを直撃することはなかった。地球温暖化問題に取り組む緊急性は失われ、気候の状況は無秩序に変わるという感覚が生まれた。そのため、一般の人々の中に、主要プロットの感覚で見たところの因果関係がないような印象を残してしまった。

（3）単独の主人公――単独の主人公には、聴衆に人気がある。主張を掲げた運動に単独の指導者が必要であることの理由も、それとほとんど同じだ。関心を集中させるために一人の個人が必要なのはなぜか、認知面からのあらゆる理由が思いつくだろう。指導者が一人であることは、主要プロットの一つの特性を満たし、かつ、大衆向けの他の特性も満たす。そう言って、全体にわたる力学を考えることもできる。では、地球温暖化の場合は、誰がその一人の指導者になるだろうか？アル・ゴアはしばらくの間そんな感じだったが、彼は戦いに奮闘する科学者でもなければ、そもそも本当に戦ってもいなかった。そしてとうとう、この問題を取り巻く光景から離脱した。彼は二〇〇八年に、自分の重点をエネルギー問題に移していくと述べて、終結宣言をしたのだ。彼はまた、自分のケーブルテレビ局「カレントＴＶ」をアル・ジャジーラに売却したことで、信頼を大きく失った。真実はどうであれ（真実は、ストーリーの川の中の老いた魚だ）、アル・ジャジーラは、一般民衆にはテロリストたちの放送局（デイヴィッド・レターマン[28]がゴアに指摘したように）、あるいは中東の石油利権が絡んだ放送局（ジョン・スチュワート[29]が彼に指摘したように）と解釈されている。地球温暖化については、主人公たちは理論上、この惑星を守るために健闘しているすべての「環境のヒーローたち」ということになる。これですぐさま、僕たちは単独の物語の筋とは真逆の方へ連れて行かれてしまう。一個人の苦しみが悲劇なら、百万人の人々の苦しみは統計値であり、地球温暖化は数十億の人々の未来の苦しみについてのあまりに統計的なデータにすぎない。聴き手がそれに共感することなどできるのだろうか？　これはミニプロット的だ。
（4）積極的な主人公――聴衆たちは、奮闘する個人に声援を送る。だが、地球温暖化は、そもそも最初から一般大衆のストーリーとして提示されてきた。大衆は自然に振り回されて困惑する存在であり、一つの集団としてはとても積極的とはいえない。
（5）まとまった結末――国立公園局の二つの物語について考えてほしい。「自然のバランス」の物語は主要プロットに当てはまり、まとまった結末を暗示している――もし、僕たちが物事をそれらの「自然のバランス」に復元することさえできれば。一方、気候変動の物語はミニプロットだ。まとまった結末は出されない。これが、地球温暖化の話をしている連中が、緩和軍（「私たちは温暖化を止められる！」）対、適応軍（「もう遅い、今は温暖化をどう扱うかを考える時だ」）の根本的な戦いの中に置かれてしまっているこの状況で、ずっと取り組むべきだった課題だ。キーリング曲線[30]が、大気の化学組成のバランス喪失問題が悪化していることを示し続けている中で、物事を「正常」に戻せる可能性はもはや消えている。今日、地球温暖化に対して簡潔でまとまりのある結末がもたらされることはない。これにより、地球温暖化の物語は純粋なミニプロットになる。すなわち、未知の方

28　人気トーク番組「レイト・ショー・ウィズ・デイヴィッド・レターマン」の司会者を長年務めていた。
29　風刺コメディ番組「ザ・デイリー・ショー」の司会者。
30　大気中の二酸化炭素濃度を長期間にわたって追跡し、その変化を示したグラフ。二酸化炭素濃度は、季節変化に伴う小さな増減と、長期的な増加傾向を示す。計測は一九五八年に化学者のチャールズ・デイヴィッド・キーリングによって始められ、二〇一七年現在もスクリプス海洋研究所によって世界各地での観測が続けられている。

向へと向かう物語だ。

上記の解説の中で、地球温暖化問題のコミュニケーションの取り扱われ方に関する誤りはどこにも見当たらない。僕はただ、そもそもの課題がいかに大きなものであったかを考えているだけだ。しかし今、このとんでもなく重要な問題に対する悲しく、無知で、浅はかで、根本的に「物語のことがわかっていない」扱いについて、僕に少し語らせてほしい。

地球温暖化――ミニプロットの散乱

もし世界が理想的な場所であれば、二〇〇二年、ワシントン大学の教授たちが神経質な不安を浮かべた目をこちらへ向けてきた時に、物事は違った成り行きを見せていただろう。国の有識者による知能顧問団が招集され、地球温暖化の問題を物語の観点から考えて、この問題のミニプロット的性質についての警告を発していたことだろう。

この顧問団は、先ほど挙げたさまざまな要素を素早く見極め、ある巨大なミニプロット的危機に直面していることに気づいたことだろう。そして、それに対応するために、物語についてのガイドラインを少なくともいくつかは発表しただろう。一般の人々に対して物語の面できわめて多くの方向から情報を浴びせることが、どのようにして「ミニプロットの散乱」につながるのかを示すガイドラインを。

地球温暖化の問題は、ついにはメディアの世界で驚くほどの規模への広がりを見せたが、物語の力学を方向づける目的で、何らかのたぐいの洗練されたアプローチがとられることは一切なかった。実のところ、マット〔マシュー〕・ニスベット[31]が「気候変化——公の議論の次の一〇年間に向けた明確なビジョン」という報告書で指摘したように、そもそもコミュニケーションというものにほとんど注意が払われていなかったのだ。ニスベットは、二〇〇七年に出された「勝つための計画——地球温暖化との戦いにおける社会貢献事業の役割」というレポートについて語っている。このレポートは、「不都合な真実」の公開後に発足した大規模環境団体が発行した声明文だった。彼によれば、この五〇ページにわたるレポート全体の中で、コミュニケーション、メディア、一般の人々の認識について論じているのはわずか二文だけだったという。

僕が見てきた中で、科学に関する問題を一般に向けて伝える方法を、シンプルな物語の力学という観点からとらえるという発想全体にもっとも近いものは、第1章で触れた、二〇〇九年にニコラス・クリストフが『アウトサイド』誌に寄せた記事だ。アフリカでの公衆衛生教育キャンペーンについての議論の中で、彼はストーリーテリングの観点、欠陥を持った脳のプログラム、アプローチをあまりに忠実に書き記してしまうことから生じる困難を示している。ただ、彼の関心の大部分は、地球温暖化ではなく公衆衛生問題に置かれている。

これを除いて、僕の目には、物語の直観を広い意味での単純さと結びつけようとする試みは見当たらない。だが、この両方が必要なのだ。全米科学アカデミーは、コミュニケーション技術についての

31　ノースイースタン大学教授。公共政策や複雑な政治的課題に関するコミュニケーション、報道、解説のあり方を研究している。

シンポジウムを通じて物語の直観を高めてきたかもしれないが（あるいは、そんなことはできていなかったのかもしれない）単純さの方面については（クリストフのやったような形では）かすりもしなかった。本当に単純さを見つけるには、ハリウッドか広告業界を頼る必要がある。実際、クリストフの記事はこんな風に始まっているのだ。「もし、支援団体やその他の慈善事業家たちが、マーケティングの考え方による腹黒い技や、広告業界で使われている心理学的説得法を採用したら何が起こるだろうか？今より何百万も多くの命を救えるはずだ」

焦っても良いストーリーは生まれない

地球温暖化についての最後の話として、「不都合な真実」をストーリーの川の観点から論じたい。ハリウッドで何年も過ごしていると、すべてを動かしているのは作家や、監督や、俳優ではなく、プロデューサーなのだと気づくようになる。彼らこそが、ハリウッドで真の発言力を持っているのだ。その他の人々はただの手駒で、プロデューサーの創造的な活動を現実のものにするために雇われているにすぎない。彼らは脚本を選び出し、カネを探し、監督や大スターを選び、究極的には、どのストーリーが語られるかを決めるのだ。

スティーヴン・スピルバーグでさえ、一つとして自分の作りたい映画を作ることはできない。彼は二〇一三年に、自分の映画「リンカーン」が、この作品を作るように映画制作会社を説得できなかったために、ＨＢＯ〔衛星放送・ケーブルテレビ放送局〕での公開になりかけたと語った。映画制作会社は、すなわちプロデューサー〔製作者〕だ――彼らはハリウッドの意見を支配し、それが今度は、僕たちの社会におけるマス・コミュニケーションと情報伝達の主要な要素を動かすのだ。

これこそが、まさに「不都合な真実」に起きていた状況だった。これはアル・ゴアの映画ではなかった。ゴアは、老練な環境活動家であり、ハリウッドのプロデューサーである、ローリー・デイヴィッドの手中に置かれた手駒にすぎなかったのだ。

二〇〇五年の夏、彼女はパニックに陥った環境活動家の集団の中心にいた。彼女たちは、アメリカを襲った五つの大型ハリケーンが「私たちが新たな気候の世界」に足を踏み入れたことの証だと確信していた。僕はその夏、この言葉をハリウッドの環境イベントで繰り返し耳にした。そしてついには、HBOでの彼女の長編ドキュメンタリー映画「放っておくには熱すぎる話」に登場した気候科学者の口からも、その言葉を聞くことになった。

その科学者こそ、「不都合な真実」に関わっていた科学監督委員会が、どれほどこの映画の勢いを弱めていたかを僕に語ってくれた人物だった。映画の草案は、毎回、正確で間違いのないように、科学者たちのチームによって注意深く入念に見直された。だが、彼いわく、二〇〇五年に五つのハリケーンがやってきた後、ローリー・デイヴィッドは「要するに、私たち皆の方を向いてこう言ったんだ。『皆さんの助けには感謝したいと思います。ですが、今はまさに危機的な状況で、あなた方の批判的な情報にとらわれている暇はないんです。ですから、皆さんにはこの部屋を出ていってほしいんです。私たちは新しい映画に取り掛かりますので』と」。

その新しい映画「不都合な真実」は、その年の一二月に撮影された。ハリウッドのサンセット・ガウワー・スタジオズに本物の観客を入れて、三テイクが撮られた。その観客の中には僕の友達も何人かいて、撮影のことを僕に話してくれた。映画は翌年の春に公開された。最初の着想から公開まで一年足らずだ。

この映画全体は、パニックに陥った雰囲気の中で作られた。つまり、事実上、ストーリー展開がまるでなかったのだ。誰ひとりとして、この映画の核になる一つの言葉を見つけ出していない。誰ひとりとして、単独の疑問に対する答えを探す旅へと観客を導く、抗いがたい三幕構成を組み立てていない。

そう、制作されたものは、延々と続く「そして、そして、そして」の映画だ。ゴアが気候に関する豆知識を一つ、また一つと説明する中で、善意のゴアの苦境、**そして**、うまくいかなかった彼の大統領選への立候補、**そして**、地球温暖化に対する彼の懸念、**そして**、彼が何年も行ってきたスライドショーのこと、**そして**、さらにはそのスライドショーそのものが、ただ年代順に並べられていた。

手始めとして、この映画の筋にドブジャンスキー・テンプレートを当てはめてみるといいだろう。製作者たちはどんなふうに空欄を埋めただろうか？　「地球温暖化においては、何事も、（　　）の観点から照らして見なければ意味をなさない」……この映画には明確なテーマはなかった。したがって、このテンプレートにも明確な答えはない。

僕は、環境問題や科学のコミュニティがこの映画に熱狂したのを知っている。だが、ハリウッドで映画を作る友人たちは、僕と同じく、この映画を「とぉぉぉんでもなく退屈」だと称した。二〇一〇年までの間に、これが大学の学部生に向けた僕の講演での定番ジョークの一つになった。僕はこう尋ねるのだ。「よし、今夜『不都合な真実』を見ながら、ピザとビールを飲み食いしたい人はいるかい？」。しーん……。良いストーリーテリングは、人々に、そのストーリーを何度も繰り返し聞きたいと思わせるものだ。

語られる可能性があった、もう一つの地球温暖化の物語

地球温暖化については、しっかりした構造を持って語られる可能性のあった物語が、少なくとも一つある。「不都合な真実」は、単純なＡＢＴを元にした第一幕から始まることもできた。それは、地球を写した冒頭の写真に向けて、こんな天の声によって語られる。「昔々、ある小さな青い惑星の上に、すべての人類をおびやかした大気の危機があった。**そして**、一九八〇年代初頭には、その問題は差し迫ったものに思われた。**しかし**、その後、世界の国々が集まって条約を結んだ。**したがって**、今日その問題は消え去ろうとしている」

このＡＢＴを語った後、次のようなことを明かすこともできた。問題とはオゾンホールであったこと、条約とは一九八七年のモントリオール議定書であったこと、そして、実は、今日、あなたがオゾンホールのことをあまり耳にしないのは、とても効果的に取り組みが行われたからだということ。

しかし、続いて（ここで、より大きな、映画全体にわたるスケールのＡＢＴを語り始める。先ほど語った最初のＡＢＴが「そして」の部分を担っている）、第二の大気問題が一九八〇年代終盤に明らかになった（地球温暖化だ）。オゾン問題を解決したのと同じ国々が、この問題については解決できずにいる。それはなぜだろうか？

さあ、ここで「きっかけとなる出来事」、すなわち、僕たちを、ジョセフ・キャンベルが賞賛したであろう旅へと踏み出させる重要な疑問の出番だ。この段階で、アル・ゴアは僕たちをこの探求の旅に加わらせ、僕たちが史上最大の環境問題への取り組みになぜ失敗しているのかを理解させることも

できた。そして、教えを説いて訓戒をたれる代わりに、ソクラテスが賞賛したであろうことをしても良かった。ゴアは問いかけることもできたのだ。

だが、ゴアはそうしなかった。この映画は良いストーリーを語らなかった。この映画にはほんのちょっとしかユーモアがなく、その笑いは共和党の犠牲によって作られていた（例えば、ゴアは、おそらく自分の小学校時代の理科教師が「今の政権（共和党[32]）」の科学顧問なのだろうというジョークを言っている）。感情に訴えかける内容を届ける試みはなんとか行われたが、話題からは外れていた（ゴアの姉と息子の健康問題）。この映画は、物語性のないひどい代物だった。この映画を見て、雑多な事実の羅列を聞くよう強いられれば、ドブジャンスキーは退屈し、苛立ったことだろう。中には、興味深かったり、好奇心をかき立てたりするような事実もあるが、結局のところ、それらの事実も意味のある全体像を描くことはできていない。

異なる戦略――プロの語り手たちに本領を発揮させよ

物語を通じて情報を広く一般に伝えることへのアプローチは、二つある。第一案は、自分でそのための媒体を作って、自分がそれほど物語に長けていないという厳しい現実を思い知る（例：ゴアの映画）可能性に賭けるというものだ。一方、第二案は、難しいことはせず、専門家に物事を引き受けてもらうというものだ。あなたは彼らの仕事に乗っかればいい。

一九九〇年代後半、米国疾病予防管理センター（ＣＤＣ）は、後者の非常に賢い戦略をとった。広く一般に向けた公衆衛生についての情報発信方法を改良することが目的だった。ＣＤＣは、二〇〇一年には「ハリウッド・ヘルス・アンド・ソサエティ・プロジェクト（HH&S）」[33]を立ち上げた。これは、南カリフォルニア大学コミュニケーション学部のノーマン・リア・センターの共同設立者、マーティー・カプランの交渉によって実現した、ハリウッドの強力なコミュニケーション資源を活用するための、CDCとリア・センターとの提携企画だ。

CDCの考え方の核にあったのは、独自のメディアを作ることではなく、むしろプロのストーリーテラーたちと手を組むことだった。CDCは取り引きをして、二つのことへの見返りに、リア・センターの多数のスタッフに研究資金を提供した。第一に、リア・センターは、プライムタイムの主要なテレビ番組の脚本執筆スタッフ全員に、CDCの公衆衛生データシートを送ることにした。リア・センターは、番組の内容に影響を与えたり、「グレイズ・アナトミー」で、糖尿病や、アルツハイマー病や、エーラス・ダンロス症候群についての回を放送してほしいと懇願して相手を困らせたりしようとしたわけではない。彼らは、もし脚本家たちが正確な情報を得る上で助けが必要であれば、CDCが助けになれるということをはっきり示そうとしたのだった。

第二に、もし、ある番組がCDCの情報を使って健康問題にまつわる放送回を作ることになった場合、リア・センターが調査を実施して、視聴者が番組を見た後、その題材についてどれだけのことを

32　アル・ゴアは、二〇〇〇年に民主党候補として大統領選挙に出馬し、共和党候補のジョージ・W・ブッシュに敗北した。
33　分野横断型の公共政策関連研究機関。娯楽とメディアが社会に与える影響を研究している。テレビ脚本家・プロデューサーであり、社会活動家のノーマン・リアの名前をとって命名された。

覚えられたかを調べることにした。

ここ数年、僕はＨＨ＆Ｓに協力して、ＣＤＣでのワークショップ開催を手伝ってきた。そして、このプロジェクトを通じてＣＤＣが成し遂げてきた、印象的な成果の数々に耳を傾けてきた。もっとも優れた例の一つが、昼ドラの「ザ・ボールド・アンド・ザ・ビューティフル」での、八話にわたって語られたストーリーだ。一連のストーリーの中で、もっとも人気のある登場人物の一人が、エイズウイルスのＨＩＶに感染していると診断される。この番組の製作者たちは、第六話のコマーシャル休憩中に、ある非常にシンプルな公共サービスの案内を流した。これは、先ほどの登場人物を演じている俳優がカメラに向かって語りかけ、ＨＩＶやエイズの情報が必要な場合はＣＤＣのホットラインに電話をかけるよう、視聴者に促したのだ。すると、それまで一日に数えるほどの電話しかかかってこなかったホットラインが、何千件もの電話であふれかえるようになった。さらに、同じ公共サービスの案内を、この回の放送時間外に別個に流した場合には、ホットラインには非常にわずかな数しか電話がかかってこなかった。物語が持つ集団の力とはこういうものだ。

ＨＨ＆Ｓの一番重要な教訓、そして、僕がこのアプローチの熱狂的なファンであり支援者である理由は、彼らが自分たちでストーリーを語ろうとしないことだ。ＣＤＣは、効果のある良いストーリーを生み出すための、とてつもない量の技術と時間の重みを認めている。「サウスパーク」のトレイ・パーカーのような、創造的で、物語を語る力を持つタイプの人々が必要なのだ。誰もが語りを上達させる必要があるが、それでも最終的には、やはり真の専門家たちに敬意を払い、可能な時にはいつでも、彼らの技術を利用するべきだ。

無を新たな枠組みに入れる——エイラーへの警告

無の結果に対して不利にはたらくバイアスが存在する中で、いったい全体、無の結果が広い関心を集めることは可能なのだろうか？　もしかすると、あなたは無の結果が多くの聴き手をうまくとらえてみせた例を思いつくかもしれない。しかし、それらの例をよくよく見てみると、おそらくそこには陽性の結果が働いていることがわかるだろう。一九九〇年代初頭の「エイラーの恐怖」にまつわる状況も、そういうものだった。

この出来事は、陽性の結果から始まった。さまざまな理由（成長を調節する、実を木から落ちにくくする）のためにリンゴによく散布されていた、エイラー（ダミノザイド）という化学物質が、米国天然資源防護協議会によって公表された報告書の中で、発癌性があると宣言されたのだ。CBSのニュース番組「60ミニッツ」は、一九八九年にこの化学物質についての一コーナーを放送し、警鐘を鳴らすのに一役買った。続いて、女優のメリル・ストリープが、リンゴを食べる児童生徒のためにエイラーを禁止する必要があると連邦議会に証言した。事態が大ごとになって収拾がつかなくなる前に、米国でのエイラーの製造元、ユニロイヤル・ケミカル・カンパニーは自主的に製品を回収した。

陽性の結果（「この化学物質は問題を引き起こす」）はとても関心を集めた。しかし、続いて大きな巻き返しが生じた。ワシントン州のリンゴ生産者たちが腹を立て、巨大な広報キャンペーンを仕掛けたのだ。彼らは収益減少分として一億ドルを請求する訴訟を起こし、それに伴い、この出来事全体を「エイラーの恐怖」と呼ぶたくさんの論説や報道が出た。「エイラーの恐怖」という描写は、今日、この出来事を記憶する多くの人々の中に染みついている。

では、巻き返しに出たこの群衆は、どのようにして無の結果（彼らの「この化学物質は癌を引き起こさない」という主張）への関心を生み出してのけたのだろうか。それは、似たような性質の、反論となる陽性の物語に便乗することによってだった。「環境派の連中は、あなたに嘘をついているのです」という物語だ。彼らのメッセージは、化学物質のことにはあまり触れていなかった。すべては、彼らが環境保護運動の意図として思い描いていた内容についての話になっていた。

同じ事態が、過去一〇年間で、気候科学に対する攻撃においても起こっていることに目を留めてほしい。気候変動防止運動に反対する人々は、要するに、無の結果を論じようとしている。温暖化は起こっていない、あるいは、人間はその温暖化の過程に関与していないというものだ。だが、彼らがもっと大声で主張しているのは、環境保護論者たちはもっと大きな政策を動かしていて、不誠実なのだとほのめかす陽性の物語である。彼ら反対者たちの巧みな言葉は、すべて、自分たちは悪しき環境保護論者たちに立ち向かう善の部隊であるという主要プロットに包まれている。

本当の無の結果は、伝えるのが難しい。リンゴ生産者の広報担当者たちは、対立相手を悪役に仕立てるという手段に訴えた。これは僕の勧めたいことではない。しかし、もし注目すべき無の結果があるなら、この「エイラーの恐怖」から教訓を得ることを検討してみよう。問題を「別の枠組みで表現し直す」ことのできる、今より想像力の効いたアプローチがないか見てみてほしい。あなたの取り上げる課題を、より広く伝わる陽性のパターンに便乗させられるような枠組みはないだろうか。

（念のために書いておくが、先ほどの環境保護者たちは、エイラーに関して嘘をついてはいなかった。ジャーナリスト向け定期刊行誌『コロンビア・ジャーナリズム・レビュー』のエリオット・ネギンは、一九九〇年代後半に「エイラーの恐怖は本物だった」と題して、この出来事全体に関する詳細な分析を綴った。彼は「メディアによるおおよその作り話と同様、この話にも一つか二つの真実は含まれている」ことを認め、その上で、成功を収めた「巻き返し」キャンペーンを微に入り細に入り厳しく批判した。キャンペーンは一般の人々の大部分に対し、エイラーには健康上のリスクなどないのだという印象を残したが、それは間違いだ。エイラーの発癌性は、今日でもなお充分に立証されており、世界中の多くの国々で、エイラーは禁止され続けているのだ。）

物語の規範に屈する

人々は自分の物語を必要としている。この考え方は、理解し、認識し、尊重しておいたほうが良いものだ。

さらに、一部の人々は、あるたぐいの物語への欲求に駆られてしまっているようにも見える。例えば、世界が崩壊してしまうというストーリーとか。この悲観的な考え方に関しては、実はそれを表す用語もある。「衰退主義者の物語」だ。この考え方は環境保護論者たちの間によく見られ、世界についての前向きなニュースを聞くことを拒みさえする人々もいるほどだ。そうした人々は、衰退のストーリーだけを受け入れる。これはほとんど、深夜テレビ番組「サタデー・ナイト・ライブ」のデビー・ダウナー[34]みたいだ。

34　番組のコントに登場する女性キャラクター。友達と楽しく集まっている時に暗い話題を口にして、その場を妙な雰囲気にさせてしまう。

こういう感じの人々の相手をしている時、そして、彼らの物語とは反対のことを伝えなければいけない時には、二つの選択肢がある。彼らに、あなた方は間違っていると伝えるか、あるいは、彼らの特定の「物語の規範」を受け入れてかわすかだ。

これについての例を一つ話させてほしい。僕はカリフォルニア州の海沿いにある小さな都市に住んでいる。詳しい説明はやめておくが、衰退主義者のファンが大勢いるところだとだけ言っておこう。二〇一一年に、日本の福島で原子炉が爆発した時、放射線が僕たちの方へ向かってくるのではないかという恐怖の波が、この街で瞬時に広がった。

しかしその四年後までに、多くの研究によって、福島近辺の水域や魚においてさえも、検出された放射能は非常にわずかだったということが示されてきた。一流の海洋生物学者たちのグループ（僕もメンバーの多くを知っていて、彼らを高く評価している）は、「ディープ・シー・ニュース」というブログへの投稿記事で、「日本にある福島の発電所の周辺では大変なことがいくつも起きた」と結論づけつつ、「アラスカ、ハワイ、アメリカ西海岸は、何の危険にもさらされていない」と続けた。

するとこれは、地域を絞って伝えなければいけない、無の結果ということになる。それを示す方法は二つある。一つ目は、地元の聴き手たちの「恐怖への欲求」を無視する方法だ。つまり、「この科学者たちは、日本からの放射線のリスクはないと示している」という、一次元的なストーリーを伝えるということだ。これをやるためには、聴き手に対し、彼らがあまり耳にしたいと思っていないメッセージを突きつけることになる。

しかし、この情報を別のやり方で示すこともできる。それは、情報を別の恐怖の文脈に載せる方法だ。僕はこの方法を、地元の新聞に書いた「福島までの道はとても、とても遠い」という題の記事で使った。この記事に添える挿絵として、放射能マークの上にバツ印をつける代わりに、カリフォルニアの海に対する六つの脅威（魚の乱獲や沿岸地域の公害など）を並べた。そのリストの真ん中に埋め込まれたのが、「日本の核による放射能」だった。この一項目を、線で消しておいた。

これが読者層にどう効いたか、世論調査によるデータを僕は持ち合わせていない。一つの脅威をリストから外すことを考えてみてほしいと読者に頼む前に、彼らが確立した、世界が崩壊するという物語に沿って、彼らを落ち着かせようと努力した。僕にわかっているのは、この記事がそのような努力だったということだけだ。

人々は自分の物語を流したがる。認知心理学者のスティーヴン・ピンカーはそのことをよく知っているはずだ。ピンカーは、画期的な著書『暴力の人類史』で、無の構図を描き出そうとした。この本で彼は、時代を経るにつれて社会における暴力が減少していることを立証した。だが僕は、たくさんの人々が、彼が伝えなければならなかったことをわざと無視した発言をするのを聞いてきた。ピンカーの話が、彼らの「人類の終焉」の物語に合わないからというのが、その理由だ。そんな話は論じる意味がないということだ。

そして最後に記しておくが、無の結果がどれほど伝達しにくいものかということは、僕もよくわかっている。僕が海洋生物学者としておこなったもっとも重要な科学研究は、複数年にわたる、オーストラリアのオニヒトデの研究だった。このヒトデは、個体数が爆発的に増える（もっと科学的に言えば「大発生」する）ことからよく知られている。こうした大発生が起きる理由を説明し、非常によく広まったストーリーがあった。僕の研究は、そのストーリーは（非常に素晴らしいものなのだが）非常に間違っていると示唆するものだった。つまり、無のストーリーを売り込もうとしていたのだ。その主張は、単にこういうものだった。「何がこの大発生を引き起こすのかは僕にはわからないんですけど、でもとにかく、これが示してるのは、こういうことじゃないんですよ」

僕の研究は査読つき専門誌の中でも最高峰のものに掲載されたが、基本的には、僕の話は場をしらけさせるものだった。すでに開かれている大きな刺激的なストーリーのお祭りを、台無しにしようとしていたのだ。僕はお祭りに集まる人たちの足場を取り上げようとしていた。その結果、僕の業績は数年の間は許容されたものの、僕が科学の世界を去った途端、みんなは僕が勘違いをしていたのだと判断して、前のストーリーをまた褒め称えるお祭りに戻った。さらに悪いことに、僕が二〇一五年にこの本を書き終える直前に、新たな研究論文が発表された。この研究は、一九八五年にはすでに時代遅れになっていた手法を使い、みんなが聞きたがるあのストーリーをふたたび嬉々として語るものだった。要するに、科学文献においてさえも、ストーリーの川はときに真実を転覆させてしまう場合があるということだ。優れた科学者はみんな、このことを知っている。

13

しかし、物語の訓練には新たな思考の枠組みが必要だ

ABT

そういうわけで、物語の訓練がその解決策になる。そして、僕はその究極のゴールを表現する「いかした」名前として、肉体的な訓練との関連から考えた「**物語の体力**」という用語を作ることにする。即興劇を教えている僕の友人たちも、同じような用語を使って話している。彼らは、即興演技の技術のことを筋肉だと考えている。複数の運動を継続的に行い、時間をかけて整える必要のある筋肉だ。即興の技術は、一回の授業でぱっと生まれるものではない。物語の体力だって同じだ。

僕と共著で『コネクション』を書いたブライアン・パレルモは、ずっと前にたくさんの即興劇の訓練をしてきたのに、今も即興コメディー劇場「ザ・グラウンドリングズ」の座員として、週に一度の即興劇の「トレーニング」を続けている。純粋に、即興演技の体力を保つためだ。彼は、毎週水曜日の夜に披露される「クレイジー・アンクル・ジョー・ショー」の六人の出演者の一人として、一四年

間にわたり、来る週も来る週も演技を続けている。彼は見事な即興俳優だが、それは「即興劇」の体力をこうしてたゆまず維持しているからこそだ。そのことを僕たちに知らしめるのに彼ほどふさわしい人はいないだろう。

僕は、同じことを物語についても勧めている。ただし、次の点に違いがある。物語の伝え方をこうした観点から教えている人が、他に見当たらないのだ。たくさんの本やワークショップが、ストーリーのことを話題にしている。ストーリーを語ることに長けた素晴らしい専門家を招き、ストーリーテリングについて、一日がかり、あるいは週末を丸ごと使うことさえあるワークショップを行う。だが、そこでの考え方は、どれ一つとして体力トレーニングのやり方に沿ってはいない。これは問題だ。

もし、あなたがこいつを本当に身につけたいなら、一日間のワークショップを受けるよりも深い取り組みが必要になる。一日という時間は、基本ルールを学び、それを記憶するには充分だが、本能的なレベルで起こることはごくわずかだ。自分が読んだり書いたりしている資料の中にある物語性をおのずと感じ取れるレベルにまで物語を理解するには、時間がかかる。

一日間のワークショップは、不充分だというだけではなく、実は潜在的な負の側面もはらんでいる。僕は、ある官庁の広報職員数人とのテレビ会議の場で、嫌な口論をしたことがある。彼らは、『コネクション』の共著者、ドリー・バートンと僕を招いて、五〇人もの人々が参加する大きなテレビ会議の催しをやらせようとしていた。その準備の一環として、五人の職員が僕たちと三〇分ほどの打ち合わせをしたのだ。

ドリーは、ジョセフ・キャンベルと、自分が作ったログライン・メーカーについて、自分の言おうとしていることをかいつまんで説明していたが、相手が彼女の話を遮った。職員の一人はこう言った。

「そんなことは、前に全部聞いてますよ。私たちはそういうストーリーテリングのワークショップをすでに二回やってますから、そのストーリーの九つの要素のことは全部知ってるんです」

さて、僕がこれまで科学的な組織から受けた扱いの中でもこれが一番失礼なものだったことはさておき、この発言は率直に言って間違っていた。「ストーリーの九つの要素」などというものは存在しない。たまたま、ドリーが自分のログライン・メーカー・テンプレートのために九つの要素を作り出していたというだけのことで（彼女は当時、その内容をまだ一般公開していなかった）、ストーリーの要素の種類はどんな数にだってなりうるのだ。

しかし、本当の問題は、「私たちは、もうすでにそのことは聞いてるんですよ」という考え方だ。僕は、一日間のワークショップを受けて「そこにはもう到達して、それはもうやって」、全部「もう聞いた」のだという人々に出会うことがどんどん増えている。彼らは、何らかのやり方でストーリーのことをすっかり飲み込んだと考えている。二五年もの時間をかけてこいつに取り組んできた僕は、未だに訓練を始めたばかりのような気持ちでいて、片や、一日だけですっかりそいつを身につけたと確信している人たちがいるというのは、一体どういうわけだろうか。僕は覚えが遅いタイプなのだろうか？

実際のところ、こいつはグラッドウェルの一万時間の法則さえも超えるものだ。物語は生涯にわたって追求するもので、誰にとっても完全にはきわめられない。このことをはっきり示すために、図16に簡潔な、ばかげていると言ってもいいグラフをまとめておいた。とはいえ、このグラフは、おそらく一人の人物の人生が終わるよりもずっと前にピークを迎えてしまうだろう。死の間際に最高傑作を書き上げることになった大作家は少ししかいない。さらに、今日、僕たちは変わりゆく情報伝達環境

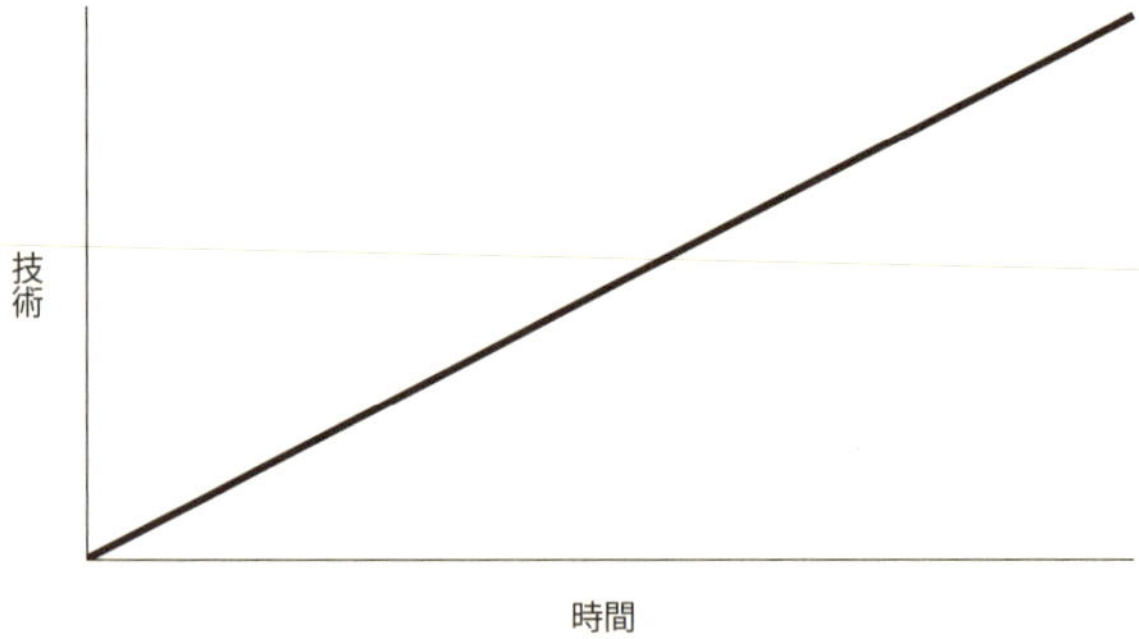

図16　物語の学習曲線

に対処しながら過ごしている。つまり、おそらくは物語の力学そのものが、時とともに、少なくともほんのわずかずつは変化しているのだ。

だが、そんなことはどうでもいい。大事なのは、「すべてを自在に操るストーリーテリングの達人」についての誇大広告には懐疑的であれ、ということだ。スティーヴン・スピルバーグにだって、いくつか失敗作のストーリーを作ったことはある。物語を語るのはいくつになっても難しい挑戦だ。だから、僕がたった一つ求めていることは、あなたにこの態度をとらないようにしてもらうことだ。「ああ、もうそのストーリーの話はよくわかってますよ」。本当はそうではないからだ。

必要なのは「教え込む」ことだ。物事を何度も異なる形で聞いて学ぶ。「教え込む」ことは、効果的な教育の核である。一〇年ほど前に、メディアコンテンツ配信に関わるある人物が僕に話してくれたことの肝も同じだ。人々は、テレビコマーシャルを四回から七回ほど見なければ、コマーシャルで取り上げているものに興味を持ち始める段階にも至らない。

ここで、あなたの頭には、僕がこの本の最初のほうで「物語を前に進める」ことについて話した時のことが蘇っているかもしれない。そしてもしかしたら、僕がなぜ「同じ話を何度も何度も繰り返せ」と主張しているのか、不思議に思っているのではないだろうか。それは、「物語を前に進める」ことに失敗しているのではないだろうか？

教えこむことと、物語を前に進めるのに失敗することの間には、重要な違いがある。もし、あなたに伝えようとしている明確な中心テーマがあり、それを五つの異なる角度から述べるのなら、そのテーマを効果的に教え込むことに成功する可能性がある。しかし、もし、たった一つの主張を同じやり方で何度も繰り返しする場合には、あなたはその物語を前に進めるのに失敗している。それは退屈なのだ。そして、単調だ。そして、その話は「そして、そして、そして」型の説明になってしまう。

一日間のワークショップの話に戻ると、僕はそれらがあまり役に立たないのではないかと懸念している。もちろん、そうしたワークショップは、短期的に見れば楽しく刺激的だが、長期的に見ると間違ったメッセージを発している。もし物語の伝え方を身につけたければ、深く真剣な長期間の取り組みをしなければならない。

もう一度言うが、これは筋肉のようなものだ。一日間のストーリーテリングのワークショップを受けて、物語の力学に精通した人物になることはできない。重量挙げの練習を一時間やり通しただけで、筋肉隆々になれると思ってはいけないのと同じことだ。

この課題は幅広い分野に及ぶ。それらを視野に入れた僕のメッセージを、あなたが本当に受け止めようという気になってくれているのであれば、学問の基本力学、そして、システム全体を変える方法についても考えてもらう必要がある。究極の解決策は、今も科学の世界を牛耳っている、気難しい年寄りの白人男（僕も含む）の中にはない。まだ頭が固くなっていない、次の世代の人々の中にあるのだ。

直観は早いうちに始める

サーフィンの話をしよう。海洋生物学者として過ごした長い年月の間、サーフィンは僕にとってもっとも恐いスポーツだった。世界最高の海洋生物学研究室が存在する美しい海辺の地の数々を、僕は何度も繰り返し訪れたものだ。だが、ほとんどどの研究室でも、最終的には皆で一日サーフィンに行くことになり、僕はそれに参加せざるを得ないような気持ちにさせられた。

その体験はいつもひどいものだった。昼下がりの時間は、戸惑い、屈辱、さらには危険に満ちたものに変わったものだ。僕は自分が何をしているのかもまるでわからないまま、波に向かってぎこちなく水をかいていき、結局はそのまま波に持ち上げられて、ひっくり返され、下に叩きつけられるのがおちだった。僕はハワイ、ノースカロライナ、プエルトリコ、オーストラリアで同じことをやったのを覚えている（南極ではやらなかったけれど！）。ついには、このスポーツの話がほんのちょっと出ただけで身がすくむほどになってしまった。

それでも、僕は海が好きだし、いつの日かサーフボードの上に立って、岸の方まで波に乗れるようになることをいつも夢見ていた。だから、映画学校で学ぶためにロサンゼルスに引っ越してきた時、とうとう、自分のサーフィン力の欠如を克服することを自分の優先事項にした。そして僕は克服したのだ。四六歳にもなって。僕は二人の仲間と毎週末にサーフィンをするようになった。毎週、毎年、一〇年以上にわたって。夢中になりすぎて海辺に引っ越した。サーフィン向きの良い波が本当に目と鼻の先のところにある家に。ついには、最高のサーファーたちと一緒に、最大の波の中で、気後れすることなしにショートボードに乗れるほどになった。とはいえ、僕は真剣に取り組んではきたものの、小学生の頃にサーフィンを始めた人たちのようにはやれない。

実を言うと、去年、僕とサーフィン仲間の一人はニカラグアにいて、化け物級の約三〇メートルの波に向かって泳ぎ出していた。その波は僕が乗るにはあまりに大きすぎた。僕はかなり本気で、こんな波に乗れる人間なんていないと思っていた。そこに一〇人以上のティーンエイジャーたちが現れて、ビル並みの高さの波を平然と乗りこなすのを目にする時が来るまでは。彼らは、自分の家の前にある坂道をスケートボードで下っているみたいに、淡々とそうした波に乗っていた。

そして、僕が言いたいのは……大事なのは直観で、それは経験を通じて手に入れるものだということ、そして、四六歳になってからやるよりは、**若いうちに始めたほうが、ずっと簡単に、より良く身につく**ということだ。若者たちはまっさらな石板だ。何かを刻みこむ前に洗脳を解く必要はない。サーフィンにおいては、波を研究して、波が来た時にどこにサーフボードを置くべきかを知ることが肝だ。僕みたいな年寄りは、波を研究して、自分たちの脳みそを使ってそれを理解しようとする。だが、僕は子どもたち（いま言っているのは、十歳ぐらいの子たちのことだ）が、正しい場所にただ向かっていくのを見てきた。彼らは考えてさえもいない。すでにそれを感じ取っているのだ。

これが科学界の必要とするものだ。学部での教育を終えるまでに、物語の構造の基本ルールに対する直観的感覚をすでに発達させてきた、若い科学者たちだ。この本の基本原則を深く吸収しているので、陽性の結果と無の結果の広範囲にわたる影響をはっきりと理解しているし、また、論文の要旨をさっと読んで、その物語性が少なすぎるか、多すぎるかを直観的に感じ取れる能力も持っている。

科学界には、物語の力をつかむために一万時間を費やしてきた科学者が必要だ。若いうちに始めれば、それは不可能なことではない。僕が一万時間の法則についてのグラッドウェルの理論をはじめて読んだ時、それまでに出会った最高のストーリーテラーたちである、カンザス大学の学友たちのことを考えた。奴らは、パブで盛り上がるアイルランド人並みのリズムと流れで、よどみなくストーリーを語った。最高のストーリーテラーたちは、一九六〇年代にカンザス西部の農場で育ってきた。彼らは間違いなく、それまでの人生を、ずっとストーリーを語りながら過ごしてきたのだ。

大学に入るよりもはるか以前に、一万時間の大台をとっくに突破していたはずだ。彼らが農場での暮らしについての信じられないような話（もちろん、たいていは下ネタ混じりの）をすれば、騒がしいバーが静まり返って皆がそれに耳を傾けていたことからも、それは明らかだった。彼らは幼いころから訓練を始め、真に強力な物語の直観を身につけたストーリーテラーだった。

科学の世界では、物語に早いうちから充分なやりかたで触れさせることで、まったく新しい人種の科学者たちが生まれるだろう。自分たちの間でも、一般の人々に対しても、ずっと効果的に情報を伝えられる科学者たちが。彼らはまた、無意識のうちに偽陽性の結果を求めてしまったり、無の結果を、先に挙げたようなつまらない形で発表したりしにくくなるだろう。無の結果を退屈な形で提示することは、無の結果を掲載しないというバイアスを定着させることにつながる。

しかし、同じ練習は、あなたが若者たちを教えている立場であっても、物語の体力を身につけようと取り組んでいる勤勉な科学者であっても、効果を発揮する。この練習は、ハリウッドのストーリー理論と、科学の実践とをうまく噛み合わせてくれる。科学者の間での「**物語の欠乏**」問題を解決するために僕が勧めるのも、この練習法だ。僕はこれを「**ストーリー・サークル**」と呼ぶ。

14 したがって、僕は「ストーリー・サークル」を推奨する

ABT

僕は、**物語の欠乏こそが、科学が直面している唯一にして最大の問題**だと固く信じている。あなたには、その原因が、科学界における物語のトレーニングの欠如にあり、その影響が、各研究機関における物語の水準の欠如という形で現れていることがわかるはずだ。物語の水準の欠如とは、科学についての退屈で混乱を招く発表をすることが許されてしまい、その発表に対して、だれも批判的な言葉を言おうとしないということだ。また、僕はどこに行っても「いま、私の分野から『サイエンス』や『ネイチャー』に載る論文は、どれも誇張されています」とか「うちの研究者たちの発表の中には、本当にひどいのがあるんです」といった不満を耳にする。

二つのことが言える。第一に、個人のレベルでは、物語のトレーニングを使って物語の直観を築き上げることができる。僕が提唱する、長期的な解決策だ。第二に、各研究機関の中では、物語の文化

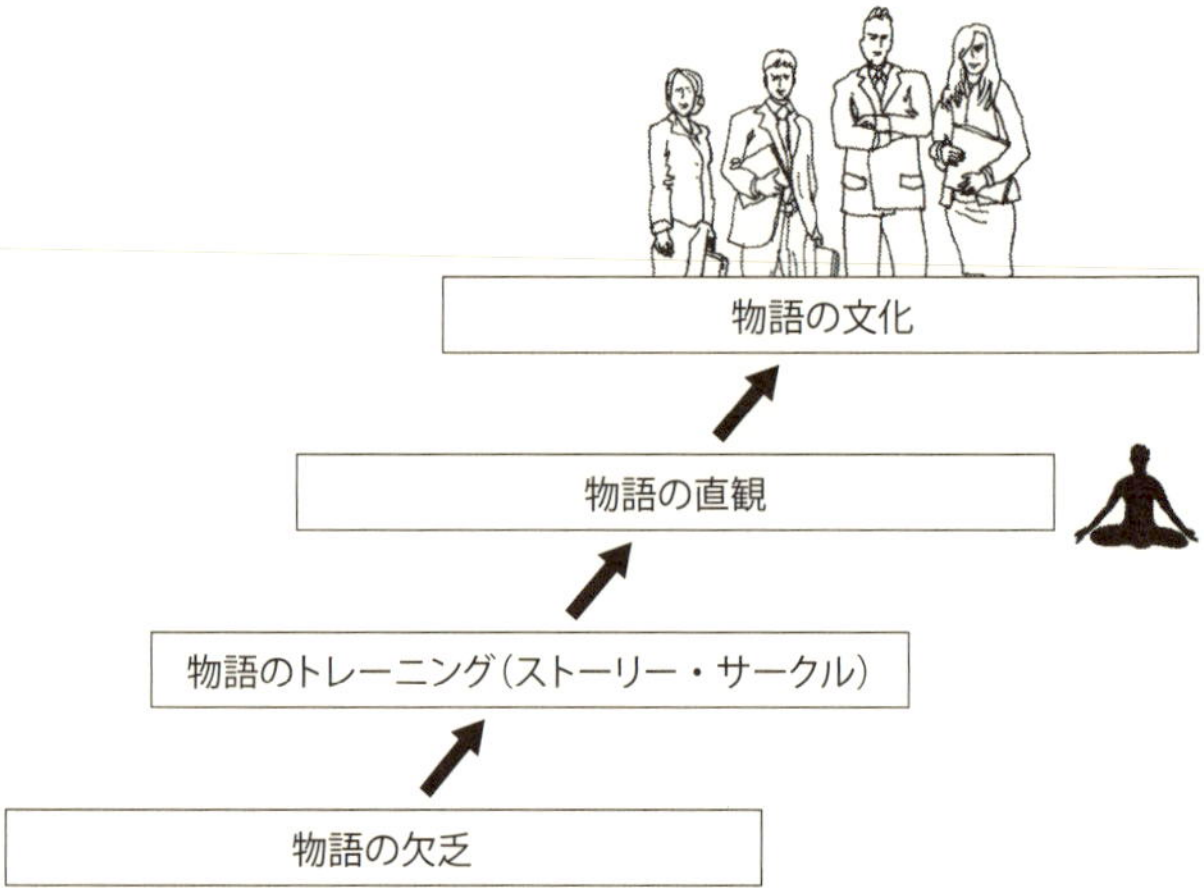

図17　物語の能力への道
ストーリー・サークル内で行う、物語のツールを使った物語トレーニングは、物語の直観へと通じている。もし、あなたの所属機関内で充分な数の人々がこの道をたどれば、自己定着していく物語の文化を築けるだろう。

を生み出す努力をすることができる。

あなたのいる団体、大学の学科、あるいは研究機関の中に物語の文化ができたなら、それは、物語のトレーニングを受けてきた人々の割合が臨界値に達し、物語の直観の基礎が養われ、組織内での基準がすでに一段上へと移ったということだ。人々は物語のテンプレート（補遺1）を知っている。共有されている物語の語彙（補遺2）を使って話す。そして、物語の明瞭さとまとまりについて、ある一定のレベルを見込むことができるようになっている。

学ぶべきことの量は多くない。必要なのは、それをよく学ぶことだけだ。では、このことを達成するために、処方箋を出させてもらう。

ストーリー・サークル——物語の文化を生み出す手段

こんな研究機関を想像してみよう。そこでは誰もが、要点をかいつまんで話す（簡潔である）こと、そして、重要な点に焦点を絞って話す（惹きつける）ことが本当にうまい。論文の原稿を見せられれば、彼らはそれを相手に返す時に「正直に言うと、これはちょっと『そして、そして、そして』の文書になっているね」と言うことができる。会議の席についたグループは、議論を「私たちの問題はこうです。今まとめようとしている現在のプロジェクトに関して、私たちはミニプロット的状況に陥ってしまっています」という言葉で始めることができる。

この状態は実現可能だ。良い物語の構造を練習できていない人々が、その取り組み方について丁寧なヒントを与えられれば、こうした状態が標準になりうる。そして、そこから「定着」も生まれうる。集団の動きによって、他の人々もある方向へと引っ張られていく状態だ。

もし、ある研究機関がこの状況を実現できれば、そこでは物語の文化が確立されたと言えるだろう。僕はまだそんな機関には出会っていないが、自分たち自身の機関がそうした場所になることを夢見る管理者たちとは、何人か出会って話したことがある。僕はある著名な水族館で、何人かの職員の間での話し合いを手伝ったことがある。その議題は、まさにこの疑問だった。「どのようにすれば、私たちはここに物語の文化を築くことができるだろうか？」

ストーリーの語り方を教えるための標準的アプローチは、ワークショップの参加者に対して大量の面白い情報を浴びせることから成り立っている。これは、参加者たちを「今日はすごくたくさんのことを学んで、脳みそが爆発しそうだ！」という気持ちで家に帰らせるような体験だ。ただ、一週間も経つと、彼らは聞いたことをほんの少ししか覚えていなかったり、思い出した内容のほとんどが何のことかわからず困惑したりしてしまうことが多い。

僕自身、これについては辛い経験がある。僕は、自分の父親が巻き込まれた、第二次世界大戦の中でのある出来事[35]についての特集ドキュメンタリー映画〔『四〇年の沈黙』〕を作った。この映画にはある編集者と一緒に取り組んだのだが、僕の素晴らしく偉大な知恵をすべて使ったにもかかわらず、僕たちはAAAとDHYを組み合わせた映画を作り出してしまった。小さな映画館で三〇人を呼んでの試写会を開いた。そして、上映後の議論の中で、複数の人々から「この映画はあまりにたくさんのことを詰め込んでいるし、そして、あまりにたくさんのレベルで展開されているから、私がこれを本当に消化するには少し日数がかかりそう」という意見を聞いた。

僕たちは、これを褒め言葉と受け取った。そうではなかったと気づくには一年がかかった。その言葉は、たくさんのことが起こりすぎている、この映画は複雑すぎる、情報が詰まりすぎている、構造が散発的すぎる（「そして、そして、そして……」）ということを示す、巨大な危険信号だったのだ。こいつは本当に、本当に辛い。僕はいまだにこの映画に取り組み続けている。複雑さは、一時的には興奮をかき立ててくれることもあるが、長期的には死を招く。

僕が提唱するアプローチは、ごく少数の根本的な項目を教えること、そして、皆にそれらを繰り返し、繰り返し、繰り返し練習させることから成り立っている。その原則を学んで家に帰る時、彼らの脳はそれほど過剰なものを詰め込まれたようには感じていない。だが、毎週、毎週、その題材を振り返って考え直すことで、与えられた少量の情報のほとんどを記憶から呼び出すことができ、さらには、それについて、より深い直観的理解を養うこともできるようになる。

この過程を肉体的な体力トレーニングと比較した理由が、これでおわかりいただけるだろう。この物語の体力トレーニングの過程から行き着く最終結果が、物語の直観だ。

科学界のためのストーリー・サークル

研究機関では、科学教育課程の中でどのように物語のトレーニング（の過程における、練習、練習、また練習の部分）を実施できるだろうか？　映画界での経験に基づいて、僕は小さな「ストーリー・サークル」を作ることを勧める。これは、ストーリーそのものに親しむだけでなく、最終的には物語の直観の発達につながる、総合的な物語の技術の醸成を行うための手段だ。僕はこの「ストーリー・サークル」を主要な大学で実施してきており、参加者たちは成功を収めている。

ストーリー・サークル進行の核となるのは、「ストーリーの開発」だ。これは、ハリウッドで一日中、毎日起こっている。数えきれないほどの台本が毎年書かれている。そのほとんどは「もっと開発

35　フィリピンで日本軍に投降した米国人・フィリピン人が、徒歩での移送（バターン死の行進）の後、劣悪な環境の捕虜収容所（オドネル収容所）に収容された。伝染病や飢えが蔓延し、収容所内での死者は米国人・フィリピン人を合わせて数万人にのぼった。著者の父親（ジョン・E・オルソン大佐）は、自らの体験を南北戦争時代の捕虜収容所の様子になぞらえ、『オドネル――太平洋のアンダーソンヴィル（*O'Donnell, Andersonville of the Pacific*）』という本を自費出版している。

る。多くは「開発の地獄」に陥る。書き直しに次ぐ書き直しが、翌年も、またその翌年も続く状況だ。脚本家に、その人の素晴らしい原稿がどうなったかを聞けば、良くて「立て直し」中だと言われ、最悪の場合は「開発の地獄」に落ちた（つまり、周期的に見直されては棚に戻されているため、二度と日の目を見ない可能性がある）と言われるかもしれない。

さて、僕はもちろん、あなたがとうとうハリウッドのやり方を真似しはじめてしまうほど、この脚本執筆のくだらない話に深入りしすぎるつもりはない。僕がしているのは、ストーリーの開発は物語の直観を手に入れるための方法であること、ストーリーの発展は集団で行う方法をとると一番うまくいくことを認識するところから始めよう、という話だ。その方法の例が、ストーリー・サークルだ。

映画学校では、一日目から、集団内に生まれる力の必要性を叩きこまれた。講師陣は、授業初日にこんな格言を僕らにぶつけてきた。「映画は共同制作のメディアである」。これはつまり、こういうことだ。一本の映画を丸ごと自分だけで作ることもできるが、そうするのはバカなことで、おそらくあまり良くないと感じるもの、ちょっと妙な、しっくりこないものができてしまう。要するに、「器用貧乏」の作品を手にする羽目になるだろうということだ。

もしあなたに才能があれば、あなた自身の「声」はおそらく、何かを作る上で七〇パーセントぐらいのことを担ってくれるが、その後は他人の協力が必要だ。彼らは、あなたが盲点に気づくのを助けてくれる。勘違いを見つけてくれる（あなたが面白いと思っていたことが、実は聴き手にとっては面白くない。あるいは、あなたがドラマティックだと思っていたことが、聴き手にとっては笑えてしまう）。より幅広い層に届くような、もっと一般向けの声を作り上げるのを助けてくれる。

他の人たちと一緒に取り組むことで、あなたはこれらすべての利点を手に入れることができる。簡単なことではないが、これは必須だ。また、この過程では、コラボレーションも促進される。科学者として、今後の人生にずっと必要となる基本技術だ。

では、ここに僕の最初の提案を示そう。**定期的に集まって物語の基本的要素を練習する、小さなグループを作ること。**もし可能なら、週に一回、五人での集まりを開き、最初は一〇週間だけそれを試してみることを勧める。初めの数回の集まりは、ほんのわずかしか役に立たないように感じられるかもしれないが、大事なのは繰り返すことであり、個々の集まりそのものではない。繰り返しにより、ゆくゆくは変化が生まれてくるのだ。

初め、このグループは冗長さと退屈さの段階に達し、「またこれ？」という気分をちょっとばかり感じるだろう。しかし、次第に「ブレイクスルーの回」が訪れるようになる。どうして、こんなものが訪れると思っているのだろう？　それは、映画学校に行き始めた時に取り始めた、二年間のマイスナー式演技教育プログラムのおかげだ。これは、後に『こんな科学者になるな』の着想の核になった。僕がこのプログラムを始める前、過去の卒業生が、まさにこの体験についてあらかじめ注意してくれた。彼女はこう言ったのだ。「いらいらしたり、飽きたり、気が滅入ったりまでしながら家に帰る夜もあると思う。でも、それだけじゃなくて、ほっとしたり、気持ちをかき立てられたり、熱い気持ちになったりして、『わかったぞ』って言いながら帰る夜もあるの」

彼女の言ったことは、どれも本当になった。苦痛に満ちた夜もあったが、ブレイクスルーの夜も間違いなく生まれた。はるか彼方から物事をじっと見つめて、「あっ、わかった」と口にする、まさにそうした（インヴェンション・アンバサダーズにそっくりな）発見の瞬間がいくつかあったのだ。本物の直観を養うことができるのは、こうした過程を経ることによってだ。瞬間的にではなく、むしろ時間をかけて、ゆっくり、少しずつ高めていく。そして、そこには浮き沈みの変動が伴う。これは、反復練習にはつきものだ。

俳優たちは直観について知っている

もし、この世に分析を直観に帰る方法を知っている人の集団があるとすれば、それは間違いなく俳優だ。まずい芝居の根本にあるのは、直観的な演技というよりも、知能で作った演技を出してしまうことだ。頭のおかしい僕の演技の先生が、毎晩、「あんたは自分の頭ん中にとらわれすぎなんだよ！」と生徒たち（特に、元研究者の僕）に叫んでいた時のように。

マイスナー式技術の反復練習法は、その効果が非常に高いことで知られている。その名前は、グレゴリー・ペック、グレイス・ケリーから、ミシェル・ファイファーやジェームズ・フランコに至るまで、数えきれないほどの役者たちの証言の中で聞くことができる。

さて、僕は、毎週一時間のセッションを二つのパートに分けることを勧める。「彼らはこう言う、私はこう言う」という分け方に多少似た形だ。

前半は、ウォーミングアップのために「彼らはこう言う」で行う。参加者たちが、「物語のスペクトラム」を使って科学論文の要旨を分析するのだ。グループで要旨を共有し、その構造を見て、AAA〜ABT〜DHYの範囲に広がる「物語のスペクトラム」上のどこに当たるかを判断する。毎回の分析に伴い、物語の構成作りに対する直観が、本能的な領域の深みに向かって数ナノメートルずつ動いていく。

後半は、「私はこう言う」の要素だ。ここでは、グループの一人が、自分の現在の「ストーリー」計画を皆と共有する。このストーリーは、その人が研究プロジェクトを通じて歩んでいる旅についての実話でもいいし、ある研究計画全体のストーリーでもいい。本格的なプレゼンテーションを行う代わりに、その人はただ、プロジェクト、研究、計画など、自分が取り組んでいるものの一つについて、ABT版の話をするのだ。

その人がABT方式の話をする間、グループの各人はそれに耳を傾けて、批評や批判ではなく、本質的な質問をするよう全力を尽くす。本質的な質問とは、次のようなものだ。「争点は何？」、「この構成は、簡潔さと訴求力のバランスが理想的になってる？」、「この物語は前に進んでいく？」、「感情面で掘り下げられそうな内容は何かある？」

最後の質問は、段落のテンプレートに出てきたいくつかの要素につながる。「『じっくり考えた後で』の部分に当たるような、もっと深く発展させられるかもしれない場面はある？」、「『欠点のある主人公』」、「『暗黒の時』はある？」

ABTの話をしっかりと確立できたら、グループはドブジャンスキー・テンプレートの「言葉」の要素に移る。このストーリーの核となる一つの語、あるいはフレーズはあるだろうか？　もしかするとないかもしれない。でも、まず考えてみないことには、本当に存在しないかどうかはわからない。また、他の人たちが周りで促してくれる状況で、自分の考えを声に出してみなければ、やはりその一語にはたどり着けないものだ。

始まりのきっかけとなる、一日間でのワークショップは、正しい方向へ向けて進むためのちっぽけな開始点にすぎない。僕はそこにやってきて、みんなの心を一日かき立てることもできるが、一週間もすれば、僕の教えたことの大部分は蒸発してしまって、少ししか残らないだろう。しかし、もしストーリー・サークルの形で取り組みを続ければ、お互いに助け合いながら、毎週、自分を否応なしに実践的な形でこうした中心原則へと立ち返らせることになり、**学んだ情報が直観の形へと変わり始める**。これこそが、僕が与えるべき一つ一つの教えの、究極の目標だ。優秀さ、ひいては完璧さを目指して努力することだ。

では、それは退屈になるだろうか？　内容が新鮮であり続ければ、そんなことはない。僕がマーケティング専門サービス協会でワークショップを行った時には、三〇人の参加者に輪になって座ってもらい、自分たちのＡＢＴを読み上げてもらった。僕は、二六番目の人の順番が来る頃には、みんなこんなふうに感じているのだろうかと考えた。「そして、しかし、したがって。この言葉はもうたくさんだよ」。しかし、そんなことは決して起きなかった。

決して退屈にはならなかったのは、それぞれのＡＢＴがどれも新しく、面白いストーリーだったからだ。三つの言葉はただ構造の足場を作るだけで、言葉そのものは内容の陰に隠れ、目立つことはない。もう一度言うが、そこにはストーリーの力があるのだ。

物語のトレーニングへの移行は一晩で起こる？

さて、僕は分別を失ってしまったのだろうか？　いかれたハリウッドで過ごした二〇年間のせいで、僕には常識が欠如してしまったのだろうか？　本当に、科学における物語の欠乏の問題に対して、自分が影響を与えられると思っているのか？

おそらく与えられる。しかし、一つ保証できるのは、それには時間がかかるということだ。科学というのは、委員会と査読の過程によって動かされている、信じられないほど保守的な専門職だ。査読は、新規性と革新性を厳しく統制している。

科学の変化は、実際どれほど遅いものなのだろうか？　科学哲学者のトーマス・クーンは、一九六二年の画期的な著書『科学革命の構造』で、科学における変化の一モデルを説明した。クーンは、固まってしまって動きや変化が遅くなる「パラダイム」（科学における既存の考え方）について語った。一方で、彼は「パラダイムシフト」にも言及している。これは、ある一方向に向かって根拠が蓄積し、ある種の転換点に達する状態だ。これが起こると、変化は急速になりうる。

では、科学界が物語に関してどれほど変化してきたかを見てみよう。そうした変化は素早く生じてきただろうか？　良い概念が紹介されると、みんなは「わあ、いい考えじゃないか。自分もやり方を変えよう！」と言うだろうか？　それとも、その変化はじわじわと遅いものだろうか？（基本的には進化についての古典的な質問と同じだ。進化は徐々に起きるのか、それとも短く素早い、急な変化として起きるのか？）

ここで、この本の始めに戻って、図1（二三頁）をもう一度見る時がやってきた。僕たちはいま、丸ごと一周の旅を終えようとしているところだ。図1のグラフの形を確認してみよう。時間とともに起こった変化のあり方について、このグラフは何を教えてくれるだろうか？　グラフの形は、四〇年間にわたる抵抗があり、その後、すべてが一晩にして急に動き出す「転換点」が訪れたことを示しているだろうか？　あるいは、ＩＭＲＡＤを即座に受け入れる動きがあり、その後、全員からの支持を得るまでに、四〇年間にわたる戦いが続いたのだろうか？

いいや。残念ながら、このグラフから僕たちの目に見えるのは、直視するのが辛くなるような、科学の保守的な性質を描いた像だ。グラフはほとんど直線だ。遅く、じわじわと進む苦行。もしかすると、真ん中にほんのわずかな上向きの変化が見えるかもしれないが、それもさほど大きなものではない。僕は、一年ごとに、編集者たちが少しずつ折れていっただけなのではないかと考えている。あるいは、もっとあり得る話としては、編集者たちが自分の担当する論文誌の諮問委員会に、この動きに降参するよう説得していたのではないだろうか。悲しいことに、これは僕にとってこんなことを意味する。そうだな、ＡＢＴテンプレートを論文の要旨に使うことが、僕の一一〇歳の誕生日の頃には完全に受け入れられると思ってもいいかもしれないな。

完璧な科学者を作り出す

「完璧な科学者」というものを考える時、僕は何を頭に思い描くのだろうか？　僕は科学者たちと科学を批評し、批判することに長い時間を費やしている。だから、それを見ていら立った人が「それじゃあ、専門家さん、あなたは私たちにどんなふうになってほしいか、詳しい考えでもあるんですか？」と聞いてくることがある。当然のことだ。僕には明確な答えがある。これからその答えを、僕たちが「コネクション・ワークショップ」を組み立てる際の軸としてきた、二つの特性に分割していく。すなわち、「知能」対「本能」だ。

完璧な科学者が持つべき本能的な性質としては、僕がＡＡＡＳ・レメルソン・インヴェンション・アンバサダーに選ばれた科学者たちは、ロールモデルアンバサダーたちと見てきたことを挙げたい。アンバサダーたちは、ロールモデルだ。非常に賢く、非常に自分を律していて、非常に批判的な目を持つ一方で、とんでもなく創造的で、幅広い考え方をすることができ、効果的に耳を傾けることができ、四角四面ではない見方をすることもでき、そして何より重要なことに、他の人たちと本当にうまくやれるのだ。

僕は長年にわたって何千人もの科学者たちと知り合い、ここ一〇年間は、そのうち数百人もの人々とワークショップに取り組んできた。その中で、あの、インヴェンション・アンバサダーズの課題の中で知り合った六人の科学者たちは、違っていた。どう違うのか、これから説明しよう。

まず、彼らは、ブライアン・パレルモが僕らのワークショップの即興劇のパートで教えている内容を、すべて体現していた。話に耳を傾けたのだ。ほとんどの科学者たちと違って、彼らは話を聞き、意見を（否定するのではなく）肯定するよう最大限に努力していた。僕は、発表についての注意事項をこの六人に伝えた時、そのことをつぶさに見た。

また、彼らは協力した。僕はこれを、彼らが初日に部屋に入ったその瞬間に目にした。それぞれのアンバサダーが、グループの他のメンバーたちにどれほど興味を示しているかがわかったのだ。お互いについての質問をし、その答えにしっかり耳を傾けた。他の人に自分を印象づけようとしたり、他の人を出し抜こうとしたりした参加者は一人もいなかった。彼らは信じられないほど謙虚だった。

さらに、発明家の性質としては驚くことではないが、彼らはすごく創造的だった。僕が彼らのストーリーに対して提案を出した時（否定〔「僕だったら、そんな話をしようとはしないね。誰もそんなことは面白いと思わないよ」〕ではなく、例えば、「最初に君がナノテクノロジーに興味を持ったきっかけがわかるような話を、僕らにもう少ししてもらうことはできるかな？」というような提案）、彼らは僕の話を聞いて、こんなふうに返してきた。「それなら、この〇〇〇の話をするとしたらどうでしょうか。……あるいは、この○○○の話をするとしたらどうですか」。これは、即興劇の「そうですね。そして……」の力学の実用例だ。彼らの誰ひとりとして、即興劇のトレーニングを受けたことがなかったのに。

この時、僕はまるで、自分が本当は即興劇の授業に出ているのではないかという気分になった。即興劇のトレーニング用に使われる一般的な練習法の一つが、「次の選択」だ。この練習では、参加する役者が「それで、私は新しい車を買って……」と言うと、インストラクターが「次の選択は！」と叫ぶ。すると、役者は「それで、私は新しいトラックを買って……」と、新しい選択肢を出す「普通は、先に挙げたものよりも上に向かう」。「次の選択は！」。「それで、私は新しい戦車を買って……」。うまい即興劇役者は、次の選択をためらうことなく瞬間的に考えつくことができる。下手な即興劇役者は、躊躇し、考え、固まってしまう。

僕が新しい内容を求めた時、インヴェンション・アンバサダーたちは固まったり否定したりする代わりに、アイディアを出すモードにぱっと切り替え、次から次へと提案を出すことができた。どの側面を見ても、彼らは即興劇の特性を体現していたのだ。

これは偶然ではない。即興劇は創造性を育てる。そして、発明家たちは非常に創造的だ。創造性には、「自分の頭から出る」こと、すなわち、スペクトラムの知能側の端からやってくる、否定の機構をシャットダウンすることが求められる。インヴェンション・アンバサダーたちは、自らの想像力によって前に進む人生、問題に目を向けて、創造的で深い解決策を考え出す人生を生きてきた人たちなのだ。彼らは、物事をやめて近視眼的になるのではなく、むしろ、直観を使って飛躍し、数えきれないほどの案を探っている。

彼らとの取り組みは、僕が科学者全般のことを考える上で持っていた認識と楽観主義を変えた。僕

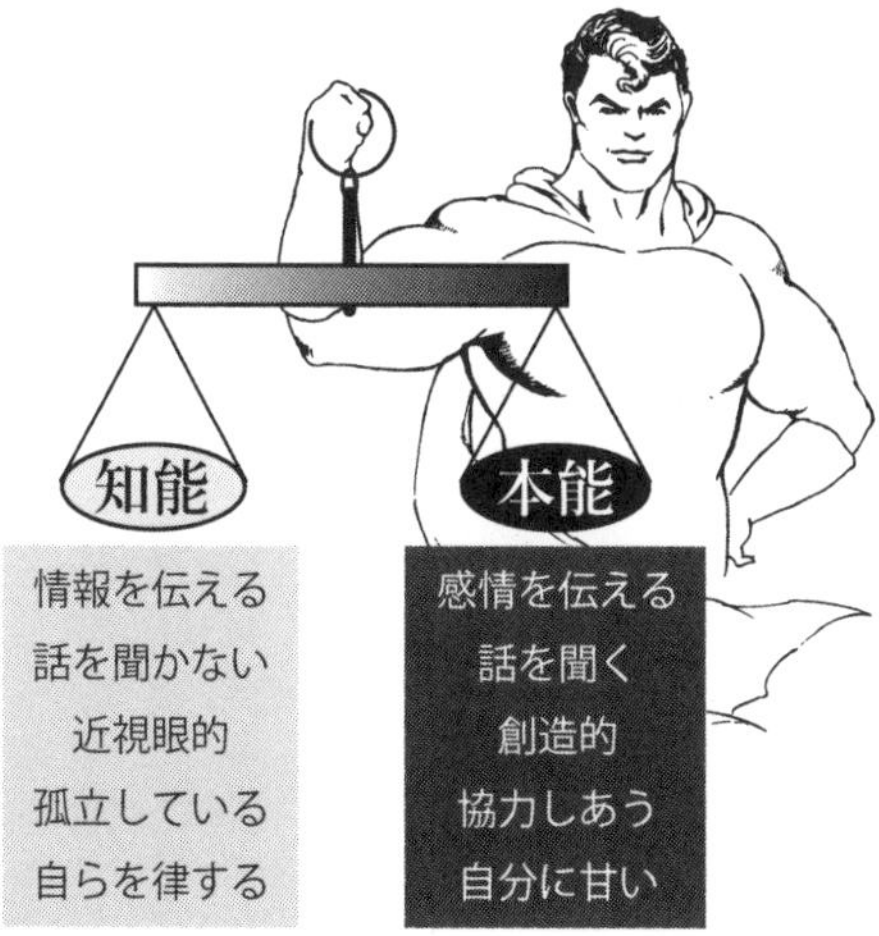

図18　完璧な科学者
完璧な科学者は、スペクトラムの両端が強い。創造性、話に耳を傾ける能力、人間的な話への感受性に長けていながら、批判的な査読にも耐えられる科学を生み出す上で根本的に必要となる、激しく、鋭く、自らを律する精神も持ち合わせている。

は、良い科学者でありさえすれば、同時に高い創造性を持つことが可能だと考えていた。だが、それに疑いを感じたのだ。僕はもはやそのようには考えなくなっていた。

完璧な科学者が持つもう一つの特性は、この本の核となるメッセージである「物語の直観」だ。僕には、近年のノーベル賞受賞者全員を調査するための時間と資金はないが、もしそうしたら、彼らの間には強力な物語の直観が見てとれるのではないだろうかと、推測している。ランディ・シェクマンやジェームズ・ワトソンについて述べたような直観だ。この二人が共通した力を持っているのは、偶然ではない。

完璧な科学者たちは、優れた物語構造を使って情報を伝えられるだけではないだろう。彼らはまた、科学的手法の持つ物語的な側面をしっかりと理解しており、現在の、偽陽性が生じたり、無の結果を示す研究が掲載されにくかったりする問題に対しても影響を与えることができるだろう。

これらの特性はどれも、一人の科学者の中に同時に備わりうる。そして実際に、今日の最高の科学者たちの多くはこれらを兼ね備えている。こうした特性を養うのに必要なのは、追加の労力だけだ。だからこそ、これらを科学キャリアのごく最初の時点から教え、推奨する必要がある。これらの特性に秀でることは可能だ。適切なトレーニングと、正しい総合的観点が伴いさえすれば。さあ、この話が、僕たちに科学の全体像を思い出させてくれる。

この生命観

スティーヴン・ジェイ・グールドは、僕がこれまでに出会った中でもっとも偉大な科学者だった。僕にとって、「完璧な科学者」の体現者だった。少なくとも、彼のキャリアの初期である一九七〇年代、僕が幸運にも彼の近くで過ごすことができた時期には。彼は知能（四八歳までに米国科学アカデミーの会員になっていた）と本能（たっぷりのユーモアを持ち、心底から情熱的だった）の両方に満ち溢れていた。だが、最終的に、グールドの専門家人生は残念なものとなってしまった。この本で示してきたすべての話を強調する、悲しく重要なストーリーだ。彼はついに、自分自身の剣で自らを刺し貫いてしまったのだ。

グールドはそのキャリア全体を通して、科学者たちの人間的な弱点について警告を発し続けていた。二五年間にわたり、彼は『ナチュラル・ヒストリー』誌に「この生命観」という月刊コラムを執筆し、ピルトダウン人[36]の事例、「サンバガエル事件[37]」への批判、さらには、ラマルクへの敬意を配ることに賛成する主張まで行った（ラマルクはダーウィン以前の時代の人で、普通は、進化を間違ってとらえていたことから物笑いの種にされる）。さまざまな面において、このコラムは彼のライフワークだった。彼はその中で、ある科学者の持つ人間的な弱点（中でも、「大きなストーリー」を語りたいという欲求はおそらく最大のものだろう）を理解しなければ、その科学者のことを理解できないのだと言っていた。

一九七八年（僕が初めて彼に会った年）、グールドは『サイエンス』に発表した論文の要旨の最後で、まさにこのことを警告していた。彼はこのように述べている。「無意識の、あるいはかすかにしか認識されない不正は、おそらく科学に固有の問題だ。なぜなら、科学者たちは文化的な背景に根を下ろして生きる人間たちであり、外部にある真実へ向かうよう方向づけられた自動機械ではないからだ」。

しかし、悲しい話がこれに続く。

グールドが亡くなってから数年後、他の人々が、彼自身がこの弱点の犠牲になっていたことを突き止めた。彼の著作の中でもおそらくもっとも重要な一般書であった『人間の測りまちがい』の中で、彼は一八〇〇年代の医師、サミュエル・ジョージ・モートンが、人種差別的な偏見に基づく形で頭蓋骨の容量を測定したと非難していた。実は、僕はグールドが火曜日に開いていた昼食会で、彼が僕たちに向かって、モートンがデータを「でっち上げて」いたことを発見したと興奮まじりに語っていた

36　捏造化石を元に報告された原人（ドーソン原人）。その化石は、イギリスの村落、ピルトダウンで掘り出されたものだと主張されていた。

37　オーストリアの生物学者、パウル・カンメラーが行ったサンバガエルの形質獲得実験に対し、結果が捏造だとする申し立てが相次いで行われ、カンメラーは自殺した。

のを覚えている。グールドの瞳には、「良いストーリー」を見つけたのだという様子が見てとれた。

二〇一一年、二人の人類学者たちがグールドの分析を再検証し、「確証バイアス」（自分が語りたいストーリーを支持するデータを出してしまう傾向）の罪を犯していたのは、実はグールドの方だったことを発見した。この件についての報告の中で、彼らはこのように結論づけた。「皮肉にも、モートンに対するグールド自身の分析が、偏見が結果に影響することの、より強力な例となっている可能性が高い」。グールドがこれを故意にやったのか否かは明らかではないが、彼が自身の著作を偽陽性の方向へと偏らせたのは明らかだ。

この報告は、グールドがかつてこうした誤りを犯したことを伝える唯一のものだ。しかし、これは、もっとも偉大な科学者たちさえもが、脳の物語的プログラミングの犠牲になりうること、そして、一人ひとりの科学者がこの弱点を認識し、その弱点が科学研究のプロセスを阻んでしまう状況を避ける必要があることを示している。科学者たちは、科学からストーリーを締め出すことによってではなく、むしろ、ストーリーというものを完全に理解できるよう、自分の目で直視することによって、このことを成し遂げるべきだ。

したがって（この本を締めくくるのにぴったりの言葉だ）僕はあなたに、グールドの月刊コラムのタイトル「この生命観」の精神にのっとって、少なくともわずかに違った人生観をもたらせたこと、今までよりも少しだけ、物事を物語の観点から見てもらえるようになったことを願う。もし、あなたがあらゆる種類の「ストーリー」に目を留め、耳を傾け始めているとしたら、そして、それらが物語のスペクトラムのどこに当てはまるかを自分で感じ取れることに気づき始めているとしたら、素敵なことだ。あなたは毎日、ＡＢＴをニュースで耳にしている。最近、僕がＮＰＲ[38]で耳にしたストーリーは、こんな感じで始まった。「オフィスビルに張られた反射ガラスは、環境面での効率が良く、**そして**、非常に一般的になってきています。**しかし**、そこに反射した日光が、近隣のビルに問題を引き起こすこともあります。**したがって……**」

僕はまた、あなたが科学研究を眺めて、少なくとも、目の前にあるものが主要プロット／陽性の結果／ABTなのか、それとも、あくびを連発させる、ミニプロット／無の結果／AAAなのかを問いかけるようになってくれることも願う（もどかしいことに、時には後者の方が真実をよく示していることがある）。ひとたびその判断を下せば、まったく異なる力学の世界があなたの目の前に広がる。

もし、この違いを瞬時に区別できる地点にまで達したら、あなたはもしかすると、物語の直観の段階に到達しつつあるのかもしれない。物語の直観は、研究とコミュニケーションの両方について、僕が警告してきた誤りをあなたが犯すのを防いでくれる。もし、自分の視点の中で、このたった一つの変化を起こすことができれば、ひょっとすると、その変化があなたの人生観全体を変えてくれるかもしれない。そしてある日、地球という星を振り返って、仲間の地球人たちに、自分がはるか彼方の銀河系で何をしようとしているのかを説明する言葉を見つけた時、あなたは地球に向けて折り返しの通信を行い、こう言うことができるだろう。「管制室、私たちには物語がある！」

38 ナショナル・パブリック・ラジオ。アメリカの非営利公共放送ネットワーク。

謝辞

僕は真実を語ることの熱心な信奉者だ。特に、サイエンスコミュニケーションについては。この本の終わりが近づいたいま、痛いほど公正な量の真実を僕に与えてくれた人のことを語らせてほしい。

二〇一〇年の春、僕はシラキュース大学〔ニューヨーク州〕の訪問中に、テリー・エッティンガーという名の、熱狂的な温室管理責任者に出会った。僕が彼の仕事部屋に入ると、彼はいかれた様子で、『こんな科学者になるな』を持ち上げてみせた。彼はこんなふうにわめき始めた。「あんたにはわからないだろう、私はいっさい本を読まないんだ、友達が、あんたのこの本を読めって私に言った。読みだしたら止まらなかった、この本がどうしてそんなに良かったか、あんたはわかるか？」

僕は答えられなかった。彼はこう続けた。「なぜって、あんたは、ユーモアと感情たっぷりのストーリーを語る必要があるって言っただろ、それで、あんたの語り方は……あんたはユーモアと感情たっぷりのストーリーを語ったんだよ」。この経験は本当にありがたい喜びだった。

三時間後に、僕が教授陣と学生たちに向けた講堂での講演を終えた時、彼はその会場にも姿を現していた。最前列に座って、手を高く挙げて。僕は喜んで彼を最初に指した。彼は立ち上がって、僕に背中を向けて後ろを振り返り、僕の本に対してまさに同じ、激しい熱狂に満ちた褒め言葉を口にした。僕は壇上からそれを見下ろし、誇りに身をほてらせ、浸っていた。彼が僕の方へと向き直り、彼の表情が喜びから不快感へと変わるまでは。

「だが今は」と彼は言った。「私は正直に、あんたに言わなきゃならない、あんたが今日ここで発表したことは、したことは……退屈だったたって。あんたは何のストーリーも語らなかった、何のユーモアもなかった、何の感情もなかった……ただ退屈だったただけだ！」

事実というのは、痛みを与えるものだ。講堂の反対側にいた女性がすかさず弁護しようとしてくれたが、僕はこう言いたかった。「奥様、座って。彼は正しいんです」。彼は実際、正しかった。僕は完全なる「そして、そして、そして」の発表を終えたところだった。一切、合財、とことんまで、まさに僕自身が警告していたことをやったのだ。その発表は、単に自分の本の各章の内容を繰り返しただけで、ユーモアは抜きで、感情が欠如していて、ストーリーがなく、さらにひどいことに、全体を結ぶ物語は何もなかった。管制室、問題が起きた。

だから僕は、テリー・エッティンガーに対し、声を上げて僕の目を覚まさせてくれたその勇気への礼を伝えることで、一連の謝辞を始めたい。科学界にはこの勇気がもっと必要だ（あとちょっとだけ気配りがあってもいいかもしれないが）。何かの中に物語を見つけることは難しい課題だ。それこそが、この本の全体的なメッセージだ。したがって……僕が全体に通じる物語を探すのを助けてくれた重要な人々に、いくつかの大きな恩義を感じている。

その筆頭はブルース・リーウェンスタイン、ジェニン・ラヌエット、ジェリー・グラフだ。ブルースは僕を「IMRAD」の頭文字へと導いてくれた。僕は科学界で二〇年間のキャリアがあったにもかかわらず、この頭文字のことを何も知らなかった。ジェニンは僕を三幕構成の歴史へと導いてくれた。僕は映画の分野で美術学修士号をとったにもかかわらず、この歴史のことを何も知らなかった。そして、ジェリーは論証のDNAへと僕を導いてくれた。僕はほとんど誰とでも議論して人生を過ごしてきたにもかかわらず、このDNAのことを何も知らなかった。

「人格者」賞の受賞者は、マイク・オーバックとゲイリー・グリッグスだ。沿岸河口研究連盟集会での海水面上昇パネルディスカッションに僕と共に取り組み、他のほとんどの科学者たちがしたがらない冒険へと勇敢かつ大胆に踏み出してくれたことを表彰したい。読者のあなたが気になっている場合に備えて言うと、僕はこの本で示した形のストーリーを、細部に至るまですべて彼らに伝え、彼らはそれを問題ないととらえてくれた。あの出来事は、本当にああして起こったのだ。あの素敵で見事な「私たちはやり手じゃないかい」の電子メールもだ。また、ミーガン・バリフにも、あの企画をまとめ上げてくれたことへの感謝を送りたい。

この本は、ある程度「クラウドソーシング」の作品になっている。僕の講演会に参加してくれたとてもたくさんの人々が、知識を提供してくれることになったからだ。その一番の好例が、ティム・オリフだ。彼は、モンタナ大学で僕の講演を聞き、第12章で取り上げた、国立公園局の理念について話してくれた。僕の読者チームである、ベック・ギル、ジェイド・ロヴェル、ジャッキー・イアリー、ステフ・インを含め、たくさん、たくさんの人々が、こうした貢献をしてくれた。

次に感謝すべきは、「いつもの奴ら」だ。彼らのほぼ全員が、これまでに出した二冊の本の謝辞で名前を挙げられている。基本的に、あの頃に僕を助けてくれたのと同じ人々が、いまだに変わらず僕の話を聞き、僕を支援してくれているのだ。このグループに加えるべき数名は、僕のストーリーテリング仲間であるパーク・ハウエル、「コネクション」ワークショップの共同クリエイターたちであるドリー・バートンとブライアン・パレルモ、ハリウッドでの長年にわたる僕のサポーターである、クリスティーナとフォーン、学部生時代の僕が一〇〇万個のムール貝を切り刻む様子を見守り、今もなお、科学界においてかけがえのない手引きをしてくれる人物である、ダイアナ・パディーラだ。また、僕がもっとも尊敬するジャーナリストたちである、フィリップ・マーティン、アンディ・レヴキン、デイヴィッド・H・フリードマンにも感謝する。

近年になってから新しく登場した重要人物は、「駐車場の『心友』」である、AAASの偉大なシャーリー・マルコム（彼女は、僕の欠点以外の面に目を向ける方法を知っている）と、彼女の共謀者であるマイク・ストラウス、「ストーリー・サークル」を僕と共同で広め、この本で表現されている数々の考え、メッセージ、意見を形作るのを手伝ってくれたジェイド・ロヴェル、そして、僕の良き友であり、心から信頼できる女性、すべての型を破るサマンサだ。

前作と同様、ヴァネッサ・「冷徹」・メイナードは、今回の本でも素晴らしい図表を作ってくれた。また、トラヴィス・ライトに、キュクロープスの絵への特別な感謝を捧げる。

大きな恩義を感じているのは、編集者であるクリスティー・ヘンリーだ。彼女が最初の本にあれほど素晴らしい不採用通知を書いてくれたおかげで、僕はまたシカゴ大学出版に挑戦してみようという熱意を持つことができた。彼女は、驚くほど素晴らしいチームを率いてこの本を支えてくれた。そのチームには、販売促進責任者で、この本のタイトル『ヒューストン（管制室）、我々には物語がある——科学にストーリーが必要な理由』を考え出した人物である、リーヴァイ・スタール（こんなに幸運なことはあるだろうか？　販売促進責任者がこの本の創造性に関わっているだなんて！）、実際にこの本を読むに耐える代物にしてくれた（僕は真面目に言っている）、原稿編集者のアイザック・フライなどがいる。

そして何よりも、究極かつ最後の感謝の言葉は、もちろん、驚くほど素晴らしい僕の母、マフィー・ムースに向ける。現在、彼女は九〇代前半で、僕に生まれてこのかた言い続けてきたことを、今でも言ってくれている。「みんなの目を覚ましてやりな！」

訳者あとがき

本書は、二〇一五年にアメリカのシカゴ大学出版から刊行された *Houston, We Have a Narrative: Why Science Needs Story* の翻訳である。原著は『サイエンス』、『ネイチャー』などの科学誌に書評が掲載され、新聞、オンラインニュースサイト等でも特集記事が組まれるなど注目を集めた。

著者のランディ・オルソンは、ハーバード大学大学院で生物学の博士号を取得した後、三〇代でニューハンプシャー大学の教授となり、テニュア（終身在職権）を授与された。しかし、数年後にハリウッドの映画学校に入学して監督・脚本家の道へと進み（その理由は本書で語られている）、今では大学、研究機関、官公庁、企業などに出向いて「ストーリー」を基盤としたプレゼンテーション法の指導を行っている。

本書では、学究の世界からエンターテインメントの世界へと飛び込んだ著者が「伝える」という行為を通じて科学の本質に迫り、科学界全体に改革をもたらすための「物語の文化」を提唱する。

専門家のジレンマ

科学研究に携わる人々にとって、自らの研究内容を文章やプレゼンテーションの形で説明する機会は少なくない。これは、科学そのものが知見の共有と積み重ねの上に成り立っているからだ。ミーティング、学会発表、論文発表など専門家どうしで行うものから、研究費の申請、一般向けの講演、プレスリリースの発表、書籍の執筆、オンラインでの記事投稿といった外部向けのものまで、その場面は多岐にわたる。研究者の生活の中で、実験・調査などを行っている時間の他は、ほとんどが情報伝達（コミュニケーション）に充てられていると言っても過言ではないだろう。技術開発や分析などを行う理系専門職の方々、さらには、他の分野の専門家の方々も、多かれ少なかれ同じような状況に置かれているのではないだろうか。

一方、こうした場面において多くの人々が直面する課題が「伝わらない」ことだ。熱弁を振るったのに質問の出なかったプレゼンテーション、渾身の力を振り絞って出したデータに見当違いの査読コメントがついて不採択となった論文、重要性がまったく理解されずに却下された申請書や企画書。この悔しさ、歯がゆさの原因はいったいどこにあるのだろうか？

「物語の欠乏」を防げ

その根本的な原因として、本書の著者は「物語（narrative）の欠乏」を挙げている。研究の最前線に立つ科学者たちは、現場の空気を肌でじかに感じ、そこで得られた最新の知見を誰よりも近くで目にしている。そして、自らの仕事について語る機会を与えられると、そうした「生」の情報をできるだけ多く詰め込みたいと考えがちだ。

しかし、この姿勢が受け手の側に消化不良を引き起こす。新鮮で正確な情報を示しているにもかかわらず、話の内容が相手に伝わらないのだ。その根底にあるのは、情報過多と整理不足である。一つ一つの題材は目新しいのに、話題が多すぎて最後にはぼんやりとした印象しか残らない。あるいは、話の流れがあまりに複雑で全体像が頭に入ってこない。訳者は、理系（医・薬・工・理学）の大学院生を対象に、外部への情報発信をテーマとしたライティングワークショップを開いたことがあるが、そこでも多くの受講者が同じ問題を抱えていた。

では、どうすれば良いのだろうか？　本書の冒頭で著者がまず提案するのは、「そして（And）」、「しかし（But）」、「したがって（Therefore）」という三つの接続詞を活用する方法だ。彼はこれらの接続詞をまとめて「ＡＢＴ」と呼び、それを軸にした文章構造（ＡＢＴ構造）を、効果的なコミュニケーションの基礎として位置づけている。

ＡＢＴ構造は、話の要点を絞り、起伏のあるストーリーラインに乗せて語るための手助けをしてくれる。「私たちはこの問題に取り組んでいました。そして、このような手法を使っていました。しかし、私たちはある時、その手法に問題があることに気づきました。したがって、問題を解消するために次のような手法を考案しました」という具合である。著者によれば、この構造は古代文明の英雄譚にも見られ、世界のさまざまな文化の中に浸透している。日本の読者の方々になじみ深い「起承転結」のストーリー展開も、多くの科学論文誌に採用されているＩＭＲＡＤ形式（序論、手法、結果、考察に分かれた論文形式。本書の第1章で論じられている）も、その例だ。

本書では、穴埋め形式のテンプレートや、論文の要旨、ノーベル賞受賞者の著作、起業家の講演、リンカーンの演説（！）などを題材とするケーススタディが紹介されている。読者はこれらを通じて、話の要点を抽出し、専門性・正確さを維持しながら話を組み立てる方法を学ぶことができる。読み進めるにつれ、読者は本書が単なるプレゼンテーション術・文章術の指南書ではないことにも気づくだろう。「伝える」という行為には、情報の選別、他領域との融合、聞き手への共感など、さまざまな分野の専門家にとって必須の要素が詰まっている。優れたストーリーを聞き、そして語ることで、専門家は「生」の情報を効果的に共有し、自らの専門性を真に生かせる存在となっていくだろう。

「ストーリーありき」の研究にならないために

とはいえ、語るべき内容がなければストーリーは生まれない。そのことを忘れると、人はストーリーを利用する側から、ストーリーの力に支配される側へと変わってしまう。

本書でも触れられているように、科学界には「ストーリー」という言葉に対する一種の拒否反応が見られる（著者はこの現象を「ストーリー恐怖症」と呼んでいる）。実験科学の分野において、結果を恣意的に提示・解釈している研究を「ストーリーありき」という表現で批判するのもその一例だ。

科学者がストーリーありきの研究を警戒するのは、それが人々を真実から遠ざけてしまい、さらには結果の偽装や捏造につながりかねないからだ。自分が考えた流れと矛盾しない結果だけを発表し、自説に都合のいい一方的な解釈を行う。そして、もっと自説に合った結果が欲しくなり、ついにはそれを自らの手で作り出そうとしてしまう。科学者が不正行為に手を染める例は、世界各地で後を絶たない。「ストーリー恐怖症」の背景にあるのは、ストーリーの力が科学者を悪の道へと引きずり込み、科学全体の基盤を崩壊させてしまうことへの恐怖だ。

しかし、ここでの本当の問題は、中身の伴わないストーリーを守るために語り手が事実を歪めてしまうことにある。科学におけるストーリーは本来、事実を伝えるための枠組みであり、変化しながら発展していくものだ。天動説が地動説に取って代わられたことを思い出してほしい。変化には時に不安が伴うが、私たちに世界の新しい見方を示してくれる。

したがって、科学者は自分のストーリー（仮説）を覆す結果が出た時、その結果の妥当性を検証した上で、新たなストーリーを組み直すことが求められる。制約のある中で聞き手・読み手の心を引きつけ、効率的に情報を伝えるための枠組みがストーリーだ。創作と科学の間の差は、この枠組みに収める素材をどう集めるかの違いにあるといえるだろう。優れた創作者は想像力によって話の素材を作り出し、優れた科学者はそれを研究活動によって探し出す。研究によって見出された真実こそが、科学のストーリーを構成する最高かつ唯一の素材なのだ。

「完璧な科学者」を目指して

科学の本質は真実を見つけ出すこと、そして、それを伝えることだ。「見つけ出す」だけで良いのなら、論文や学会発表はいらない。科学の専門家たち、そして専門家を目指す学生たちにとって、コミュニケーションの技術を高めることはこれからますます重要な課題となっていくだろう。科学の分野が広がり、複雑さを増していく中で、真実を探し出すための努力と、真実を伝えるための努力の両方が求められていく。

著者が本書を執筆した背景の一つには、科学者たちが「伝わらない」状況を甘んじて受け入れ、その結果、誤った情報の氾濫を許してしまっていることへの危機感があった。彼が願うのは、一人一人の科学者がストーリーを見出す力を身につけ、互いに忌憚のない意見を交わし、「物語の文化」を築き上げていく世界だ。人の話に耳を傾けること、協力すること、創造的であること。著者が「完璧な科学者」の特性として掲げる三つの要素は、科学に限らず、どの分野の専門家にとっても大きな力となることだろう。

訳者は日本の大学院で生物学を学び、博士号を取得した。現在はアメリカに住み、一般向けの科学書を中心とした翻訳・執筆を行うかたわら、現地の研究者と共同で生物学の研究も続けている。

思えば、訳者が生物学の世界に入ったのも、そこにある「物語」の力に引き寄せられてのことだった。田畑と山々に囲まれて育った訳者にとって、動植物はそこにいて当たり前の存在であり、特別な興味の対象にはならなかった。ところが、高校時代に生物学と出会ったことで、それまで当たり前だと思っていたものの背景には、生命を支える繊細なしくみや、複雑な進化の歴史があることを知った。同じ景色を生物学という光で照らすことで、まったく新しい眺めが目の前に広がったのだ。本書の第6章で紹介されている遺伝学者のドブジャンスキーの言葉にならえば、それまで「雑多な事実の山」でしかなかったものが、突然、「意味のある全体像」を描くようになったのである。

本書の原著に出会ったのは、テキサス州で行われた学会の出版社ブースでのことだ。「伝える」ことの面白さと難しさに正面から取り組み、科学に力を取り戻させようとするこの本を、ぜひ日本の読者に届けたいと考えた。生物学に限らず、科学はこの世界の知られざる姿を私たちに示してくれる。本書の意義は、読者がその過程を「物語」という光によって追体験し、それぞれの専門分野に応用できるところにあると訳者は考えている。本書の翻訳を通じて得た知識や考え方が、訳者自身の研究助成金申請、論文執筆、学会発表などにおいて大いに役立っていることは言うまでもない。

なお訳注は本文中に〔 〕で補った他、長いものは脚注にした。

本書の出版にあたっては多くの方々にお世話になった。

原著者のランディ・オルソン氏には、日本語版のために序文を寄せてもらうなど大きな力添えをいただいた。スカイプでの打ち合わせが始まるやいなや、彼は私の背後に広がる海を見て「さては、君はサンディエゴにいるね！」と見事に言い当ててみせた。太平洋に海洋研究所の桟橋が伸び、波間にサーファーたちの姿が覗くサンディエゴの景色は、元海洋生物者のオルソン氏にとって馴染み深いものだという。本書の舞台の一つでもあるこの地で翻訳を行いえたことに縁を感じている。なお、本書のまえがきでも触れられているように、オルソン氏は日本との関わりも深く、近くまた日本を訪れたいと考えているそうだ。

東京大学ライフイノベーション・リーディング大学院の皆さんには、サイエンスコミュニケーションやプレゼンテーションのためのワークショップ開催を通じて本書の意義を考える機会をいただいた。また、訳者は本書の翻訳中、自分が学生時代に行っていた口頭発表の序論がはからずもABT構造になっていたことに気づいた。その内容は一人で作り上げたものではなく、研究室の先生方、先輩方、同期・後輩たちから受けてきた的確な指摘と助言のおかげによるものだ。大学院での研究生活を通じて、訳者は「伝える」行為の重要性を知ることができた。久保健雄先生を始めとする細胞生理化学研究室（東京大学大学院理学系研究科生物科学専攻）の皆さんに深く感謝している。

夫の石井健一は、研究に打ち込む多忙な日々の中、訳者を支え、日本語版の挿絵の一部を引き受けてくれた。これからも互いに耳を傾け、協力しながら、ともに創造的な道を歩んでいきたい。

最後に、本書の出版を実現してくださった慶應義塾大学出版会の永田透氏にお礼を申し上げる。科学に真摯に取り組む専門家の方々、専門家を目指す学生の皆さん、そして、「伝える」ことに関心を持つすべての読者の方々に、本書が新しい視点をもたらすことを願っている。

二〇一八年五月

坪子理美

索引

A–Z

ア行

カ行

サ行

タ行

ナ行

ハ行

マ行

ヤ行

ラ行

ワ行

原注

第1部　序論

p.10 P. B. Medawar, "Is the Scientific Paper a Fraud?" *Listener* 70 (Sept. 12,1963), 377–78;reprinted in P. B. Medawar, *The Threat and the Glory:Reflections on Science and Scientists*, ed. David Pyke (New York:HarperCollins,1990).

p.13 L. B. Sollaci and M. G. Pereira, "The Introduction, Methods, Results, and Discussion (IMRAD) Structure: A Fifty-Year Survey," *Journal of the Medical Library Association* 92, no. 3 (2004): 364–67.

J. Schimel, Writing Science: How to Write Papers That Get Cited and Proposals That Get Funded (New York: Oxford University Press, 2011).

p.16 P. Sumner, S. Vivian-Griffiths, J. Boivin, A. Williams, C. A. Venetis, A. Davies, J. Ogden, L.Whelan, B. Hughes, B. Dalton, F. Boy and C. D. Chambers, "The Association between Exaggeration in Health Related Science News and Academic Press Releases: Retrospective Observational Study," BMJ 2014, 349:g7015, http://www.bmj.com /content/349/bmj.g7015.

p.17 J. P. A. Ioannidis, "Contradicted and Initially Stronger Effects in Highly Cited Clinical Research," *Journal of the American Medical Association* 294, no. 2 (2005): 218–28.

I. Sample, "Nobel Winner Declares Boycott of Top Science Journals," *Guardian*, Dec. 9, 2013, http://www.theguardian.com/science/2013/dec/09/nobel-winner-boycott-science-journals.

p.18 A. Franco, N. Malhotra and G. Simonovits, "Publication Bias in the Social Sciences: Unlocking the File Drawer," *Science* 345 (Sept. 9, 2014): 1502–5. Notes 246

p.19 R. Olson, *Don't Be Such a Scientist: Talking Substance in an Age of Style* (Washington, DC: Island Press, 2009).

p.21 R. Olson, D. Barton and B. Palermo, *Connection: Hollywood Storytelling Meets Critical Thinking* (Los Angeles: Prairie Starfish Productions, 2013).

p.22 M. Harris, "Inventing Facebook," *New York Magazine*, Sept. 20, 2010, http://nymag.com/movies/features/68319/.

B.D.Johnson, "Ben Affleck Rewrites History," *Maclean's*, Sept. 19, 2012, http://www.macleans.ca/culture/movies/ben-affleck-rewrites-history/.

p.25 *6 Days to Air: The Making of South Park*, directed by A. Bradford, produced by A. Bradford and J. Ollman (New York: Comedy Central Productions, 2011).

p.26 R. Olson, opening presentation, TEDMED Great Challenges Day, April 19, 2013, https://www.youtube.com/watch?v=ERB7ITvabA4.

p.27 G. Graff and K. Birkenstein, *They Say, I Say: The Moves That Matter in Academic Writing* (New York: Norton, 2009).

第2部　正（テーゼ）

p.45 J. Yorke, *Into the Woods: A Five-Act Journey into Story* (New York: Overlook Press, 2014).

p.48 J. Gottschall, *The Storytelling Animal: How Stories Make Us Human* (New York: Mariner Books, 2013).

Aristotle, *Aristotle's Poetics* (New York: Hill and Wang, 1961).

p.50 J. Campbell, *The Hero with a Thousand Faces* (New York: Pantheon, 1949).〔『千の顔をもつ英雄　上下』倉田真木・斎藤静代・関根光宏訳，早川書房，2015年〕

p.51 C. Bazerman, *Shaping Written Knowledge* (Madison: University of Wisconsin Press, 1988).

p.55 N. Kristof, "Nicholas Kristof 's Advice for Saving the World," *Outside*, Nov. 30, 2009, http://www.outsideonline.com/1909636/nicholas-kristofs-advice-saving-world.

p.60 U. Hasson, "Neurocinematics: The Neuroscience of Film," *Projections* 2,no. 1 (2008): 1–26.

A.Gopnik, "Mindless:The New Neuro-Skeptics," *New Yorker*, Sept. 9,2013, http://www.newyorker.com/magazine/2013/09/09/mindless.

p.64 S. Terkel, *The Good War: An Oral History of World War II* (New York: New Press, 1984).〔『よい戦争』中山容他訳，晶文社，1985年〕

p.68–9 J. Watson, *Avoid Boring People: Lessons from a Life in Science* (New York: Vintage, 2010).〔『DNAのワトソン先生、大いに語る』吉田三知世訳，日経BP社，2009年〕

J. Watson, *The Double Helix: A Personal Account of the Discovery of the Structure of DNA*（New York: Atheneum, 1968）. 247〔『二重らせん』江上不二夫・中村桂子訳，講談社，2012年〕

p.70 P. Kareiva, "If Our Messages Are to Be Heard" *Science* 327, no. 5961: 34–35.

p.71 *Flock of Dodos: The Evolution-Intelligent Design Circus*, written and produced by Randy Olson（Los Angeles: Prairie Starfish Productions, 2006）.

p.79 J. Graff, *Clueless in Academe: How Schooling Obscures the Life of the Mind*（New Haven, CT: Yale University Press, 2004）.

p.80 B. Winterhalter, "The Morbid Fascination with the Death of the Humanities," *Atlantic*, June 6, 2014, http://www.theatlantic.com/education/archive/2014/06/the-morbid-fascination-with-the-death-of-the-humanities/372216/.

E.D.Hirsh Jr., Cultural Literacy:What Every American Needs to know（Boston）:Houghton Mifflin,1987.〔『教養が，国をつくる。：アメリカ建て直し教育論』中村保男訳，TBSブリタニカ，1989年〕

M. Slouka, "Dehumanized: When Math and Science Rule the School," *Harper's*, January 8, 2015, http://harpers.org/archive/2009/09/dehumanized/.

p.81 A. Sokal, "Transgressing the Boundaries: Toward a Transformative Hermeneutics of Quantum Gravity," *Social Text* 46/47:217–52.〔『「知」の欺瞞：ポストモダン思想における科学の濫用』田崎 晴明・大野克嗣・堀茂樹訳，岩波書店，2012年所収〕

A. Sokal, "A Physicist Experiments with Cultural Studies," *Lingua Franca* May/June 1996: 62–64.

p.82 C. P. Snow, *The Two Cultures and the Scientific Revolution*（New York: Cambridge University Press, 1959）.〔『二つの文化と科学革命』松井巻之助・増田珠子訳，みすず書房，2011年〕

J. A. Labinger and H. Collins, eds., *The One Culture?*（Chicago: University of Chicago Press, 2001）.

E. O. Wilson, *Consilience: The Unity of Knowledge*（New York: Vintage Books, 1998）.〔『知の挑戦：科学的知性と文化的知性の統合』山下篤子訳，角川書店，2002年〕

p.89 C. Vogler, *The Writer's Journey: Mythic Structure for Writers*（Los Angeles:Michael Wiese Productions, 2007）.〔『神話の法則：ライターズ・ジャーニー』講

元美香訳，ストーリーアーツ&サイエンス研究所，2010年〕

B. Snyder, *Save the Cat! The Last Book on Screenwriting You'll Ever Need*（Los Angeles: Michael Wiese, 2005）.〔『SAVE THE CATの法則：本当に売れる脚本術』菊池淳子訳，フィルムアート社，2010年〕

第3部　反（アンチテーゼ）

p.100 M. Gladwell, *Blink: The Power of Thinking without Thinking*（Boston:Little, Brown, 2005）.〔『第1感―「最初の2秒」の「なんとなく」が正しい』沢田博・阿部尚美訳，光文社，2006年〕

p.101 M. Gladwell, *Outliers: The Story of Success*（Boston: Little, Brown, 2008）.〔『天才!：成功する人々の法則』勝間和代訳，講談社，2009年〕

M. Gladwell, "Complexity and the Ten-Thousand-Hour Rule," *New Yorker*, August 21, 2013.

p.102 A. Alda, *Things I Overheard While Talking to Myself*（New York: Random House, 2008）

p.106 T. Parker, "Funnybot," *South Park*, season 15, episode 2（May 4, 2011）.

p.110 T. Dobzhansky, *Genetics and the Origin of Species*（New York: Columbia University Press, 1937）.〔『遺伝学と種の起原』駒井卓・高橋隆平訳，培風館，1953年〕

p.111 T. Dobzhansky, "Biology, Molecular and Organismic," *American Zoologist* 4, no. 4（1964）: 443–52.

p.125 B. K. Forscher, "Chaos in the Brickyard," *Science* 142（1963）: 339.

p.127 D. Weinberger, "To Know but Not Understand: David Weinberger on Science and Big Data," *Atlantic*, Jan. 3, 2012, http://www.theatlantic.com/technology/archive/2012/01/to-know-but-not-understand-david-weinberger-on-science-and-big-data/250820/.

p.129 N. Parsons, "The 7 Key Components of a Perfect Elevator Pitch," *B Plans*, http://articles.bplans.com/the-7-key-components-of-a-perfect-elevator-pitch/.

D. Pink, *To Sell Is Human: The Surprising Truth about Moving Others*（New York: Riverhead, 2013）.

C. O'Leary, *Elevator Pitch Essentials: How to Get Your Point Across in Two Minutes or Less*（St. Louis: Limb Press, 2008）.

p.137–8 B. Minto, *The Minto Pyramid Principle: Logic in Writing, Thinking, and Problem Solving* (London: Minto International, 1996).

A. B. Lord, The Singer of Tales (Cambridge, MA: Harvard University Press, 1960).

p.139 F. Daniel, informal talk (edited transcript), Columbia University, School of Arts, Film Division, May 5, 1986, http://www.cilect.org/gallery/news/32/2004-11.pdf.

p.142–3 K. K. Campbell, *The Rhetorical Act: Thinking, Speaking, and Writing Critically* (Boston: Cengage Learning, 2008).

H. H. Bauer, *Scientific Literacy and the Myth of the Scientific Method*(Champaign: University of Illinois Press, 1992).

p.148 J. Watson and F. Crick, "A Structure for Deoxyribose Nucleic Acid," *Nature* 171 (April 25, 1953): 737–38.

p.151 R. McKee, *Story: Style, Structure, Substance, and the Principles of Screenwriting* (New York: ReganBooks, 1997).〔『ザ・ストーリー：人を感動させる物語の創り方』ダイレクト出版，2015年〕

p.156 A. Greene, *Writing Science in Plain English* (Chicago: University of Chicago Press, 2013).

p.159–160 S. Springer, P. Malkus, B. Borchert, U. Wellbrock, R. Duden and R. Schekman, "Regulated Oligomerization Induces Uptake of a Membrane Protein into COPII Vesicles Independent of Its Cytosolic Tail," *Traffic* 15, no. 5 (2014): 531–45.

p.173 J. Sachs, *Winning the Story Wars: Why Those Who Tell* (and Live) the Best Stories Will Rule the Future (Boston: Harvard Business School Press, 2012).〔『ストーリー・ウォーズ―マーケティング界の新たなる希望』平林祥訳，英治出版，2013年〕

M. Winkler, "What Makes a Hero?" (video), TED Ed-Original,http://ed.ted.com/lessons/what-makes-a-hero-matthew-winkler.

p.174 P. Suderman, "Save the Movie! The 2005 Screenwriting Book That's Taken Over Hollywood—And Made Every Movie Feel the Same," Slate, July 19, 2013.

p.191 C. Keane, *How to Write a Selling Screenplay* (New York: Three Rivers,1998).

p.194 K. Weinersmith and Z. Faulkes, "Parasitic Manipulation of Host Phenotype, or How to Make a Zombie," *Integrative and Comparative Biology* 54, no. 2: 93–217.

p.207 T. Friedman, *Hot, Flat, and Crowded* (New York: Farrar, Straus and Giroux, 2008).〔『グリーン革命：温暖化，フラット化，人口過密化する世界　上下』伏見威蕃訳，日本経済新聞出版社，2009年〕

J. Diamond, *Guns, Germs, and Steel: The Fates of Human Societies* (New York: Norton, 1997).〔『銃・病原菌・鉄　上下』倉骨彰訳，草思社，2012年〕

第4部　合（ジンテーゼ）

p.244 K. A. Quesenberry, "Johns Hopkins Finds with Super Bowl Commercials, Storytelling Beats Sex," press release, Johns Hopkins University,Jan. 31, 2014, http://releases.jhu.edu/2014/01/31/johns-hopkins-finds-with-super-bowl-commercials-storytelling-beats-sex/.

p.245 Y. Katz, "Against Storytelling of Scientific Results," *Nature Methods* 10 (2013): 1045.

p.247 M. Dahlstrom, "Using narratives and storytelling to communicate science with nonexpert audiences," *Proceedings of the National Academy of Sciences* 11 (2014): 13614–20.

p.267 A. S. Leopold, S. A. Cain, C. M. Cottam, I. N. Gabrielson and T. L.Kimball, "Wildlife Management in the National Parks: The Leopold Report," *Crater Lake Institute*, Mar. 4, 1963.

p.269 R. Olson, "Josh Fox and Fracking: Beware the Simple Storyteller," *Benshi Blog*, July 18, 2013.

p.271 A. Revkin, "Global Warming and the Tyranny of Boredom," *Dot Earth* (blog), *New York Times*, Oct. 27, 2010, http://dotearth.blogs.nytimes.com/2010/10/27/global-warming-and-the-tyranny-of-boredom/ ?_r = 0.

A. Bojanowski, "Filmmaker Randy Olson: Climate Change Is 'Bo-ho-horing,'" *ABC News*, Dec. 26, 2013.

p.277 M. C. Nisbet, *Climate Shift: Clear Vision for the Next Decade of Public Debate* (Washington, DC: American University School of Communication, 2011), http://www.climateaccess.org/sites/default/files/Nisbet_ClimateShift.pdf.

p.282–3 M. G. Kennedy, A. O'Leary, V. Beck, K. Pollard and P. Simpson, "Increases in Calls to the CDC National STD and AIDS Hotline Fol250 lowing AIDS-Related Episodes in a Soap Opera," *Journal of Communication*, June 2004, https://

hollywoodhealthandsociety.org/sites/default/files/for-publichealth-professionals/researchand-evaluation/BBHotline.pdf.

p.286–7 E. Negin, “The Alar ‘Scare’ Was for Real; and So Is That ‘Veggie Hate-Crime’ Movement,” *Columbia Journalism Review*, Sept./Oct. 1996,http://www.pbs.org/tradesecrets/docs/alarscarenegin.html.

p.289 S. Pinker, *Our Better Angels: Why Violence Has Declined* (New York:Viking Adult, 2011).〔『暴力の人類史　上下』幾島幸子・塩原通緒訳，青土社，2015年〕

p.309 T. Kuhn, *The Structure of Scientific Revolutions* (Chicago: University of Chicago Press, 1962).〔『科学革命の構造』中山茂訳，みすず書房，1972年〕

p.315 S. J. Gould, *The Mismeasure of Man* (New York: Norton, 1981).〔『人間の測りまちがい：差別の科学史　上下』鈴木善次・森脇靖子訳，河出書房新社，2008年〕

N. Wade, “Scientists Measure the Accuracy of a Racist Claim,” *New York Times*, Dec. 13, 2011.

補遺3

p.20 M. Milian, post, The Business and Culture of Our Digital Lives, from the L.A. Times (blog), *Los Angeles Times*, May 3, 2009, http://latimesblogs.latimes.com/technology/2009/05/invented-text-messaging.html.

日本語版補遺

「9　物語のスペクトラム」で紹介されている論文の要旨の原文（英語）をここに載せる。

要旨1

We examined sand crabs (*Lepidopa benedicti*) for endoparasites, and found the only parasite consistently infecting the studied population were small nematodes. Because many nematodes have complex life cycles involving multiple hosts, often strongly manipulating their hosts, we hypothesized that nematodes alter the behavior of their sand crab hosts. We predicted that more heavily infected crabs would spend more time above sand than less heavily infected crabs. Our data indicate infection by nematodes was not correlated with duration of time crabs spent above sand. We also suggest that organisms living in sandy beaches may benefit from relatively low parasite loads due to the low diversity of species in the habitat.

要旨2

Recent research suggests that plant viruses, and other pathogens, frequently alter host-plant phenotypes in ways that facilitate transmission by arthropod vectors. However, many viruses infect multiple hosts, raising questions about whether these pathogens are capable of inducing transmission-facilitating phenotypes in phylogenetically divergent host plants and the extent to which evolutionary history with a given host or plant community influences such effects. To explore these issues, we worked with two newly acquired field isolates of cucumber mosaic virus (CMV)—a wide-spread multi-host plant pathogen transmitted in a non-persistent manner by aphids—and explored effects on the phenotypes of different host plants and on their subsequent interaction with aphid vectors. An isolate collected from cultivated squash fields ($KVPG_2$-CMV) induced in the native squash host (*Cucurbita pepo*) a suite of effects on host-vector interaction suggested by previous work to be conductive to transmission (including reduced host-plant quality for aphids, rapid aphid dispersal from infected to healthy plants, and enhanced

aphid attraction to the elevated emission of a volatile blend similar to that of healthy plants). A second isolate (P_1-CMV) collected from cultivated pepper (*Capsicum annuum*) induced more neutral effects in its native host (largely exhibiting non-significant trends in the direction of effects seen for $KVPG_2$-CMV in squash). When we attempted cross-host inoculations of these two CMV isolates ($KVPG_2$-CMV in pepper and P_1-CMV in squash), P_1-CMV was only sporadically able to infect the novel host; $KVPG_2$-CMV infected the novel pepper host with somewhat reduced success compared with its native host and reached virus titers significantly lower than those observed for either strain in its native host. Furthermore, $KVPG_2$-CMV induced changes in the phenotype of the novel host, and consequently in host-vector interactions, dramatically different than those observed in the native host and apparently maladaptive with respect to virus transmission (e.g., host plant quality for aphids was significantly improved in this instance, and aphid dispersal was reduced). Taken together, these findings provide evidence of adaptation by CMV to local hosts (including reduced infectivity and replication in novel versus native hosts) and further suggest that such adaptation may extend to effects on host-plant traits mediating interactions with aphid vectors. Thus, these results are consistent with the hypothesis that virus effects on host-vector interactions can be adaptive, and they suggest that multi-host pathogens may exhibit adaptation with respect to these and other effects on host phenotypes, perhaps especially in homogeneous monocultures.

要旨3

Animals have a number of behavioral defenses against infection. For example, they typically avoid sick conspecifics, especially during mating. Most animals also alter their behavior after infection and thereby promote recovery (i.e., sickness behavior). For example, sick animals typically reduce the performance of energetically demanding behaviors, such as sexual behavior. Finally, some animals can increase their reproductive output when they face a life-threatening immune challenge (i.e., terminal reproductive investment). All of these behavioral responses probably rely on immune/neural communication signals for their initiation. Unfortunately, this communication channel is prone to manipulation by parasites. In the case of sexually transmitted infections (STIs), these parasites/pathogens must subvert some of these behavioral defenses for successful transmission. There is evidence that STIs suppress systematic signals of immune activation

(e.g., pro-inflammatory cytokines). This manipulation is probably important for the suppression of sickness behavior and other behavioral defenses, as well as for the prevention of attack by the host's immune system. For example, the cricket, *Gryllus texensis*, is infected with an STI, the iridovirus IIV-6/CrIV. The virus attacks the immune system, which suffers a dramatic decline in its ability to make proteins important for immune system to activate sickness behavior. Infected crickets cannot express sickness behavior, even when challenged with heat-killed bacteria. Understanding how STIs suppress sickness behavior in humans and other animals will significantly advance the field of psychoneuroimmunology and could also provide practical benefits.

要旨4

For trophically transmitted parasites that manipulate the phenotype of their hosts, whether the parasites do or do not experience resource competition depends on such factors as the size of the parasites relative to their hosts, the intensity of infection, the extent to which parasites share the cost of defending against the host's immune system or manipulating their host, and the extent to which parasites share transmission goals. Despite theoretical expectations for situations in which either no, or positive, or negative density-dependence should be observed, most studies document only negative density-dependence for trophically transmitted parasites. However, this trend may be an artifact of most studies having focused on systems in which parasites are large relative to their hosts. Yet, systems are common where parasites are small relative to their hosts, and these trophically transmitted parasites may be less likely to experience resource limitation. We looked for signs of density-dependence in *Euhaplorchis californiensis* (EUHA) and *Renicola buchanani* (RENB), two manipulative trematode parasites infecting wild-caught California killifish (*Fundulus parvipinnis*). These parasites are small relative to killifish (suggesting resources are not limiting), and are associated with changes in killifish behavior that are dependent on parasite-intensity and that increase predation rates by the parasites' shared final host (indicating the possibility of cost sharing). We did not observe negative density-dependence in either species, indicating that resources are not limiting. In fact, observed patterns indicate possible mild positive density-dependence for EUHA. Although experimental confirmation is required, our findings suggest that some behavior-manipulating parasites suffer no reduction in size, and may even benefit

when “crowded” by conspecifics.

要旨5

Parasites that adaptively manipulate the behavior of their host are among the most exciting adaptations that we can find in nature. The behavior of the host can become an extended phenotype of the parasites within animals such that the success and failure of the parasite's genome rely on precise change of the host's behavior. Evolutionary biology was born from the close attention of naturalists such as Wallace and Darwin to phenotypic variation in seeking to understand the origins of new species. In this essay, I argue that we also need to think about the origins of parasite-extended phenotypes. This is a more difficult task than understanding the evolution of textbook examples of novelty such as the eyes of vertebrates or the hooves of horses. However, new tools such as phylogenomics provide an important opportunity to make significant progress in understanding the extended phenotypes of parasites. Knowing the origins of parasite-extended phenotypes is important as a goal all by itself. But the knowledge gained will also help us understand why complex manipulation is so rare and to identify the evolutionary tipping points driving its appearance.

補遺1　物語のツール

言葉

ドブジャンスキー・テンプレート

＿＿＿＿においては、何事も、＿＿＿＿観点から照らして見なければ意味をなさない。

文

そして、しかし、したがって（ABT）テンプレート

＿＿＿＿そして＿＿＿＿しかし＿＿＿＿したがって＿＿＿＿

段落

ログライン・メーカー・テンプレート（ドリー・バートンが開発したものに従う）

普通の世界では＿＿＿＿＿＿＿＿＿＿＿＿＿＿＿＿＿＿＿＿
欠点のある主人公が＿＿＿＿＿＿＿＿＿＿＿＿＿＿＿＿＿＿
自分の世界をひっくり返すきっかけになる出来事を体験する＿＿＿
じっくり考えた後＿＿＿＿＿＿＿＿＿＿＿＿＿＿＿＿＿＿＿
主人公は行動を起こす＿＿＿＿＿＿＿＿＿＿＿＿＿＿＿＿＿
しかし、事態が差し迫ってくると＿＿＿＿＿＿＿＿＿＿＿＿＿
主人公は教訓を得なければならない＿＿＿＿＿＿＿＿＿＿＿＿
敵を止めて＿＿＿＿＿＿＿＿＿＿＿＿＿＿＿＿＿＿＿＿＿＿
自分のゴールを達成するために＿＿＿＿＿＿＿＿＿＿＿＿＿＿

ABTの言葉

下記は、ABTの言葉と相互に入れ替えられる言葉だ。

合意――and（そして）

also, equally, identically, uniquely, like, moreover, as well as, furthermore, likewise, similarly

〔日本語での例：また、同様に、同じく、例えば、それに、さらに、その上、しかも〕

対立――but（しかし）

despite, however, yet, conversely, rather, whereas, although, otherwise, instead, albeit

〔日本語での例：それにも関わらず、しかしながら、だが、むしろ、一方で、でも、それでも、その代わり、反対に、そうではなくて、それどころか〕

帰結――therefore（したがって）

so, thus, consequently, hence, thereupon, accordingly, as a result, henceforth, for this reason, in that case

〔日本語での例：そのため、よって、それゆえ、ゆえに、そこで、それを受けて、その結果、結果として、これより、この理由から、それなら〕

補遺2　物語の用語集

物語のスペクトラム

AAA：「そして、そして、そして」。構造に物語性がない。
ABT：「そして、しかし、したがって」。理想的な物語の形式。
DHY：「それにもかかわらず、しかしながら、それでも」。物語性が過剰で、方向性が多すぎる。
ドブジャンスキー・テンプレート：テーマ／核／メッセージを探すための道具。
雑多な事実の山：AAA構造がもたらすもの。
意味のある全体像を描き出せない：テーマがない場合に起きること。
枠組み／基礎概念：出来事の連なりを収める文脈。
物語：問題に対する解決策を探し求める過程で起きる出来事の連なり。
物語のスペクトラム：「物語性なし」から、「理想的な物語性」、「物語性過剰」までの、物語構造の範囲。
無の結果：科学的発見のうち、明確なパターンがないもの。
陽性の結果：科学的発見のうち、明確なパターンを示すもの。
テーマ／核／メッセージ：物語に全体的な意味を与える要素。
ストーリー・サークル：ジョセフ・キャンベルによって最初に記述された、英雄の旅を12分割した分類。
ログライン・メーカー：ストーリーのためのもう一つのテンプレート。スナイダーの『SAVE THE CATの法則』から生まれたもの。
マッキーの三角形：ストーリーの物語構造を概念化するための胴部。マッキーの本『ザ・ストーリー』より。
主要プロット：太古からある、もっとも広い形式のストーリー構造。最大数の聴き手に影響を与える（例：大ヒット映画）。
ミニプロット：主要プロットの逆。キャラクターに対するプロットの重要性を最小化する（例：アートシアター映画）。
反プロット：完全なるプロットの放棄（例：「アートっぽい」映画）。

補遺3　ツイッターの「ストーリー」

一回のツイートの長さは、物語の構造にとって理想的だろうか？

ABT形式は、この疑問に取り組む手段の一つを提供してくれる。僕たちは「コネクション・ストーリーメーカー・ワークショップ」で、参加者たちに、各自が取り組むストーリーを一つ持ってきてもらう。僕たちはワークショップの準備段階で、参加者たちに自分のストーリーに対するABTを考えさせ、それを事前に電子メールで送ってもらう。僕たちは、それぞれのABTの字数を数え、続いて、さまざまなグループの平均字数を計算した。その値は、図19からわかるように、ツイートに使える字数である140文字〔原著の出版時点〕の二倍以上だった。

では、物語のもっとも基本的なユニットの平均的な長さが、最大限に長いツイートの二倍だというなら、ツイッター社はいったいどのようにして140という数にたどりついたのだろう？　物語の専門家たちによる国際委員会によって決められたのだろうか？　コミュニケーシ

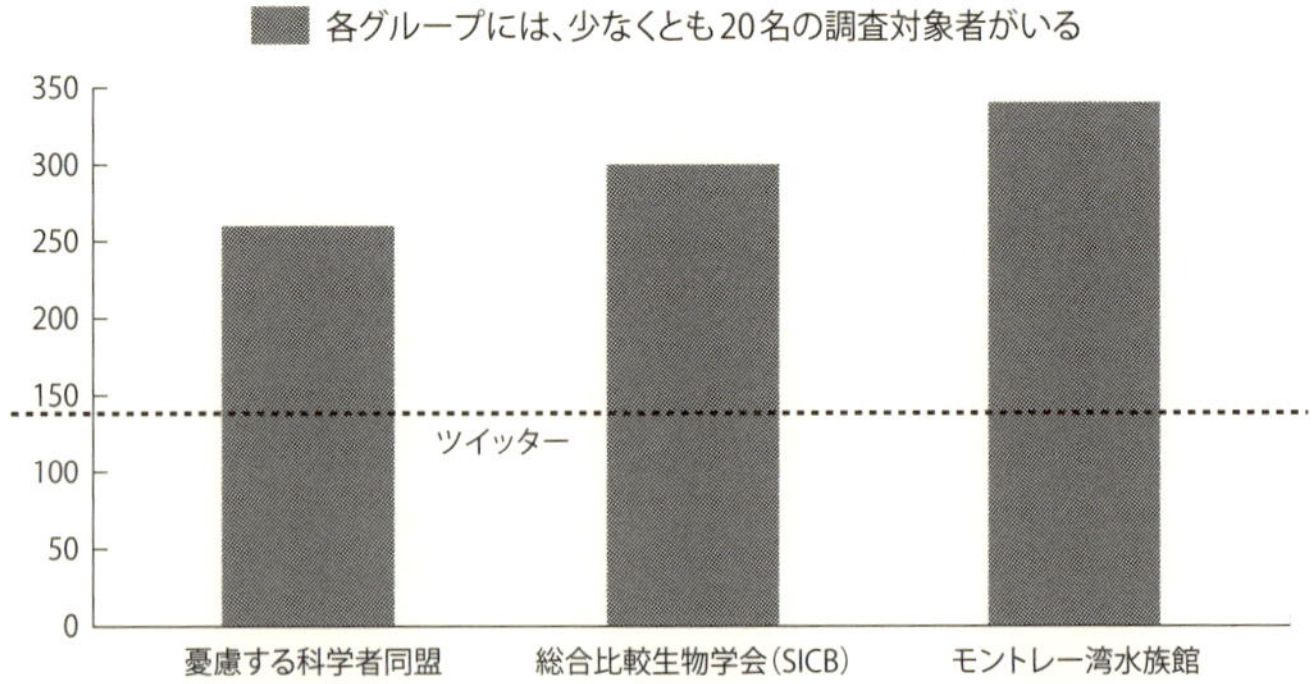

図19　ABTの長さとツイートの長さ

ョンの賢人たちが集まって、短い物語を伝えるのに最適な長さを判断したのだろうか？

いいや。ツイッター社はこの数を、携帯電話のショートメッセージを元にして決めていた。ショートメッセージは、160字前後の長さで書かれている。神経科学者のマーク・ミリアンが2009年のロサンゼルス・タイムズ紙上で報告しているように、これが基本的な発言を行うのに充分な長さだと判断されたのは、1985年、コンピュータ分野のパイオニアであるドイツのフリードヘルム・ヒレブラントによってだった。ヒレブラントは、この値を主に二つの判断源にもとづいて出した。それは、絵葉書に書かれた文章（例「シュトゥットガルトで楽しく過ごしてるよ。君も来られたら良かったのに！」）の長さと、テレックス[1]を通じて送られていたメッセージ（例「クルマコワレタ　カネスグオクレ」）の長さだ。彼は汎欧州デジタル移動電話システム（GSM）の非音声サービス委員会の会長になり、160というその字数が、ショートメッセージの業界基準として受け入れられる現場に立ち会った。

しかし、「ザ・コルベア・レポ」〔ニュースコメディー番組〕のホストであるスティーヴン・コルベアは、このような物語性のない媒体のもたらす影響をじかに経験することとなった。2014年3月、彼はワシントン・レッドスキンズ[2]のチーム名をめぐる論争についてのジョークを飛ばした。それは、アジアの架空基金に軽蔑的な名前をつけて終わるものだった。すると、侮辱的なこのオチは、背景抜きで（つまり、この完全なるジョークが持つ物語の文脈が欠けた状態で）ツイートされた。論争の炎が噴き出し、コルベアは次の放送でそれに応じてこう言った。「140文字に制限されたコミュニケーションの手段がいつか誤解を生み出すことになるだなんて、いったい誰がそんなことを予想したでし

1　タイプライター型の端末を使い、電話回線経由で文字情報を送受信する通信方法。1930年代にサービスが開始された。

2　ナショナル・フットボール・リーグ（NFL）に所属するアメリカンフットボールチーム。ネイティブ・アメリカンの蔑称である「レッドスキン〔赤色人種〕」を使用したチーム名が長く論争を呼んでいる。

ょうか？」

彼はツイッター社の創業者たちの一人、ビズ・ストーンを自分の番組に迎えることで、この火を消してみせた。ストーンは議論の中で、完全な考えを伝達する上で、ツイートの最大字数がしばしば充分ではないことを認めた。これに対応する形で、ストーンを含むツイッター社の人々は、現在、より長いツイートができるようなツイッターアプリの新バージョンを検討している。僕は、平均的なABTの長さである、300字ぐらいを提案したい[3]。

3　2017年に、英語を含む多くの言語で、ツイート字数の上限が280字に引き上げられた。

著者

ランディ・オルソン（Randy Olson）

ハーバード大学で博士号（生物学）を取得後、ニューハンプシャー大学で教授を務め、終身在職権《テニュア》を取得。その後大学を辞職し、南カリフォルニア大学映画芸術学部で映画製作を学ぶ。ハリウッドを拠点に「ドードーの群れ」（トライベッカ映画祭にてプレミア上映）など数々の映画の脚本執筆・監督を行うほか、米国各地の大学、企業、政府機関などにおいて情報発信・プレゼンテーションのトレーニングプログラムを実施。著書に『こんな科学者になるな』（未邦訳）などがある。
Twitter：@ABTagenda

訳者

坪子　理美（つぼこ・さとみ）

1986年栃木県生まれ。東京大学大学院理学系研究科（生物科学専攻）にて博士号を取得。英日翻訳者、生物学者。小型水棲動物の行動研究を行いながら、一般向け科学書の翻訳、科学シンポジウムの企画、理系学生を対象としたライティングセミナーの開催など、「人と科学をつなぐ」活動に取り組む。

訳書に『性と愛の脳科学――新たな愛の物語』（中央公論新社）、『遺伝子の帝国――DNAが人の未来を左右する日』（中央公論新社、林昌宏と共訳）がある。現在、米国カリフォルニア州在住。

なぜ科学はストーリーを必要としているのか
ハリウッドに学んだ伝える技術

2018年7月30日　初版第1刷発行
2022年8月10日　初版第3刷発行

著　者――――ランディ・オルソン
訳　者――――坪子理美
発行者――――依田俊之
発行所――――慶應義塾大学出版会株式会社
〒108-8346　東京都港区三田2-19-30
TEL〔編集部〕03-3451-0931
〔営業部〕03-3451-3584〈ご注文〉
〔　〃　〕03-3451-6926
FAX〔営業部〕03-3451-3122
振替　00190-8-155497
https://www.keio-up.co.jp/
装　丁――――米谷　豪
挿　画――――石井健一
ＤＴＰ――――アイランド・コレクション
印刷・製本――中央精版印刷株式会社
カバー印刷――株式会社太平印刷社

Printed in Japan ISBN 978-4-7664-2523-9